丛书总主编　陈宜瑜
丛书副总主编　于贵瑞　何洪林

中国生态系统定位观测与研究数据集

农田生态系统卷

西藏拉萨站

（2004—2015）

何永涛　戴尔阜　孙　维　李少伟　主编

中国农业出版社
北　京

中国生态系统定位观测与研究数据集

中国生态系统定位观测与研究数据集
农田生态系统卷·西藏拉萨站

编 委 会

主　编：何永涛　戴尔阜　孙　维　李少伟
参　编：张宪洲　张扬建　余成群　石培礼
　　　　钟志明　沈振西　武俊喜

PREFACE 1

序 一

进入20世纪80年代以来，生态系统对全球变化的反馈与响应、可持续发展成为生态系统生态学研究的热点，通过观测、分析、模拟生态系统的生态学过程，可为实现生态系统可持续发展提供管理与决策依据。长期监测数据的获取与开放共享已成为生态系统研究网络的长期性、基础性工作。

国际上，美国长期生态系统研究网络（US LTER）于2004年启动了Eco Trends项目，依托US LTER站点积累的观测数据，发表了生态系统（跨站点）长期变化趋势及其对全球变化响应的科学研究报告。英国环境变化网络（UK ECN）于2016年在*Ecological Indicators*发表专辑，系统报道了UK ECN的20年长期联网监测数据推动了生态系统稳定性和恢复力研究，并发表和出版了系列的数据集和数据论文。长期生态监测数据的开放共享、出版和挖掘越来越重要。

在国内，国家生态系统观测研究网络（National Ecosystem Research Network of China，简称CNERN）及中国生态系统研究网络（Chinese Ecosystem Research Network，简称CERN）的各野外站在长期的科学观测研究中积累了丰富的科学数据，这些数据是生态系统生态学研究领域的重要资产，特别是CNERN/CERN长达20年的生态系统长期联网监测数据不仅反映了中国各类生态站水分、土壤、大气、生物要素的长期变化趋势，同时也能为生态系统过程和功能动态研究提供数据支撑，为生态学模型的验证和发展、遥感产品地面真实性检验提供数据支撑。通过集成分析这些数据，CNERN/CERN 内外的科研人员发表了很多重要科研成果，支撑了国家生态文明建设的重大需求。

近年来，数据出版已成为国内外数据发布和共享，实现“可发现、可访问、可理解、可重用”（即 FAIR）目标的重要手段和渠道。CNERN/CERN 继 2011 年出版“中国生态系统定位观测与研究数据集”丛书后再次出版新一期数据集丛书，旨在以出版方式提升数据质量、明确数据知识产权，推动融合专业理论或知识的更高层级的数据产品的开发挖掘，促进 CNERN/CERN 开放共享由数据服务向知识服务转变。

该丛书包括农田生态系统、草地与荒漠生态系统、森林生态系统以及湖泊湿地海湾生态系统共 4 卷（51 册）以及森林生态系统图集 1 册，各册收集了野外台站的观测样地与观测设施信息，水分、土壤、大气和生物联网观测数据以及特色研究数据。本次数据出版工作必将促进 CNERN/CERN 数据的长期保存、开放共享，充分发挥生态长期监测数据的价值，支撑长期生态学以及生态系统生态学的科学研究工作，为国家生态文明建设提供支撑。

孙鸿烈

2021 年 7 月

PREFACE 2
序 二

科学数据是科学发现和知识创新的重要依据与基石。大数据时代，科技创新越来越依赖于科学数据综合分析。2018 年 3 月，国家颁布了《科学数据管理办法》，提出要进一步加强和规范科学数据管理，保障科学数据安全，提高开放共享水平，更好地为国家科技创新、经济社会发展提供支撑，标志着我国正式在国家层面加强和规范科学数据管理工作。

随着全球变化、区域可持续发展等生态问题的日趋严重以及物联网、大数据和云计算技术的发展，生态学进入“大科学、大数据”时代，生态数据开放共享已经成为推动生态学科发展创新的重要动力。

国家生态系统观测研究网络（National Ecosystem Research Network of China，简称 CNERN）是一个数据密集型的野外科技平台，各野外台站在长期的科学研究中，积累了丰富的科学数据。2011 年，CNERN 组织出版了“中国生态系统定位观测与研究数据集”丛书。该丛书共 4 卷、51 册，系统收集整理了 2008 年以前的各野外台站元数据，观测样地信息与水分、土壤、大气和生物监测以及相关研究成果的数据。该丛书的出版，拓展了 CNERN 生态数据资源共享模式，为我国生态系统研究、资源环境的保护利用与治理以及农、林、牧、渔业相关生产活动提供了重要的数据支撑。

2009 年以来，CNERN 又积累了 10 年的观测与研究数据，同时国家生态科学数据中心于 2019 年正式成立。中心以 CNERN 野外台站为基础，生态系统观测研究数据为核心，拓展部门台站、专项观测网络、科技计划项目、科研团队等数据来源渠道，推进生态科学数据开放共享、产品加工和分析应用。为了开发特色数据资源产品、整合与挖掘生态数据，国家生态科学数据中心立足国家野外生态观测台站长期监测数据，组织开展了新一版的观测与研究数据集的出版工作。

本次出版的数据集主要围绕“生态系统服务功能评估”“生态系统过程与变化”等主题进行了指标筛选，规范了数据的质控、处理方法，并参考数据论文的体例进行编写，以翔实地展现数据产生过程，拓展数据的应用范围。

该丛书包括农田生态系统、草地与荒漠生态系统、森林生态系统以及湖泊湿地海湾生态系统共 4 卷（51 册）以及图集 1 本，各册收集了野外台站的观测样地与观测设施信息，水分、土壤、大气和生物联网观测数据以及特色研究数据。该套丛书的再一次出版，必将更好地发挥野外台站长期观测数据的价值，推动我国生态科学数据的开放共享和科研范式的转变，为国家生态文明建设提供支撑。

2021 年 8 月

FOREWORD 前言

西藏拉萨农田生态系统国家野外观测研究站（拉萨站）成立于1993年，本部位于西藏自治区达孜区，海拔3 688 m，是世界上海拔最高的农业生态试验站之一。拉萨站的定位是立足于国家和地方需求，结合学科前沿，研究高原农牧生态系统，开展高原农牧业试验示范，服务西藏农牧发展。拉萨站2002年加入中国生态系统研究网络（CERN），2005年成为国家野外科学观测研究台站（CNERN），2010年作为依托单位成立了西藏高原草业工程技术中心，2013年又成为中国高寒区地表过程与环境观测研究网络（HORN）的成员，2018年与拉萨市政府签署协议，成立了中科拉萨地理科学与区域发展研究院，2019年入选第二批国家农业野外科学观测实验站，随着科学研究不断深入及地方需求逐步加强，拉萨站目前已经成为“多位一体”的野外台站，是在青藏高原腹地开展生态科学研究和服务地方的重要平台。

经过近30年持续不断地工作和积极探索，拉萨站在西藏农牧业方面积累了大量的研究和长期监测数据。2010年整理出版了拉萨站自建站以来至2008年的长期监测和研究数据，形成了《中国生态系统定位观测与研究数据集·农田生态系统卷·西藏拉萨站（1993—2008）》，为相关科研人员提供了便捷的数据共享途径。2020年，在新一期国家站数据共享项目的支持下，本站依据《中国生态系统定位观测与研究数据集》整编规范，针对“生态系统过程与变化”主题，对拉萨站的长期监测数据重新进行了梳理，选择有代表性的数据，进行处理和统计分析，汇编形成了本数据集，其内容涵盖了拉萨站长期监测的观测场地和样地信息、CERN长期监测（水、土、气、生）数据，其中的气象数据包括了我站自建站以来的全部人工观测气象数据。在对共享数据进行整理的过程中，本站进行了认真的审核，力求完整，然而受多种主客观因素限制，书中难免有错误之处，敬请批评指正。

本数据集是在戴尔阜和张扬建两任站长的领导下，由何永涛博士具体负责完成整理编写工作的。在本数据集的编写过程中，我站工作人员徐珍对历史数据进行了系统的整理和统计；研究生王芳分析了部分数据并绘制了数据表格；此外，还有长期坚守在西藏野外一线完成观测任务的技术人员布桑、程三民、胡亚彬、金海燕、杨巧胜、白玛等，在此一并表示衷心的感谢！

西藏拉萨农田生态系统国家野外科学观测研究站

2022年3月

CONTENTS

目录

第1章 拉萨站介绍

1.1 台站概况

西藏拉萨农田生态系统国家野外科学观测研究站（以下简称“拉萨站”）依托单位为中国科学院地理科学与资源研究所，主管部门为中国科学院，研究领域是高原农牧业生态学。拉萨站成立于1993年，本部位于青藏高原腹地的河谷农业区——拉萨河流域中部地区的达孜区，北纬29°40′40″，东经91°20′37″，海拔3 688 m，是目前该地区唯一的长期农业生态试验站，也是世界海拔最高的农业生态试验站之一。

1.1.1 发展历程

青藏高原位于我国西南边陲，面积约占全国总面积的1/4，平均海拔4 000 m以上，有“世界屋脊”和“世界第三极”之称。青藏高原自晚新生代以来经历了强烈隆升，并对周边地区的气候与环境产生了深刻影响，因此对青藏高原持续利用和发展的研究也一直为科学界所瞩目。但受条件限制，1949年前我国在该领域的研究几乎为空白。1949年后，中国科学院先后组织了十余次大规模的青藏高原科学考察，特别是从1973年开始，中国科学院青藏高原综合科学考察队对整个高原进行了为期二十年的全面、系统的多学科综合考察。这次考察填补了青藏高原科学研究史上的空白，积累了大量的珍贵资料，摸清了该地区资源分布的基本状况，同时也发现了青藏高原持续利用和发展过程中的潜在危机，即随着全球变暖趋势的日益加剧以及我国社会经济的快速发展，人为和自然的双重因素越来越严重地影响着青藏高原的自然环境。青藏高原海拔高，地理位置独特，但同时其生态环境也极其脆弱，一旦对原有的环境造成不可逆的破坏，将会产生不可预期的后果，同时也必然会对周边地区的环境产生重的大影响。因此，为了实现青藏高原地区的可持续发展，研究高原生态系统和生态因子之间的关系、探讨持续有效的自然资源利用方式就显得越来越重要。在这样的大背景下，20世纪90年代末，大规模的青藏高原科学考察结束后，一些长期从事青藏高原研究的科学家认为，对青藏高原存在的一些生态学问题需要进行长期定位研究，尤其在人类活动比较剧烈的高原河谷农牧交错地区。因此，1993年3月拉萨站应运而生，站址位于西藏军区后勤部所属达孜农场（西藏拉萨市达孜区）。

拉萨站2002年加入中国生态系统研究网络（CERN），2005年成为国家野外科学观测研究台站（CNERN），2010年作为依托单位成立了西藏高原草业工程技术中心，2013年又成为中国高寒区地表过程与环境观测研究网络（HORN）的成员，2018年与拉萨市政府签署协议，成立了中科拉萨地理科学与区域发展研究院，2019年人选第二批国家农业野外科学观测实验站，随着科学研究不断深入及地方需求逐步加强，拉萨站目前已经成为“多位一体”的野外台站，是在青藏高原腹地开展生态科学研究和服务地方的重要平台。

1.1.2 区域代表性

拉萨站本部位于青藏高原腹地的河谷农业区——“一江两河”（雅鲁藏布江、拉萨河、年楚河）流域中部地区，距西藏自治区首府拉萨市 25 km。“一江两河”中部流域包括拉萨市、山南地区和日喀则地区共 18 个县，面积 7 万余 km^2，人口 100 余万。本区属于高原季风温带半干旱气候带，年总辐射量为 7 600～8 000 MJ/m^2；年均温度为 4～8 ℃，生长季长，热量水平低，越冬条件较好；年降水量为 300～550 mm，降水主要集中在 6—9 月。本区光能资源丰富，夏季热量水平低，生长季长，越冬条件较好，水热同季，对农业生产极为有利；本区土壤属于高山灌丛草原土，土层薄，土壤肥力低；植被类型为高山灌丛草原，以西藏狼牙刺、三刺草灌丛为主；河谷地区水热条件较好，多垦殖为耕地，大多种植以小麦、青稞和蚕豆为主的喜凉作物；山地上部分布着草原草甸土，适宜牧业发展。本区是西藏资源条件较好，开发最早，生产历史悠久，经济相对发达的地区，也是西藏政治、经济、文化和交通中心，在西藏自治区有举足轻重的地位。拉萨站在西藏主要农业区“一江两河”地区具有很强的典型性和代表性。从植被区划来看，拉萨站所在的地区向东毗邻藏东南高山针叶林带的西缘，向北分别与高原面的高寒草甸和高寒草原相连，拉萨站也是一个开展青藏高原生态学研究的基地。

1.2 台站定位

拉萨站的定位立足于国家和地方需求，结合学科前沿，研究高原农牧生态系统，开展高原农牧业试验示范，服务西藏农牧发展。具体目标是通过对高原生态环境要素的长期监测，定位研究在高原极为特殊环境条件下农牧生态系统的结构和功能及其对环境变化的响应机理，建立高原农牧业可持续发展优化模式，为开展青藏高原研究提供技术支撑和平台，培养从事青藏高原研究的后备人才。

1.2.1 主要研究方向

（1）高原农牧生态系统对全球变化的响应和适应

开展高原农牧生态系统长期生态学监测，揭示高原农牧生态系统及环境要素的变化规律及其动因；阐明高原农牧生态系统的结构和功能及其对环境生态因子响应的机制；揭示高原农牧生态系统的能量、物质传输规律和生产力形成机理。

（2）西藏农牧系统优化管理模式构建与示范

以生态学理论为指导，通过试验示范的方法，以拉萨为基地，重点研究拉萨“一江两河”地区种植业、农区畜牧业以及农牧结合的关键配套技术，探索在相对脆弱的高原环境下实现农牧业可持续发展的有效途径；通过农牧业的产业结构调整，以点带面，建立有高原特色的农牧业可持续发展的优化模式，为高原农牧业一体化建设和产业化建设提供理论依据。

1.2.2 主要任务

（1）高原生态环境要素的长期监测

主要对高原典型生态系统的气象、土壤、植被和水分等生态要素进行长期连续的观测，为开展长期生态学研究提供数据支撑。

（2）高原农牧生态系统的结构和功能及其对环境变化响应的机理研究

以定位试验的方法，重点研究高原农牧生态系统结构和功能的变化及其对环境因素的响应机理，为进一步开展高原可持续发展提供理论依据。

（3）高原特色农牧业优化发展模式的构建与示范

以生态学理论为指导，重点研究西藏地区种植业、农区畜牧业以及农牧结合的关键配套技术，通过农牧业的产业结构调整，以点带面，建立有高原特色的农牧业可持续发展的优化模式。

(4) 院地合作和服务地方平台

通过院地合作，面向地方需求，开展课题攻关，研发相关技术，培养地方人才，为西藏当地的经济建设和社会可持续发展提供服务。

(5) 青藏高原生态学研究人才培养

拉萨站生活设施齐全，仪器设备先进，学科覆盖面广，与西藏地方、国内外多家科研和教育单位建立了长期的合作关系，通过开展广泛的交流，培养青藏高原生态学研究的后备人才。

1.2.3　组织架构

拉萨站的依托单位是中国科学院地理科学与资源研究所，主管部门是中国科学院，但同时也依托拉萨站成立了多个地方科研机构，包括中科拉萨地理科学与区域发展研究院、拉萨市草牧业科技专家工作站、西藏高原草业工程技术研究中心等，拉萨站目前已经成为“多位一体”的野外台站。

①地理科学与资源研究所：高原生态系统研究中心。

②国家生态系统研究网络：西藏拉萨农田生态系统国家野外科学观测研究站。

③中国生态系统研究网络：中国科学院拉萨农业生态试验站。

④中国高寒区地表过程与环境观测研究网络：拉萨站、那曲站。

⑤中国通量观测研究网络：当雄站、那曲站。

⑥国家农业科学观测实验站：国家农业科学农业环境拉萨观测实验站。

⑦西藏自治区科学技术厅：西藏高原草业工程技术研究中心、
拉萨农业西藏自治区野外科学观测研究站。

⑧西藏自治区拉萨市政府：中科拉萨地理科学与区域发展研究院、
拉萨市草牧业科技专家工作站。

⑨西藏人力资源和社会保厅：拉萨市乡村振兴产业融合国家级专家服务基地。

1.3　主要成果

1.3.1　科研任务承担情况

2011—2020 年，拉萨站承担研究课题 100 余项（表 1－1）。其中主持国家重点研发计划项目 3 项，第 2 次青藏高原综合科学考察研究专题 2 项；国家自然科学基金项目 30 余项，其中包括杰出青年科学基金 1 项，国际合作项目 1 项；973 计划课题 2 项；中国科学院战略先导专项课题 3 项；西藏科技重大任务专项 2 项，其他地方项目 20 余项。

表 1－1　拉萨站 2011—2020 年重要科研任务

序号	名称	类别	执行年度	负责人
1	西藏退化高寒生态系统恢复与重建技术及示范	国家重点研发计划项目	2016—2020	张宪洲
2	典型脆弱区生态工程气候效应及其适应全球变化对策研究	国家重点研发计划项目	2020—2024	张扬建
3	区域多尺度气候极端事件风险评估与制图	国家重点研发计划项目	2021—2025	戴尔阜
4	农牧业绿色发展考察研究	第二次青藏高原综合科学考察研究	2019—2023	张宪洲
5	高寒生态系统与全球变化	国家杰出青年科学基金	2017—2019	张扬建

（续）

序号	名称	类别	执行年度	负责人
6	西藏饲草专项	西藏自治区重大科技专项	2013—2020	余成群
7	促进农牧民增收的西藏农牧结合技术体系构建与示范	科学院 STS 项目	2013—2015	余成群
8	西藏资源环境承载能力研究与数据平台建设	西藏自治区重大科技专项	2016—2018	封志明 余成群
9	西藏自治区脱贫攻坚第三方评估	地方委托	2016—2020	余成群
10	藏北退化草地综合整治技术与示范	科技支撑计划课题	2011—2015	张宪洲
11	全球变化对高寒草地生态过程的影响及机理	973 课题	2013—2017	张扬建
12	山地水土耦合格局变化及其生态效益	973 课题	2015—2019	石培礼
13	喜马拉雅地区高山树线响应气候变化的敏感性——区域格局与局地调节	国际合作	2017—2019	石培礼

1.3.2 主要成果及获奖

拉萨站自成立以来，围绕促进西藏农牧民增收技术和模式、藏北牧区生态系统变化和优化管理等方面开展了一系列研究，在论文发表、咨询报告、专利和软件以及获奖等方面都取得了重要的成绩。2011—2020 年公开发表论文 552 篇（表 1-2），其中 SCI 论文 333 篇，特别是关于青藏高原草地物候研究的论文发表在国际顶级期刊 PNAS（第一标注）；获得授权专利 12 项，软件著作权 7 项，地方标准 8 项。

在服务地方发展方面，突破了高原地区草牧业关键技术和共性技术，建立了西藏高寒地区生态保护和精准脱贫双赢的发展模式，得到了大面积推广与示范，累计面积已达 30 余万亩①，推广示范区人工草地单位面积产草量增产 40%～50%，经济效益达 4 亿元；此外，拉萨站还牵头承担了西藏自治区 72 个县的精准扶贫、精准脱贫的第三方评估，有力推进了西藏脱贫攻坚工作。

2011—2020 年，拉萨站获得科学技术奖励 12 次（表 1-3），其中西藏自治区科学技术奖励（图 1-1）一等奖 4 次（3 次为第一单位）、二等奖 3 次、三等奖 1 次，此外还获得其他奖励 4 次。

表 1-2 拉萨站 2011—2020 年发表论文统计

年度	SCI 论文	CSCD 论文	其他论文	论文合计
2011	20	15	3	38
2012	21	19		40
2013	18	19	5	42
2014	36	23	1	60
2015	33	11	4	48
2016	40	15	2	57
2017	33	32		65
2018	32	20	1	53
2019	43	21	1	65
2020	57	27		84
合计	333	202	17	552

① 亩为非法定计量单位，1 亩≈666.667 m^2。——编者注

表1-3 拉萨站2011—2020年获奖统计

序号	名称	获奖类别	年度	获奖等级	主要创新点
1	“十一五”国家星火计划执行优秀团队奖	科技部	2011	拉萨站集体	首次在西藏地区系统开展了胡麻种植技术研究，筛选出3个优良品种，总结提出一套胡麻种植技术规范。培训农牧民100人次，示范基地胡麻产值达800元/亩，比当地粮食作物、油料作物产值分别高出20%和30%以上
2	西藏科技发展战略研究及其应用	西藏自治区科学技术奖	2011	二等奖	重点开展了西藏科技发展战略研究和四个方面的应用研究，即科技创新体系建设、农牧业结构调整与可持续发展模式、生态环境保护与建设、旅游资源信息管理系统开发与技术应用
3	青藏高原优质牧草产业化关键技术研究与示范	西藏自治区科学技术奖	2013	一等奖	研制了适合西藏农区的优质牧草产业化技术规范25项。累计推广种草面积10万余亩，人工牧草地单位面积平均产草量提高30%以上，直接经济效益5 800余万元。该工作得到了西藏地方政府的高度认可，并被央视等新闻媒体广泛报道
4	西藏高原青饲玉米新品种高效生产与加工技术示范推广	西藏自治区科学技术奖	2013	二等奖	引进和推广了优质青饲玉米在西藏山南、拉萨、林芝和日喀则地区的种植、加工等技术，亩产青饲玉米可达8 000kg/亩
5	西藏自治区科技发展路线图研究	西藏自治区科学技术奖	2013	三等奖	系统凝练出西藏国民经济和社会跨越式发展对科技工作的4大战略需求、13项战略任务、45项关键技术和162项技术发展重点，建立了战略任务-关键技术关联图，描述了技术研发时序，这为西藏科技工作提供了重要的工具与手段
6	西藏主要农作物秸秆与栽培牧草混合青贮关键技术	西藏自治区科学技术奖	2014	一等奖	系统研究了主要农作物秸秆与牧草混合青贮的发酵品质动态变化规律，揭示了4种青贮添加剂对发酵品质的影响及其作用机理，研制出提高发酵品质的乳酸菌制剂，开展了青贮饲料分装和运输及抗有氧变质添加剂的研究与推广应用
7	藏北高寒草地生态系统变化分析与退化草地综合治理技术	西藏自治区科学技术奖	2015	一等奖	针对藏北退化草地，集成了施肥、补播等综合治理退化草地植被的技术措施；集成了生物防治和化学防治的治理毒草、鼠虫害的综合防治措施；制定藏北地区退化草地治理的技术规范2项，发明专利授权1项。示范面积超过2 100 hm^2
8	西藏生态安全屏障保护与建设成效监测与评估创新团队	中国科学院科技促进发展奖	2017		作为团队骨干成员，负责评估了退牧还草工程生态效益
9	西藏草业科技研究、示范与推广	西藏自治区草业科技先进集体	2017	高原草业工程技术研究中心（拉萨站）	表彰在西藏草业科技研究、示范、推广工作中表现突出的科研单位

（续）

序号	名称	授奖部门	年度	获奖等级	主要创新点
10	西藏净土健康产业科技研究、示范与推广	西藏自治区创新先进集体	2017	拉萨市净土健康草牧业专家工作站（拉萨站）	表彰在西藏净土产业科技研究、示范、推广工作中表现突出表现科研单位
11	藏北高寒草地生态系统对气候变暖的响应机制研究	西藏自治区科学技术奖	2018	二等奖	揭示了高寒草地生态系统总初级生产力和土壤呼吸等对气候变暖的非线性响应，发现增温3℃时，增温对总初级生产力的增幅达到最大，发现1.5℃和2.0℃增温对高寒草地生态系统的影响差异，提出了气候变暖背景下藏北高原高寒草地生态系统动态分类管理的方案
12	青藏高原高寒草地对全球变化的响应机理、格局及其环境效应	西藏自治区科学技术奖	2019	一等奖	针对青藏高原高寒草地面临的气候变化应对和人类活动干扰等重大科学问题，本项研究采用从生态学机理机制→区域响应格局→环境效应的研究思路，通过高原地面站点的实验观测和区域样带的草地调查，对相关模型参数进行本地优化，并提出了一系列数据融合的新方法，在摸清机理机制、优化参数及更新方法的基础上，系统探讨了青藏高原高寒草地生态系统对全球变化的响应机理、格局及其环境效应，对高寒草地生态系统响应和适应全球变化提出了新的认知

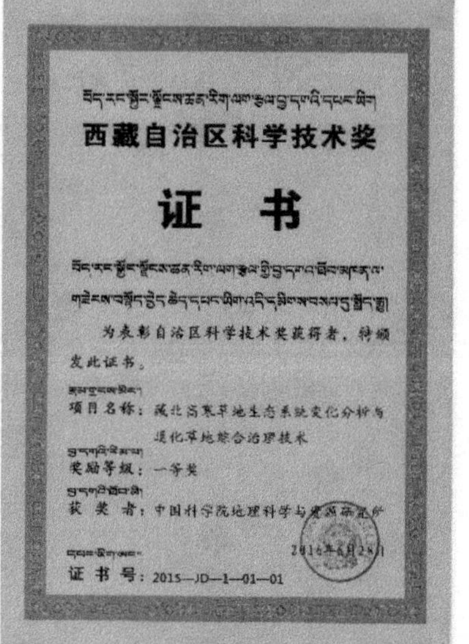

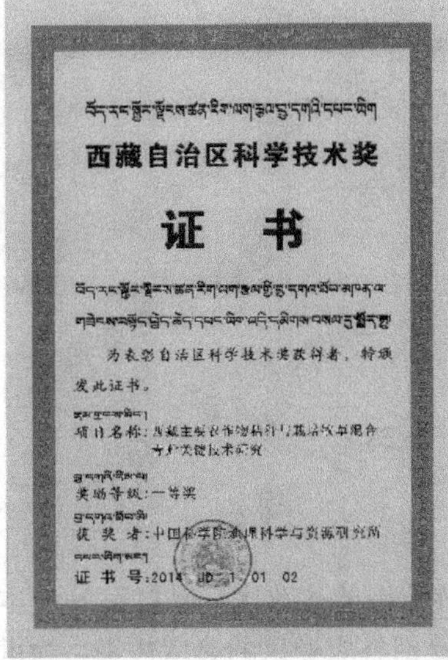

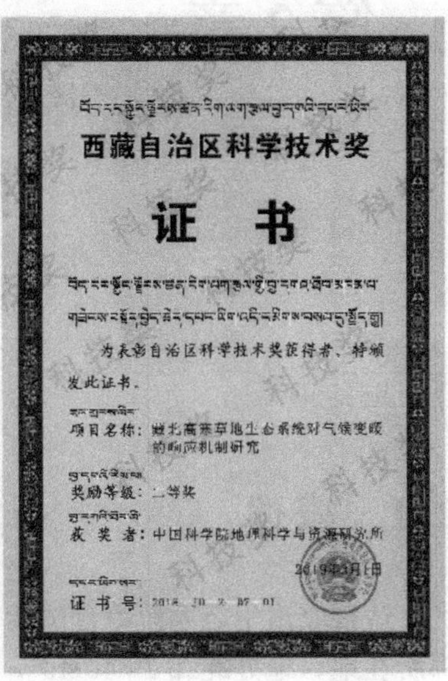

图1-1　拉萨站2011—2020年主要获奖证书

第2章

主要样地与观测设施

2.1 概述

达孜农田生态系统综合试验基地建立于1993年，位于拉萨河下游南岸的达孜区，是拉萨站的本部所在地，地处北纬29°40′40″，东经91°20′37″，海拔3 688 m，是西藏河谷农业区的典型代表，为世界上海拔最高的农业生态试验站之一。

农田生态系统是高原种植业发展的基础，对保障当地居民粮食安全具有重要意义。达孜试验基地主要开展农田生态系统长期定位监测，对其水分、土壤、生物以及气象等生态系统要素进行长期的定位监测，以探讨西藏高原农区的农田生态系统的长期动态变化过程以及未来的发展趋势；同时开展农田N、P、K肥力实验和农田光能、水和氮利用效率和生产力特征及其调控机制研究。

根据国家生态系统研究网络（CERN）的要求和规范，拉萨站以高原农田生态系统为对象，设置了10余处观测场，其中包括综合观测场1处、气象观测场1处、辅助观测场3处（包括施肥试验辅助观测场1处、农田撂荒长期采样地1处、长期轮作试验1处）、水质调查点4处以及站区调查点2处（图2-1），逐年按水、土、气、生4项观测内容开展长期定位观测，揭示高原农田生态系统的长期变化规律及其影响因素，为高原农牧业研究提供了坚实的数据基础。主要观测样地具体情况如表2-1。

表2-1 拉萨站观测场、采样地一览表

观测场名称	观测场代码	采样地名称	采样地代码
综合观测场	LSAZH01	综合观测场水土生联合长期观测采样地	LSAZH01ABC_01
		综合观测场中子管采样地	LSAZH01CTS_01
		综合观测场烘干法土壤水分采样地	LSAZH01CHG_01
气象观测场	LSAQX01	气象观测场中子管采样地	LSAQX01CTS_01
		气象观测场烘干法土壤水分采样地	LSAQX01CHG_01
		气象观测场小型蒸发皿	LSAQX01CZF_01
		气象观测场E601型水面自动蒸发仪	LSAQX01CZF_02
		气象观测场雨水采样器	LSAQX01CYS_01
		气象观测场地下水观测点	LSAQX01CDX_01
施肥试验辅助观测场	LSAFZ01	施肥试验长期观测采样地（空白）	LSAFZ01ABC_01
		施肥试验长期观测采样地（羊粪）	LSAFZ01ABC_02
		施肥试验长期观测采样地（化肥）	LSAFZ01ABC_03
		施肥试验长期观测采样地（化肥+羊粪）	LSAFZ01ABC04
农田撂荒地辅助观测场	LSAFZ02	农田撂荒地长期观测采样地（不除草）	LSAFZ02ABC_01
		农田撂荒地长期观测采样地（经常除草）	LSAFZ02ABC_02

（续）

观测场名称	观测场代码	采样地名称	采样地代码
农田撂荒地辅助观测场	LSAFZ02	农田撂荒地长期观测采样地（除草一次）	LSAFZ02ABC _ 03
轮作模式试验观测场	LSASY01	轮作模式长期观测采样地（西）	LSASY01ABC _ 01
		轮作模式长期观测采样地（中）	LSASY01ABC _ 02
		轮作模式长期观测采样地（东）	LSASY01ABC _ 03
地表灌溉水水质监测点	LSAFZ10	地表灌溉水水质监测点	LSAFZ10CGB _ 01
流动地表水水质监测点	LSAFZ11	流动地表水水质监测点	LSAFZ11CLB _ 01
地下饮用水水质监测点	LSAFZ12	地下饮用水水质监测点	LSAFZ12CDX _ 01
农田地下水水质监测点	LSAFZ13	农田地下水水质监测点	LSAFZ13CDX _ 01
拉萨站站区调查点（达孜区德庆镇）	LSAZQ01	达孜区德庆镇土壤生物长期采样地	LSAZQ01AB0 _ 01（2005—2015 年，因修路占用废弃）
拉萨站站区调查点（达孜区邦堆乡）	LSAZQ02	达孜区邦堆乡土壤生物长期采样地	LSAZQ02AB0 _ 01（2005—2011 年，因修建蔬菜大棚废弃）
拉萨站站区调查点（达孜区德庆镇）	LSAZQ04	达孜区德庆镇新仓村土壤生物长期采样地	LSAZQ04AB0 _ 01（2014—2017 年，因修路占用废弃）
拉萨站站区调查点（达孜区塔杰乡）	LSAZQ05	达孜区塔杰乡土壤生物长期采样地	LSAZQ05AB0 _ 01（2016 年新建）
拉萨站站区调查点（达孜区德庆镇）	LSAZQ06	达孜区德庆镇新仓村土壤生物长期采样地	LSAZQ06AB0 _ 01（2018 年新建）

图 2-1 拉萨站达孜观测场俯瞰图

2.2 主要观测场地

2.2.1 综合观测场（LSAZH01）

综合观测场（图 2-2）于 2004 年建立，地处拉萨河下游南岸的河谷中，地势平坦，是西藏地区河谷农业区的典型代表。综合观测场的部分区域系建站初期（1994 年）从他处挖掘土壤，经填埋、平整而成的。从 1994 年该地形成以来，耕作措施即为机耕，人工施肥、播种、管理、收获，曾多次施用羊粪作为基肥，化肥为追肥。2004 年前它被分割为多个小区，种植过小麦、青稞、蚕豆、豌豆、玉米、萝卜、马铃薯、向日葵等农作物。

观测场面积为 40 m×40 m 的正方形，四角的经纬度分别为东北：N29.6766°，E91.3433°，东南：N29.6763°，E 91.3433°，西北：N29.6766°，E91.3428°，西南：N29.6763°，E91.3428°。海拔 3 688 m，昼夜温差大。土壤属于山地灌丛草甸土类，土壤分层不明显且浅薄，下伏有巨厚的砾石层，上面覆盖不足60 cm的土层。水分条件较好，地下水位浅（2～3.5 m），且可引用拉萨河水进行自流灌溉。

该样地的轮作体系为一年一季冬小麦→冬小麦→油菜，耕作措施为机耕，人工施肥、播种、管理、收获。施肥制度为机耕前施羊粪和化肥为基肥，追肥在小麦拔节期施入，其中羊粪施用量为 333 kg/亩，每 2～3 年施用 1 次；纯 N 施入量大约为 10 kg/亩，其中尿素 15 kg/亩（纯 N%＝46），磷酸氢二氨 15 kg/亩（纯 N%＝16）。每次记录具体的施肥时间和施肥的种类及用量。

灌溉制度为引拉萨河水，可保证全年自流灌溉的需要，每年分 6 次灌溉：播种后—上冻前—返青—拔节—扬花—成熟前。灌溉方式为大田漫灌。每次记录灌溉的时间和灌溉量。

综合观测场采样地包括：①LSAZH01ABC_01，水土生联合长期观测采样地；②LSAZH01CTS_01，土壤湿度监测采样地；③LSAZH01CHG_01，烘干法采样地。

图 2-2 拉萨站综合观测场景观图

（1）LSAZH01ABC_01——综合观测场水土生联合长期观测采样地

土壤采样地设置为 6 个 5 m×5 m 的样方，均匀分布于综合观测场，每年轮换位置；生物采样地设置为 6 个 1 m×1 m 的样方。

观测项目：农田主要作物肥料投入情况，农田主要作物农药、除草剂、生长剂等投入情况，农田作物种类与产值，农田复种指数与典型地块作物轮作体系，农田灌溉制度，作物物候观测，作物叶面积与生物量动态，物候，耕作层作物根生物量，作物植株性状与产量，农田作物矿质元素含量与能值，农田土壤微生物生物量碳季节动态，土壤交换量，土壤养分，土壤矿质全量，土壤微量元素和重金属元素，土壤速效微量元素，土壤机械组成及土壤容重。

土壤采样：在每个土壤样方中，用土钻取至少10个单样混合成1个分区样。

生物采样：每次从6个样方中取得6份样品作为6次重复。

（2）LSAZH01CTS _ 01——综合观测场土壤湿度监测样地

2004—2017年在综合观测场对角线布设3个中子管进行土壤水分观测，编码为LSAZH01CTS _ 01 _ 01，LSAZH01CTS _ 01 _ 02，LSAZH01CTS _ 01 _ 03。2017年更换为土壤温湿盐自动观测系统进行土壤水分观测。中子仪观测项目农田土壤水分动态，生长季每5天观测1次，观测深度为60 cm，每10 cm 1层。土壤温湿盐观测系统观测深度为60 cm，每10 cm 1层，每小时自动记录1组数据。

（3）LSAZH01CHG _ 01——拉萨站综合观测场烘干法采样地

以综合观测场土壤温湿盐自动观测仪器为中心，每次在仪器周围取2个土样测定，生长季每月采集分析1次。观测项目为农田土壤水分动态。

2.2.2 气象观测场（LSAQX01）

气象观测场（图2-3）始建于1994年，2004年改建完成，位于拉萨站站区内，按国家标准设置（25 m×25 m），依据CERN监测规范安装人工观测气象仪器1套、Milos520自动气象站1套，以及地下水位井、土壤水分自动观测系统、水面自动蒸发测量系统等各种监测仪器（图2-3）。

图2-3 拉萨站气象观测场

气象观测场采样地包括：①土壤水分采样地；②E601小型蒸发皿；③601型水面自动蒸发仪；④雨水采样器；⑤地下水观测点。

（1）LSAQX01CTS _ 01——气象观测场土壤湿度采样地

原观测为在水面自动蒸发仪旁设2根中子管，编号分别为LSAQX01CTS _ 01、LSAQX01CTS _ 02。观测项目为土壤水分动态，每月3日、8日观测，测定深度为70 cm，每10 cm为1层。

2017年更换为土壤温湿度观测仪器自动观测，测定深度为70 cm，每10 cm为1层，每小时记录1组数据。

（2）LSAQX01CZF _ 01——气象观测场小型蒸发皿

监测点位于气象观测场内，为一直径 20 cm 的小型水面蒸发皿，编号为 LSAQX01CZF _ 01。观测项目为水面蒸发，每天晚 8 时观测 1 次。

(3) LSAQX01CZF _ 02——气象观测场 E601 型水面自动蒸发仪

自动记录水面蒸发动态，每 1 小时记录 1 次。

(4) LSAQX01CYS _ 01——拉萨站气象观测场雨水采样器

在气象观测场内设雨水收集器 1 个。观测项目为雨水水质监测。

收集时间：水质监测为每年雨季 5 月、6 月、7 月、8 月、9 月各采集 1 次混合水样。

收集方法：全月雨水混合取样。

(5) LSAQX01CDX _ 01——拉萨站气象观测场地下水观测点

该地下水位井位于气象观测场旁。观测项目为地下水位动态、水质监测。

地下水位动态：与土壤水分动态同期观测，5 天测定 1 次，每月 3 日、8 日测定。

水质监测：旱季、雨季各取水样 1 次。

2.2.3 施肥试验辅助观测场（LSAFZ01）

施肥试验辅助长期观测场建立于 2008 年，样地位于拉萨站水肥试验场西侧。其面积为 30 m×40 m，共分为 12 个小区，每个小区面积为 10 m×10 m。

该观测场为综合观测场的对照，种植模式与综合观测场相同，但采用 4 个不同的施肥管理模式，即空白、羊粪、化肥、羊肥+化肥，各样地采用等 N 施肥的方式（10 kg/亩），具体施肥措施见下表 2-2。该观测场其他方面的管理同综合观测场，包括播种时间和作物品种，灌溉时间和灌溉量，每次都要做详细的记录。

施肥实验辅助观测场的采样地（图 2-4）包括：

LSAFZ01ABC _ 01：空白对照地，不施肥，种植模式同综合观测场。

LSAFZ01ABC _ 02：羊粪对照地，只施用羊粪，种植模式同综合观测场。

LSAFZ01ABC _ 03：化肥对照地，只施用化肥，种植模式同综合观测场。

LSAFZ01ABC _ 04：化肥+羊粪样地，施用化肥和羊粪，种植模式同综合观测场。

表 2-2 辅助观测样地施肥情况

样地处理	肥料名称	施肥时期	施用方式	施用标准/(kg/亩)	每小区样地施肥量/kg
空白	不施肥				
羊粪	羊粪（湿）	播种	基肥	1 279.0	192.0
化肥	磷酸氢二铵	播种	基肥	14.0	2.10
化肥	尿素	播种	基肥	7.0	1.05
化肥	尿素	返青	追肥	5.0	0.75
化肥	尿素	抽穗	追肥	5.0	0.75
羊粪+化肥	羊粪（湿）	播种	基肥	333.3	50.00
羊粪+化肥	磷酸氢二铵	播种	基肥	7.5	1.13
羊粪+化肥	尿素	播种	基肥	3.75	0.56
羊粪+化肥	尿素	返青	追肥	5.0	0.75
羊粪+化肥	尿素	抽穗	追肥	5.0	0.75

该观测场的土壤方面的观测内容同综合观测场，包括土壤交换量、土壤养分、土壤矿质全量、土壤微量元素和重金属元素、土壤速效微量元素、土壤机械组成和土壤容重等，各指标的观测时间及频

次与综合观测场同步进行。

生物方面的观测指标包括收获期作物植株性状与产量、农田作物矿质元素含量与能值等，各指标的观测时间及频次与综合观测场同步进行。

土壤采样：在每个小区中，用土钻取至少 5 个单样混合成 1 个样品。

生物采样：在每个小区中，每次取得 1 份样品。

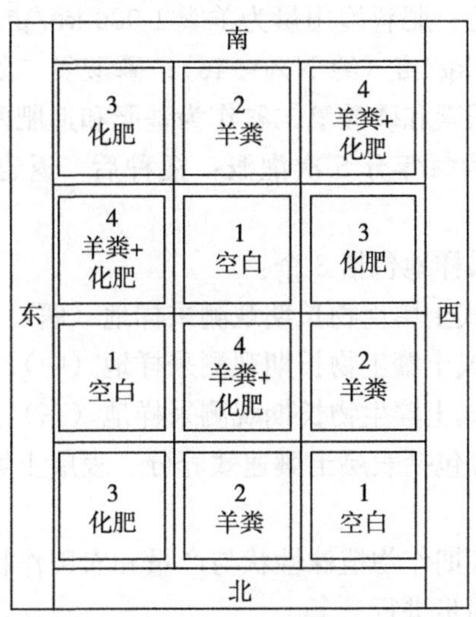

图 4　拉萨站施肥试验辅助观测场示意图

2.2.4　农田撂荒地辅助观测场（LSAFZ02）

农田撂荒地长期观测场建立于 2009 年，样地位于拉萨站达孜试验区西侧。观测场为 45 m×36 m 的矩形，分为 9 个均等的小区，每个小区面积为 15 m×12 m。

农田撂荒地辅助观测场（图 2－5）是综合观测场的对照，设置 3 种不同的管理模式（不除草、每年生长季盛期 8 月除草 1 次、经常除草），不施肥，不灌溉，每个处理 3 个重复，长期监测土壤养分的变化，其中包括 3 个观测样地：

LSAFZ02ABC _ 01：农田撂荒地长期观测采样地（不除草），不除草对照样地。

LSAFZ02ABC _ 02：农田撂荒地长期观测采样地（经常除草），每年 8 月份除草 1 次。

LSAFZ02ABC _ 03：农田撂荒地长期观测采样地（除草 1 次），经常除草，每半个月 1 次，不使草长出。

该观测场土壤方面的观测内容同综合观测场，包括土壤交换量、土壤养分、土壤矿质全量、土壤微量元素和重金属元素、土壤速效微量元素、土壤机械组成和土壤容重等，各指标的观测时间及频次与综合观测场同步进行。

土壤采样：在每个小区中，用土钻取至少 5 个单样混合成 1 个样品。

不除草 LSAFZ02ABC _ 01	除草 1 次 LSAFZ02ABC _ 03	经常除草 LSAFZ02ABC _ 02
经常除草 LSAFZ02ABC _ 02	不除草 LSAFZ02ABC _ 01	除草 1 次 LSAFZ02ABC _ 03
除草 1 次 LSAFZ02ABC _ 03	经常除草 LSAFZ02ABC _ 02	不除草 LSAFZ02ABC _ 01

图 2－5　拉萨站农田撂荒地辅助观测场示意图

2.2.5 轮作模式试验观测场（LSASY01）

该样地位于拉萨站试验区内，于 2003 年正式建立，2007 年正式开始观测。样地面积为 40 m×60 m，分为 3 个大的小区，每个小区面积为 40 m×20 m。

该样地的轮作体系为，一年一季玉米→青稞→油菜轮作；耕作措施为机耕，人工施肥、播种、管理、收获。施肥制度为羊粪+化肥；肥料施用量为羊粪 1 000 kg/亩，每 2～3 年施用 1 次；纯 N 施入量大约为 10 kg/亩；其中尿素 15 kg/亩（纯 N%=46）；磷酸氢二氨 15 kg/亩（纯 N%=16）。施用方式为羊粪作为基肥一次施入，尿素和磷酸氢二氨作为基肥和追肥两次分别施入。每次要记录每个小区的施肥种类和数量。灌溉制度为每年分 5 次灌溉：播种后—返青—拔节—扬花—成熟前。灌溉方式：畦灌。

轮作模式土壤生物长期观测采样地包括 3 个：

LSASY01ABC _ 01：轮作模式土壤生物长期观测采样地（西）。

LSASY01ABC _ 02：轮作模式土壤生物长期观测采样地（中）。

LSASY01ABC _ 03：轮作模式土壤生物长期观测采样地（东）。

该样地的土壤方面的观测内容包括表层土壤速效养分、表层土壤养分、表层土壤阳离子交换量和交换性阳离子和土壤养分全量。

生物方面的观测指标包括收获期作物植株性状与产量和农田作物矿质元素含量与能值等，各指标的观测时间及频次与综合观测场同步进行。

土壤采样：在每个小区中，用土钻取至少 10 个单样混合成 1 个样品。

生物采样：在每个小区中，每次取得 1 份样品。

2.2.6 水质监测点

（1）LSAFZ10——地表灌溉水水质监测点

监测点设在综合观测场内的灌溉水渠中，坐标为 29°40′35″N，91°20′33″E、2004 年开始监测。该水渠为建站初期（1994 年）建造，水源引自拉萨河。

采样地：LSAFZ10CGB _ 01，地表灌溉水水质监测点。

观测项目：地表灌溉水质。

观测方法：采样瓶取样，由于旱季无水，水质监测为 1 年 2 次，分别为旱季（4 月）和雨季（7 月）。

（2）LSAFZ11——地表流动水监测点

监测点设在距离拉萨站约 3 km 处拉萨河中心。坐标为 29°40′35″N，91°20′33″E、2004 年开始监测。

采样地：LSAFZ11CLB _ 01，流动地表水水质监测点。

观测项目：流动地表水水质。

观测方法：采样瓶取样，水质监测为 1 年 4 次，分别为 1 月、4 月、7 月和 10 月。

（3）LSAFZ12——地下饮用水水质监测点

监测点设在拉萨站饮用地下水井，坐标为，29°40′35″N，91°20′33″E、2011 年开始监测。饮用地下水井建于 2010 年，深约 30 m。

采样地：LSAFZ12CDX _ 01，地下饮用水水质监测点。

观测项目：浅层地下水质。

观测方法：采样瓶取样，水质监测为 1 年 4 次，分别为 1 月、4 月、7 月和 10 月。

（4）LSAFZ13——农田地下水水质监测点

监测点设在拉萨站农田地下水井，坐标为 29°40′35″N，91°20′33″E、2007 年开始监测。该井为拉萨站综合观测场农田地下水井，建立于 2007 年，深约 4 m。

采样地：LSAFZ13CDX _ 01，农田地下水水质监测点。

观测项目：地下水位，浅层地下水质。

观测方法：采样瓶取样，由于旱季无水，水质监测为 1 年 2 次，分别为旱季（4 月）和雨季（7 月）。

2.2.7　达孜区塔杰乡调查点（LSAZQ05）

该站区调查点原位于拉萨站附近的达孜区邦堆乡，但由于大棚建设，该观测样地被废弃。2016 年新选择样地位于达孜区塔杰乡，坐标为 29°45′38″N，91°26′58″E、观测场形状为近似矩形，面积约 0.35 hm^2，2016 年建立，长期使用。地处拉萨河下游南岸的河谷滩地中，地势平坦。海拔 3 729 m。土壤分层不明显且浅薄，约 50 cm，砾石含量多。

该观测场的种植模式由农户自己决定，主要种植当地的一年 1 季的粮食作物冬小麦和青稞等。耕作措施为机耕，人工施肥、播种、管理、收获。施肥制度为播种前施羊肥为基肥，化肥以追肥形式施入。灌溉为引河水自流灌溉，每生长季灌溉 5～6 次。

采样地：LSAZQ05AB0 _ 01——拉萨站站区调查点（达孜区塔杰乡）。

观测项目：土壤交换量，土壤养分，土壤矿质全量，土壤微量元素和重金属元素，土壤速效微量元素，土壤机械组成和土壤容重等。生物方面的观测指标包括收获期作物植株性状与产量及农田作物矿质元素含量与能值等，各指标的观测时间及频次与综合观测场同步进行。其他的观测指标还包括农田环境要素，作物组成，历年复种指数与典型地块作物轮作体系，主要作物肥料、农药、除草剂等投入量，灌溉制度，病虫害记录。

土壤采样：采用样线法，以“W”形设置 6 条样线，每条样线上用土钻取至少 10 个单样混合成 1 个分区样。

生物采样：在每个土壤采样区中设置 1 个 1 m×1 m 的样方，每次从 6 个样方中取得 6 份样品作为 6 次重复。

2.2.8　达孜区德庆镇调查点（LSAZQ06）

由于铁路和公路修建，原农户调查点被废弃，该观测场分别于 2012 年和 2018 年 2 次迁移，新建观测场位于拉萨站附近的达孜区德庆镇新仓村，地处拉萨河下游南岸的阶地中，地势平坦。海拔 3 698 m，坐标为 29°40′05″N，91°20′45″E、2018 年建立，长期使用。观测场形状为近似矩形，面积约 0.12 hm^2。

该样地的种植模式由农户自己决定，主要种植当地的一年 1 季的粮食作物冬小麦、油菜等。耕作措施为机耕，人工施肥、播种、管理、收获。施肥制度为播种前施羊粪为基肥，化肥以追肥形式施入；灌溉制度为引河水自流灌溉，每生长季灌溉 5～6 次。

采样地：LSAZQ06AB0 _ 01——拉萨站站区调查点（达孜区新仓村）。

观测项目：土壤交换量，土壤养分，土壤矿质全量，土壤微量元素和重金属元素，土壤速效微量元素，土壤机械组成和土壤容重等。生物方面的观测指标包括收获期作物植株性状与产量及农田作物矿质元素含量与能值等，各指标的观测时间及频次与综合观测场同步进行。其他的观测指标还包括农田环境要素，作物组成，历年复种指数与典型地块作物轮作体系，主要作物肥料、农药、除草剂等投入量，灌溉制度，病虫害记录。

土壤采样：采用样线法，以“W”形设置 6 条样线，每条样线上用土钻取至少 10 个单样混合成 1 个分区样。

生物采样：在每个土壤采样区中设置1个1 m×1 m的样方，每次从6个样方中取得6份样品作为6次重复。

2.3 主要观测设施

2.3.1 水分监测

（1）农田土壤水分动态

观测样地位于拉萨站达孜本部长期试验地，监测对象为高原农田生态系统，土壤水分（图2-6）为动态观测，观测深度为0～80 cm，每10 cm为1观测分层，观测频次为1 h/次。用HydraProbeII土壤水分自动观测仪进行定位观测，并分别在5月、6月、7月、8月做烘干法标定。

图2-6 拉萨站农田土壤水分（温湿盐）自动观测系统

（2）自然地土壤水分动态

观测样地位于拉萨站达孜本部气象观测场，监测对象为自然生态系统，植被为自然生长的草地。全年观测，用HydraProbe II土壤水分自动观测仪，观测深度为0～70 cm，每10 cm为1观测分层，观测频次为1 h/次。

（3）农田撂荒地土壤水分动态

观测样地位于拉萨站达孜本部农田撂荒试验地，监测对象为撂荒农田生态系统。该样地设3个处理，分别为经常除草（生长季每月1次）、除草1次（生长季末）、不除草，每个处理观测剖面1个，共计3个，观测深度为0～50 cm，每10 cm为1观测分层，观测频次为1 h/次。

（4）地下水位动态

拉萨站目前共设置地下水位观测点2处，分别位于气象站旁的地下水位井，以及综合观测场附近的地下水位井，人工观测，监测频次为5d/次。

（5）农田灌溉用水量

每次灌溉记录，用水量为估算值。

(6) 农田蒸散量

根据农田土壤水分动态、农田灌溉用水量、降水量、蒸发量计算获得。

(7) 水质监测

拉萨站共设置5处水质监测点，分别为流动地表水（拉萨站地表流动水水质监测点）、灌溉水（拉萨站地表灌溉水水质监测点）、农田地下水（拉萨站综合观测场地下水水质监测点）、饮用地下水30 m（拉萨站地下饮用水水质监测点以及降水水质监测点，监测时间分别为1月、4月、7月和10月。分析指标包括八大离子和COD以及矿化度等常规水质监测指标。降水每月收集混合水样，由水分中心统一分析。

(8) 水面蒸发量

E601型自动水面蒸发系统监测，观测时间为水面解冻（5月）至水面上冻（10月）。观测频度为每小时1次。

2.3.2 土壤监测

土壤监测内容主要是表层和剖面土壤交换量，土壤养分，土壤矿质全量，土壤微量元素和重金属元素，土壤速效微量元素，土壤机械组成和土壤容重等。目前拉萨站共设置了水土生长期采样地1处，辅助长期采样地2处，撂荒地长期监测1处，站区调查点2处。

土壤样品在收获后采样，样品风干后，常规指标邮寄回北京实验室进行测定；土壤矿质全量，土壤微量元素和重金属元素，土壤速效微量元素等指标委托南京土壤所分析测试中心进行分析。

2.3.3 生物监测

作物主要生育期和成熟期，对西藏主要作物的生长状况进行动态监测，具体监测内容包括5项。

(1) 生育期物候观测

监测作物包括春青稞、冬小麦、油菜等。监测场地包括综合观测场、辅助观测场，监测内容为记录这些作物的主要物候期时间，人工观测，2017年增加了作物生长节律自动观测系统（图2-7）。

图2-7 拉萨站农田作物生长节律自动观测系统

（2）植株叶面积动态监测

监测时期分越冬前期、返青期、拔节期、抽穗期。监测样地为综合观测场，每次设 6 个重复取样，监测内容包括密度、叶面积以及茎、叶及其地上生物量等指标。

（3）根系生物量监测

分生长盛期和收获期 2 次采样。监测样地为综合观测场，采样深度为 0～50 cm，分 10 cm 1 层。观测方法为挖坑法，2021 年起，增加根系监测系统观测。

（4）主要作物收获期性状

监测作物包括春青稞、油菜、冬小麦。监测场地包括综合观测场、辅助观测场以及站区调查点；监测指标包括株高、单株总茎数、单株总穗数、每穗小穗数、每穗结实小穗数、每穗粒数、千粒重、地上部总干重和籽粒干重等。

（5）作物管理动态记录

记录作物生长期间主要的管理措施，包括播种、灌溉、施肥以及其他管理措施。

2.3.4 气象监测

拉萨站的气象观测主要包括人工和自动气象站两个部分。自动气象站为 Milos520，2004 年安装并开始观测，每两年由 CERN 大气分中心进行仪器标定。人工观测开始于 1993 年，主要监测内容分别如表 2-3、表 2-4。

表 2-3 拉萨站人工观测气象要素

项目	频度	备注
天气状况	3 次/日（8、14、20 时）	目测，观测日记
气压	3 次/日（8、14、20 时）	气压表
风 风向、风速	3 次/日（8、14、20 时） 3 次/日（8、14、20 时）	
空气温度 定时温度、最高温度、最低温度	3 次/日（8、14、20 时） 1 次/日（20 时） 1 次/日（20 时）	百叶箱最高温度表 百叶箱最低温度表
空气湿度 相对湿度	3 次/日（8、14、20 时）	百叶箱干湿球温度表 毛发湿度表
降雨总量	降雨时测，2 次/日（8、20 时）	雨量筒
雪 初雪、终雪、雪深	1 次/年 1 次/年 有降雪测，1 次/日（8 时）	
霜 初霜、终霜	1 次/年 1 次/年	
水面蒸发	1 次/日（20 时）	蒸发皿（大型蒸发皿）
地表温度、定时地表温度 最高地表温度、最低地表温度	3 次/日（8、14、20 时） 1 次/日（20 时） 1 次/日（20 时）	水银地温表 最高温度表 最低温度表
日照时数	1 次/日（日落）	日照计

表 2-4　拉萨站自动观测气象要素

项目	频度	备注
气压	1 次/h	
风 风向、风速	1 次/h	
空气温度 定时温度 最高、最低温度	1 次/h	
空气湿度 相对湿度	1 次/h	温、湿度传感器
降雨 总量、强度	1 次/h	翻斗式雨量计
地表温度 定时地表温度、 最高、最低地表温度	1 次/h	
地温、土壤温度 观测深度（5 cm、10 cm、15 cm、20 cm、40 cm、60 cm、100 cm）	1 次/h	
辐射 总辐射、光合有效辐射、反射辐射、净辐射、紫外辐射 UV	1 次/h	光合有效辐射观测，测量光量子通量
日照时数	1 次/h	每分钟记录，1 小时输出

2.4　出版数据集简介

根据国家生态系统研究网络数据共享出版的要求和规范，拉萨站以高原农田生态系统为对象，对水、土、气、生 4 项长期定位观测数据进行了整理、分析，数据经过质控后形成了系列数据集，具体包括如下 4 项。

2.4.1　水分观测数据

（1）土壤含水量（体积含水量、质量含水量）数据集

（2）地下水位数据集

以上数据观测频率为 5 d/次，起止时间 2004—2015 年。

（3）地表水、地下水水质数据集

观测频率为每年干季、雨季各 1 次，起止时间 2004—2015 年。

（4）雨水水质数据集

观测频率为雨季每月（5—9 月），起止时间 2005—2015 年。

2.4.2　土壤观测数据

（1）土壤养分数据集

观测频率为每年 1 次，起止时间 2005—2015 年。

（2）土壤速效微量元素数据集

（3）剖面土壤矿质全量数据集

（4）剖面土壤容重数据集

（5）剖面土壤机械组成数据集

以上数据观测频率为 10 年/次，观测时间为 2005 年、2015 年。

2.4.3 气象观测数据

（1）人工观测气压

（2）人工观测风速

（3）人工观测气温

（4）人工观测相对湿度

（5）人工观测地表温度

（6）人工观测降水量

以上为人工观测数据，每天观测 3 次（8、14、20 时），起止时间 2005—2015 年。

（7）气温数据集

（8）降水数据集

（9）相对湿度数据集

（10）气压数据集

（11）10 分钟风速数据集

（12）地温（0 cm、5 cm、10 cm、15 cm、20 cm、40 cm、100 cm）数据集

（13）太阳辐射总量数据集

以上为自动气象站观测数据，记录数据为 30 min/次，起止时间 2005—2015 年。

2.4.4 生物观测数据

（1）复种指数与作物轮作体系数据集

（2）作物灌溉制度数据集

（3）作物生育动态数据集

（4）作物耕作层根生物量数据集

（5）作物收获期性状数据集

（6）作物产量数据集

以上数据观测频率为每年 1 次，起止时间 2005—2015 年。

（7）作物元素含量与能值数据集

全碳、全氮、全磷、全钾 5 年监测 2 次，其他微量元素 10 年测定 1 次，起止时间 2005—2015 年。

第3章 水分观测数据集

3.1 土壤体积含水量

3.1.1 概述

本数据集包括拉萨站农田土壤含水量和气象观测场自然地土壤含水量，起止时间 2004—2015 年，具体观测场和数据采集方法如下。

(1) 综合观测场（LSAZH01）

农田土壤含水量观测样地位于拉萨站综合观测场，监测对象为冬小麦→青稞→油菜轮作农田生态系统。自作物播种开始，一直坚持对土壤水分进行动态观测，观测深度为 0～70 cm，每 10 cm 为 1 观测分层，2014 年之前采用中子仪进行观测，有中子管 3 根，观测频次为 5 d/次，逢 3、8 日进行观测；2014 年之后开始采用土壤水分自动观测系统进行测定。

(2) 气象观测场（LSAQX01）

自然地土壤含水量观测样地位于拉萨站气象观测场内，2014 年之前采用中子仪进行观测，有中子管 2 根，观测深度为 0～70 cm，每 10 cm 为 1 观测分层，观测频次同样为 5d/次，逢 3、8 日进行观测；2014 年之后开始采用土壤水分自动观测系统进行测定。

3.1.2 数据处理方法

本次整理的数据首先对拉萨站历年上报的数据进行整理和质量控制，对异常数据进行核实。其次计算了土壤体积含水量的月平均值，每月测定重复数（中子管数量×测定次数）以及标准差。

3.1.3 数据

土壤体积含水量数据见表 3-1。

表 3-1 土壤体积含水量

年	月	样地代码	作物名称	探测深度/cm	体积含水量/%	重复数	标准差
2005	1	LSAZH01CTS_01	冬小麦	5	15.2	18	0.40
2005	1	LSAZH01CTS_01	冬小麦	15	18.5	18	0.58
2005	1	LSAZH01CTS_01	冬小麦	25	20.2	18	1.20
2005	1	LSAZH01CTS_01	冬小麦	35	21.4	18	1.13
2005	1	LSAZH01CTS_01	冬小麦	45	22.2	18	2.32
2005	1	LSAZH01CTS_01	冬小麦	55	22.9	18	0.71

（续）

年	月	样地代码	作物名称	探测深度/cm	体积含水量/%	重复数	标准差
2005	1	LSAZH01CTS_01	冬小麦	65	24.8	18	0.59
2005	1	LSAZH01CTS_01	冬小麦	70	25.3	18	0.91
2005	2	LSAZH01CTS_01	冬小麦	5	15.2	15	0.48
2005	2	LSAZH01CTS_01	冬小麦	15	18.1	15	1.01
2005	2	LSAZH01CTS_01	冬小麦	25	18.6	15	2.77
2005	2	LSAZH01CTS_01	冬小麦	35	20.5	15	3.45
2005	2	LSAZH01CTS_01	冬小麦	45	21.4	15	4.06
2005	2	LSAZH01CTS_01	冬小麦	55	21.5	15	3.53
2005	2	LSAZH01CTS_01	冬小麦	65	24.1	15	1.56
2005	2	LSAZH01CTS_01	冬小麦	70	24.6	15	1.07
2005	3	LSAZH01CTS_01	冬小麦	5	15.3	18	0.59
2005	3	LSAZH01CTS_01	冬小麦	15	18.5	18	1.14
2005	3	LSAZH01CTS_01	冬小麦	25	19.9	18	2.24
2005	3	LSAZH01CTS_01	冬小麦	35	22.5	18	2.16
2005	3	LSAZH01CTS_01	冬小麦	45	23.9	18	2.62
2005	3	LSAZH01CTS_01	冬小麦	55	24.0	18	1.30
2005	3	LSAZH01CTS_01	冬小麦	65	25.7	18	1.16
2005	3	LSAZH01CTS_01	冬小麦	70	26.2	18	1.36
2005	4	LSAZH01CTS_01	冬小麦	5	16.0	18	0.98
2005	4	LSAZH01CTS_01	冬小麦	15	19.1	18	2.25
2005	4	LSAZH01CTS_01	冬小麦	25	21.0	18	5.23
2005	4	LSAZH01CTS_01	冬小麦	35	23.5	18	3.94
2005	4	LSAZH01CTS_01	冬小麦	45	25.2	18	3.29
2005	4	LSAZH01CTS_01	冬小麦	55	25.3	18	2.30
2005	4	LSAZH01CTS_01	冬小麦	65	26.9	18	1.49
2005	4	LSAZH01CTS_01	冬小麦	70	27.2	18	1.66
2005	5	LSAZH01CTS_01	冬小麦	5	16.3	15	1.02
2005	5	LSAZH01CTS_01	冬小麦	15	18.7	15	1.94
2005	5	LSAZH01CTS_01	冬小麦	25	19.5	15	4.54
2005	5	LSAZH01CTS_01	冬小麦	35	22.1	15	3.73
2005	5	LSAZH01CTS_01	冬小麦	45	23.8	15	3.04
2005	5	LSAZH01CTS_01	冬小麦	55	24.6	15	2.85
2005	5	LSAZH01CTS_01	冬小麦	65	26.7	15	2.29

（续）

年	月	样地代码	作物名称	探测深度/cm	体积含水量/%	重复数	标准差
2005	5	LSAZH01CTS_01	冬小麦	70	27.2	15	1.87
2005	6	LSAZH01CTS_01	冬小麦	5	16.6	15	1.24
2005	6	LSAZH01CTS_01	冬小麦	15	18.6	15	2.22
2005	6	LSAZH01CTS_01	冬小麦	25	17.4	15	5.89
2005	6	LSAZH01CTS_01	冬小麦	35	18.8	15	5.48
2005	6	LSAZH01CTS_01	冬小麦	45	19.8	15	4.85
2005	6	LSAZH01CTS_01	冬小麦	55	21.2	15	3.93
2005	6	LSAZH01CTS_01	冬小麦	65	24.2	15	2.89
2005	6	LSAZH01CTS_01	冬小麦	70	25.2	15	2.29
2005	7	LSAZH01CTS_01	冬小麦	5	16.2	18	1.31
2005	7	LSAZH01CTS_01	冬小麦	15	19.5	18	2.46
2005	7	LSAZH01CTS_01	冬小麦	25	20.5	18	5.99
2005	7	LSAZH01CTS_01	冬小麦	35	20.8	18	5.68
2005	7	LSAZH01CTS_01	冬小麦	45	20.8	18	5.79
2005	7	LSAZH01CTS_01	冬小麦	55	21.3	18	5.33
2005	7	LSAZH01CTS_01	冬小麦	65	23.9	18	3.85
2005	7	LSAZH01CTS_01	冬小麦	70	24.8	18	3.33
2005	8	LSAZH01CTS_01	冬小麦	5	16.8	18	1.31
2005	8	LSAZH01CTS_01	冬小麦	15	20.8	18	2.09
2005	8	LSAZH01CTS_01	冬小麦	25	23.5	18	4.45
2005	8	LSAZH01CTS_01	冬小麦	35	24.6	18	4.05
2005	8	LSAZH01CTS_01	冬小麦	45	26.1	18	4.30
2005	8	LSAZH01CTS_01	冬小麦	55	27.0	18	3.78
2005	8	LSAZH01CTS_01	冬小麦	65	29.1	18	3.42
2005	8	LSAZH01CTS_01	冬小麦	70	29.6	18	4.10
2005	9	LSAZH01CTS_01	冬小麦	5	16.1	10	1.17
2005	9	LSAZH01CTS_01	冬小麦	15	20.7	10	1.40
2005	9	LSAZH01CTS_01	冬小麦	25	24.3	10	2.39
2005	9	LSAZH01CTS_01	冬小麦	35	25.1	10	2.44
2005	9	LSAZH01CTS_01	冬小麦	45	26.1	10	3.44
2005	9	LSAZH01CTS_01	冬小麦	55	27.1	10	2.58
2005	9	LSAZH01CTS_01	冬小麦	65	29.4	10	2.16
2005	9	LSAZH01CTS_01	冬小麦	70	30.1	10	2.14

（续）

年	月	样地代码	作物名称	探测深度/cm	体积含水量/%	重复数	标准差
2005	10	LSAZH01CTS_01	冬小麦	5	14.8	6	0.30
2005	10	LSAZH01CTS_01	冬小麦	15	18.5	6	0.88
2005	10	LSAZH01CTS_01	冬小麦	25	20.3	6	1.48
2005	10	LSAZH01CTS_01	冬小麦	35	21.9	6	1.36
2005	10	LSAZH01CTS_01	冬小麦	45	22.1	6	1.09
2005	10	LSAZH01CTS_01	冬小麦	55	23.4	6	0.82
2005	10	LSAZH01CTS_01	冬小麦	65	25.8	6	0.54
2005	10	LSAZH01CTS_01	冬小麦	70	26.6	6	0.54
2005	1	LSAQX01CTS_01	草地	5	15.6	12	0.34
2005	1	LSAQX01CTS_01	草地	15	17.5	12	0.22
2005	1	LSAQX01CTS_01	草地	25	16.5	12	0.66
2005	1	LSAQX01CTS_01	草地	35	19.2	12	1.00
2005	1	LSAQX01CTS_01	草地	45	21.0	12	2.51
2005	1	LSAQX01CTS_01	草地	55	20.2	12	1.40
2005	1	LSAQX01CTS_01	草地	65	24.4	12	0.84
2005	1	LSAQX01CTS_01	草地	70	28.0	12	1.14
2005	2	LSAQX01CTS_01	草地	5	15.2	10	0.42
2005	2	LSAQX01CTS_01	草地	15	16.9	10	0.18
2005	2	LSAQX01CTS_01	草地	25	15.9	10	0.63
2005	2	LSAQX01CTS_01	草地	35	19.0	10	1.04
2005	2	LSAQX01CTS_01	草地	45	20.5	10	2.43
2005	2	LSAQX01CTS_01	草地	55	19.4	10	1.36
2005	2	LSAQX01CTS_01	草地	65	23.9	10	0.49
2005	2	LSAQX01CTS_01	草地	70	27.4	10	0.99
2005	3	LSAQX01CTS_01	草地	5	15.7	12	0.88
2005	3	LSAQX01CTS_01	草地	15	18.0	12	1.32
2005	3	LSAQX01CTS_01	草地	25	18.7	12	291
2005	3	LSAQX01CTS_01	草地	35	21.5	12	2.77
2005	3	LSAQX01CTS_01	草地	45	22.6	12	2.88
2005	3	LSAQX01CTS_01	草地	55	21.9	12	1.97
2005	3	LSAQX01CTS_01	草地	65	26.4	12	2.11
2005	3	LSAQX01CTS_01	草地	70	30.2	12	2.07
2005	4	LSAQX01CTS_01	草地	5	15.7	12	0.81

(续)

年	月	样地代码	作物名称	探测深度/cm	体积含水量/%	重复数	标准差
2005	4	LSAQX01CTS_01	草地	15	17.4	12	1.24
2005	4	LSAQX01CTS_01	草地	25	16.9	12	2.86
2005	4	LSAQX01CTS_01	草地	35	203	12	2.20
2005	4	LSAQX01CTS_01	草地	45	22.3	12	2.68
2005	4	LSAQX01CTS_01	草地	55	21.7	12	1.66
2005	4	LSAQX01CTS_01	草地	65	26.4	12	1.44
2005	4	LSAQX01CTS_01	草地	70	29.9	12	1.76
2005	5	LSAQX01CTS_01	草地	5	16.3	10	0.95
2005	5	LSAQX01CTS_01	草地	15	18.3	10	1.35
2005	5	LSAQX01CTS_01	草地	25	19.0	10	2.75
2005	5	LSAQX01CTS_01	草地	35	22.1	10	2.01
2005	5	LSAQX01CTS_01	草地	45	23.5	10	2.71
2005	5	LSAQX01CTS_01	草地	55	22.6	10	1.53
2005	5	LSAQX01CTS_01	草地	65	27.6	10	1.47
2005	5	LSAQX01CTS_01	草地	70	30.7	10	1.71
2005	6	LSAQX01CTS_01	草地	5	15.9	10	0.89
2005	6	LSAQX01CTS_01	草地	15	17.3	10	1.49
2005	6	LSAQX01CTS_01	草地	25	16.0	10	4.00
2005	6	LSAQX01CTS_01	草地	35	19.6	10	3.58
2005	6	LSAQX01CTS_01	草地	45	22.2	10	3.49
2005	6	LSAQX01CTS_01	草地	55	21.8	10	2.66
2005	6	LSAQX01CTS_01	草地	65	26.5	10	3.21
2005	6	LSAQX01CTS_01	草地	70	29.8	9	3.30
2005	7	LSAQX01CTS_01	草地	5	15.7	12	1.27
2005	7	LSAQX01CTS_01	草地	15	17.6	12	2.25
2005	7	LSAQX01CTS_01	草地	25	16.6	12	5.64
2005	7	LSAQX01CTS_01	草地	35	19.2	12	5.32
2005	7	LSAQX01CTS_01	草地	45	20.7	12	4.52
2005	7	LSAQX01CTS_01	草地	55	20.1	12	3.32
2005	7	LSAQX01CTS_01	草地	65	24.5	12	3.89
2005	7	LSAQX01CTS_01	草地	70	28.0	12	4.05
2005	8	LSAQX01CTS_01	草地	5	16.9	12	1.87
2005	8	LSAQX01CTS_01	草地	15	18.5	12	1.95

（续）

年	月	样地代码	作物名称	探测深度/cm	体积含水量/%	重复数	标准差
2005	8	LSAQX01CTS_01	草地	25	19.9	12	3.38
2005	8	LSAQX01CTS_01	草地	35	21.9	12	2.75
2005	8	LSAQX01CTS_01	草地	45	23.1	12	2.85
2005	8	LSAQX01CTS_01	草地	55	21.6	12	2.22
2005	8	LSAQX01CTS_01	草地	65	25.4	12	2.05
2005	8	LSAQX01CTS_01	草地	70	29.1	12	1.69
2005	9	LSAQX01CTS_01	草地	5	15.8	8	0.82
2005	9	LSAQX01CTS_01	草地	15	18.3	8	1.27
2005	9	LSAQX01CTS_01	草地	25	18.3	8	2.25
2005	9	LSAQX01CTS_01	草地	35	20.7	8	1.89
2005	9	LSAQX01CTS_01	草地	45	22.4	8	2.43
2005	9	LSAQX01CTS_01	草地	55	21.1	8	1.79
2005	9	LSAQX01CTS_01	草地	65	24.6	8	108
2005	9	LSAQX01CTS_01	草地	70	28.4	8	1.02
2005	10	LSAQX01CTS_01	草地	5	14.6	10	0.21
2005	10	LSAQX01CTS_01	草地	15	15.7	10	0.47
2005	10	LSAQX01CTS_01	草地	25	13.1	10	1.69
2005	10	LSAQX01CTS_01	草地	35	17.5	10	1.55
2005	10	LSAQX01CTS_01	草地	45	19.9	10	2.38
2005	10	LSAQX01CTS_01	草地	55	18.9	10	1.48
2005	10	LSAQX01CTS_01	草地	65	22.9	10	1.24
2005	10	LSAQX01CTS_01	草地	70	25.3	10	0.94
2005	11	LSAQX01CTS_01	草地	5	14.9	12	1.40
2005	11	LSAQX01CTS_01	草地	15	16.2	12	2.46
2005	11	LSAQX01CTS_01	草地	25	14.2	12	6.61
2005	11	LSAQX01CTS_01	草地	35	18.3	12	5.43
2005	11	LSAQX01CTS_01	草地	45	20.0	12	4.17
2005	11	LSAQX01CTS_01	草地	55	19.0	12	3.58
2005	11	LSAQX01CTS_01	草地	65	22.8	12	4.14
2005	11	LSAQX01CTS_01	草地	70	24.8	12	3.55
2006	5	LSAZH01CTS_01	春青稞	5	18.2	18	1.14
2006	5	LSAZH01CTS_01	春青稞	15	20.9	18	0.99
2006	5	LSAZH01CTS_01	春青稞	25	23.2	18	2.32

（续）

年	月	样地代码	作物名称	探测深度/cm	体积含水量/%	重复数	标准差
2006	5	LSAZH01CTS_01	春青稞	35	24.3	18	3.00
2006	5	LSAZH01CTS_01	春青稞	45	24.5	18	1.80
2006	5	LSAZH01CTS_01	春青稞	55	25.3	18	1.37
2006	5	LSAZH01CTS_01	春青稞	65	26.4	18	1.07
2006	5	LSAZH01CTS_01	春青稞	70	27.0	18	0.82
2006	6	LSAZH01CTS_01	春青稞	5	18.3	18	1.58
2006	6	LSAZH01CTS_01	春青稞	15	20.6	18	2.22
2006	6	LSAZH01CTS_01	春青稞	25	22.5	18	5.17
2006	6	LSAZH01CTS_01	春青稞	35	24.3	18	5.06
2006	6	LSAZH01CTS_01	春青稞	45	24.8	18	3.92
2006	6	LSAZH01CTS_01	春青稞	55	25.7	18	3.19
2006	6	LSAZH01CTS_01	春青稞	65	27.0	18	2.26
2006	6	LSAZH01CTS_01	春青稞	70	27.6	18	1.81
2006	7	LSAZH01CTS_01	春青稞	5	18.6	21	1.25
2006	7	LSAZH01CTS_01	春青稞	15	21.0	21	1.53
2006	7	LSAZH01CTS_01	春青稞	25	26.5	21	3.42
2006	7	LSAZH01CTS_01	春青稞	35	25.0	21	3.69
2006	7	LSAZH01CTS_01	春青稞	45	25.4	21	2.66
2006	7	LSAZH01CTS_01	春青稞	55	26.3	21	2.21
2006	7	LSAZH01CTS_01	春青稞	65	27.4	21	1.69
2006	7	LSAZH01CTS_01	春青稞	70	28.1	21	1.38
2006	8	LSAZH01CTS_01	春青稞	5	17.8	18	1.96
2006	8	LSAZH01CTS_01	春青稞	15	20.4	18	2.58
2006	8	LSAZH01CTS_01	春青稞	25	23.3	18	5.49
2006	8	LSAZH01CTS_01	春青稞	35	25.3	18	5.43
2006	8	LSAZH01CTS_01	春青稞	45	25.6	18	3.85
2006	8	LSAZH01CTS_01	春青稞	55	26.2	18	3.15
2006	8	LSAZH01CTS_01	春青稞	65	27.3	18	2.47
2006	8	LSAZH01CTS_01	春青稞	70	27.9	18	2.17
2006	4	LSAQX01CTS_01	草地	5	14.4	4	0.08
2006	4	LSAQX01CTS_01	草地	15	15.8	4	0.16
2006	4	LSAQX01CTS_01	草地	25	13.8	4	0.31
2006	4	LSAQX01CTS_01	草地	35	18.1	4	0.99

（续）

年	月	样地代码	作物名称	探测深度/cm	体积含水量/%	重复数	标准差
2006	4	LSAQX01CTS_01	草地	45	20.4	4	2.01
2006	4	LSAQX01CTS_01	草地	55	19.6	4	1.33
2006	4	LSAQX01CTS_01	草地	65	21.9	4	0.19
2006	4	LSAQX01CTS_01	草地	70	25.8	4	0.87
2006	5	LSAQX01CTS_01	草地	5	14.9	12	0.84
2006	5	LSAQX01CTS_01	草地	15	16.8	12	1.67
2006	5	LSAQX01CTS_01	草地	25	15.3	12	3.16
2006	5	LSAQX01CTS_01	草地	35	18.0	12	2.17
2006	5	LSAQX01CTS_01	草地	45	20.0	12	2.15
2006	5	LSAQX01CTS_01	草地	55	19.3	12	1.48
2006	5	LSAQX01CTS_01	草地	65	22.0	12	1.06
2006	5	LSAQX01CTS_01	草地	70	24.9	12	0.97
2006	6	LSAQX01CTS_01	草地	5	15.1	12	0.55
2006	6	LSAQX01CTS_01	草地	15	17.2	12	1.01
2006	6	LSAQX01CTS_01	草地	25	16.3	12	2.18
2006	6	LSAQX01CTS_01	草地	35	19.2	12	1.49
2006	6	LSAQX01CTS_01	草地	45	20.9	12	1.87
2006	6	LSAQX01CTS_01	草地	55	20.0	12	1.54
2006	6	LSAQX01CTS_01	草地	65	22.8	12	0.75
2006	6	LSAQX01CTS_01	草地	70	26.1	12	1.55
2006	7	LSAQX01CTS_01	草地	5	15.0	12	0.50
2006	7	LSAQX01CTS_01	草地	15	16.9	12	1.25
2006	7	LSAQX01CTS_01	草地	25	14.8	12	2.63
2006	7	LSAQX01CTS_01	草地	35	17.2	12	1.74
2006	7	LSAQX01CTS_01	草地	45	19.1	12	1.78
2006	7	LSAQX01CTS_01	草地	55	18.5	12	1.51
2006	7	LSAQX01CTS_01	草地	65	20.6	12	0.95
2006	7	LSAQX01CTS_01	草地	70	24.0	12	1.32
2006	8	LSAQX01CTS_01	草地	5	14.5	12	0.55
2006	8	LSAQX01CTS_01	草地	15	15.4	12	0.95
2006	8	LSAQX01CTS_01	草地	25	10.1	12	1.12
2006	8	LSAQX01CTS_01	草地	35	12.7	12	1.02
2006	8	LSAQX01CTS_01	草地	45	14.8	12	1.46

（续）

年	月	样地代码	作物名称	探测深度/cm	体积含水量/%	重复数	标准差
2006	8	LSAQX01CTS_01	草地	55	15.1	12	1.09
2006	8	LSAQX01CTS_01	草地	65	18.0	12	1.16
2006	8	LSAQX01CTS_01	草地	70	20.2	11	1.81
2006	9	LSAQX01CTS_01	草地	5	15.4	12	0.89
2006	9	LSAQX01CTS_01	草地	15	17.1	12	1.00
2006	9	LSAQX01CTS_01	草地	25	14.0	12	2.22
2006	9	LSAQX01CTS_01	草地	35	14.6	12	1.91
2006	9	LSAQX01CTS_01	草地	45	15.3	12	1.54
2006	9	LSAQX01CTS_01	草地	55	14.4	12	0.99
2006	9	LSAQX01CTS_01	草地	65	16.4	12	0.80
2006	9	LSAQX01CTS_01	草地	70	18.1	12	1.45
2006	10	LSAQX01CTS_01	草地	5	14.4	12	0.21
2006	10	LSAQX01CTS_01	草地	15	15.6	12	0.52
2006	10	LSAQX01CTS_01	草地	25	11.7	12	1.09
2006	10	LSAQX01CTS_01	草地	35	14.2	12	0.92
2006	10	LSAQX01CTS_01	草地	45	15.4	12	1.27
2006	10	LSAQX01CTS_01	草地	55	14.7	12	0.09
2006	10	LSAQX01CTS_01	草地	65	16.1	12	1.17
2006	10	LSAQX01CTS_01	草地	70	18.1	11	1.27
2006	11	LSAQX01CTS_01	草地	5	14.3	12	0.06
2006	11	LSAQX01CTS_01	草地	15	15.3	12	0.10
2006	11	LSAQX01CTS_01	草地	25	11.3	12	0.26
2006	11	LSAQX01CTS_01	草地	35	13.5	12	1.20
2006	11	LSAQX01CTS_01	草地	45	15.0	12	1.10
2006	11	LSAQX01CTS_01	草地	55	14.2	12	0.62
2006	11	LSAQX01CTS_01	草地	65	15.9	12	0.63
2006	11	LSAQX01CTS_01	草地	70	17.9	11	1.18
2006	12	LSAQX01CTS_01	草地	5	14.3	12	0.06
2006	12	LSAQX01CTS_01	草地	15	15.0	12	0.49
2006	12	LSAQX01CTS_01	草地	25	10.3	12	1.53
2006	12	LSAQX01CTS_01	草地	35	12.9	12	1.22
2006	12	LSAQX01CTS_01	草地	45	14.4	12	1.14
2006	12	LSAQX01CTS_01	草地	55	14.2	12	0.89

（续）

年	月	样地代码	作物名称	探测深度/cm	体积含水量/%	重复数	标准差
2006	12	LSAQX01CTS_01	草地	65	15.1	12	1.15
2006	12	LSAQX01CTS_01	草地	70	16.8	8	1.63
2007	5	LSAZH01CTS_01	春青稞	5	17.7	12	0.01
2007	5	LSAZH01CTS_01	春青稞	15	21.7	12	0.02
2007	5	LSAZH01CTS_01	春青稞	25	24.5	12	0.03
2007	5	LSAZH01CTS_01	春青稞	35	21.0	12	0.03
2007	5	LSAZH01CTS_01	春青稞	45	24.6	12	0.02
2007	5	LSAZH01CTS_01	春青稞	55	26.9	12	0.2
2007	5	LSAZH01CTS_01	春青稞	65	28.7	12	0.01
2007	5	LSAZH01CTS_01	春青稞	70	29.3	12	0.01
2007	6	LSAZH01CTS_01	春青稞	5	17.6	18	0.02
2007	6	LSAZH01CTS_01	春青稞	15	20.1	18	0.02
2007	6	LSAZH01CTS_01	春青稞	25	21.1	18	0.04
2007	6	LSAZH01CTS_01	春青稞	35	21.7	18	0.04
2007	6	LSAZH01CTS_01	春青稞	45	23.1	18	0.04
2007	6	LSAZH01CTS_01	春青稞	55	25.7	18	0.3
2007	6	LSAZH01CTS_01	春青稞	65	24.9	18	0.06
2007	6	LSAZH01CTS_01	春青稞	70	27.0	18	0.04
2007	7	LSAZH01CTS_01	春青稞	5	18.6	18	0.01
2007	7	LSAZH01CTS_01	春青稞	15	21.9	18	0.01
2007	7	LSAZH01CTS_01	春青稞	25	24.5	18	0.03
2007	7	LSAZH01CTS_01	春青稞	35	23.9	18	0.02
2007	7	LSAZH01CTS_01	春青稞	45	24.4	18	0.02
2007	7	LSAZH01CTS_01	春青稞	55	26.2	18	0.02
2007	7	LSAZH01CTS_01	春青稞	65	27.7	18	0.01
2007	7	LSAZH01CTS_01	春青稞	70	26.4	18	0.06
2007	8	LSAZH01CTS_01	春青稞	5	17.6	15	0.01
2007	8	LSAZH01CTS_01	春青稞	15	20.6	15	0.02
2007	8	LSAZH01CTS_01	春青稞	25	21.8	15	0.03
2007	8	LSAZH01CTS_01	春青稞	35	21.1	15	0.02
2007	8	LSAZH01CTS_01	春青稞	45	21.3	15	0.02
2007	8	LSAZH01CTS_01	春青稞	55	23.9	15	0.02
2007	8	LSAZH01CTS_01	春青稞	65	26.4	15	0.01

（续）

年	月	样地代码	作物名称	探测深度/cm	体积含水量/%	重复数	标准差
2007	8	LSAZH01CTS_01	春青稞	70	27.0	15	0.01
2007	9	LSAZH01CTS_01	春青稞	5	19.7	6	0.02
2007	9	LSAZH01CTS_01	春青稞	15	22.2	6	0.01
2007	9	LSAZH01CTS_01	春青稞	25	24.6	6	0.01
2007	9	LSAZH01CTS_01	春青稞	35	23.3	6	0.01
2007	9	LSAZH01CTS_01	春青稞	45	23.4	6	0.01
2007	9	LSAZH01CTS_01	春青稞	55	25.6	6	0.02
2007	9	LSAZH01CTS_01	春青稞	65	27.8	6	0.01
2007	9	LSAZH01CTS_01	春青稞	70	28.3	6	0.01
2007	1	LSAQX01CTS_01	草地	5	14.1	12	0.00
2007	1	LSAQX01CTS_01	草地	15	15.0	12	0.00
2007	1	LSAQX01CTS_01	草地	25	10.8	12	0.00
2007	1	LSAQX01CTS_01	草地	35	13.1	12	0.00
2007	1	LSAQX01CTS_01	草地	45	14.5	12	0.01
2007	1	LSAQX01CTS_01	草地	55	13.8	12	0.00
2007	1	LSAQX01CTS_01	草地	65	14.9	12	0.01
2007	1	LSAQX01CTS_01	草地	70	16.7	12	0.00
2007	2	LSAQX01CTS_01	草地	5	14.1	12	0.00
2007	2	LSAQX01CTS_01	草地	15	15.0	12	0.00
2007	2	LSAQX01CTS_01	草地	25	10.6	12	0.00
2007	2	LSAQX01CTS_01	草地	35	13.1	12	0.00
2007	2	LSAQX01CTS_01	草地	45	14.3	12	0.01
2007	2	LSAQX01CTS_01	草地	55	13.7	12	0.01
2007	2	LSAQX01CTS_01	草地	65	14.8	12	0.01
2007	2	LSAQX01CTS_01	草地	70	16.6	12	0.01
2007	3	LSAQX01CTS_01	草地	5	14.1	12	0.00
2007	3	LSAQX01CTS_01	草地	15	14.9	12	0.00
2007	3	LSAQX01CTS_01	草地	25	10.3	12	0.00
2007	3	LSAQX01CTS_01	草地	35	12.9	12	0.00
2007	3	LSAQX01CTS_01	草地	45	14.2	12	0.01
2007	3	LSAQX01CTS_01	草地	55	13.5	12	0.01
2007	3	LSAQX01CTS_01	草地	65	14.8	12	0.00
2007	3	LSAQX01CTS_01	草地	70	16.5	12	0.01

（续）

年	月	样地代码	作物名称	探测深度/cm	体积含水量/%	重复数	标准差
2007	4	LSAQX01CTS_01	草地	5	14.2	12	0.00
2007	4	LSAQX01CTS_01	草地	15	14.9	12	0.00
2007	4	LSAQX01CTS_01	草地	25	10.2	12	0.00
2007	4	LSAQX01CTS_01	草地	35	12.7	12	0.00
2007	4	LSAQX01CTS_01	草地	45	13.9	12	0.01
2007	4	LSAQX01CTS_01	草地	55	13.6	12	0.00
2007	4	LSAQX01CTS_01	草地	65	14.7	12	0.00
2007	4	LSAQX01CTS_01	草地	70	16.4	12	0.00
2007	5	LSAQX01CTS_01	草地	5	14.2	12	0.00
2007	5	LSAQX01CTS_01	草地	15	14.9	12	0.00
2007	5	LSAQX01CTS_01	草地	25	9.70	12	0.00
2007	5	LSAQX01CTS_01	草地	35	12.3	12	0.00
2007	5	LSAQX01CTS_01	草地	45	13.6	12	0.01
2007	5	LSAQX01CTS_01	草地	55	13.0	12	0.01
2007	5	LSAQX01CTS_01	草地	65	14.3	12	0.00
2007	5	LSAQX01CTS_01	草地	70	15.9	12	0.01
2007	6	LSAQX01CTS_01	草地	5	14.9	12	0.00
2007	6	LSAQX01CTS_01	草地	15	16.3	12	0.01
2007	6	LSAQX01CTS_01	草地	25	11.5	12	0.01
2007	6	LSAQX01CTS_01	草地	35	12.5	12	0.01
2007	6	LSAQX01CTS_01	草地	45	13.0	12	0.01
2007	6	LSAQX01CTS_01	草地	55	12.9	12	0.01
2007	6	LSAQX01CTS_01	草地	65	14.1	12	0.01
2007	6	LSAQX01CTS_01	草地	70	15.6	12	0.01
2007	7	LSAQX01CTS_01	草地	5	15.1	12	0.01
2007	7	LSAQX01CTS_01	草地	15	16.9	12	0.02
2007	7	LSAQX01CTS_01	草地	25	13.7	12	0.03
2007	7	LSAQX01CTS_01	草地	35	14.3	12	0.02
2007	7	LSAQX01CTS_01	草地	45	14.3	12	0.02
2007	7	LSAQX01CTS_01	草地	55	13.1	12	0.01
2007	7	LSAQX01CTS_01	草地	65	13.8	12	0.01
2007	7	LSAQX01CTS_01	草地	70	15.2	12	0.01
2007	8	LSAQX01CTS_01	草地	5	15.2	10	0.01

（续）

年	月	样地代码	作物名称	探测深度/cm	体积含水量/%	重复数	标准差
2007	8	LSAQX01CTS_01	草地	15	17.2	10	0.01
2007	8	LSAQX01CTS_01	草地	25	15.4	10	003
2007	8	LSAQX01CTS_01	草地	35	17.4	10	0.02
2007	8	LSAQX01CTS_01	草地	45	18.3	10	0.0
2007	8	LSAQX01CTS_01	草地	55	16.4	10	0.02
2007	8	LSAQX01CTS_01	草地	65	17.5	10	0.01
2007	8	LSAQX01CTS_01	草地	70	19.0	10	0.01
2007	9	LSAQX01CTS_01	草地	5	15.5	10	0.00
2007	9	LSAQX01CTS_01	草地	15	17.8	10	0.00
2007	9	LSAQX01CTS_01	草地	25	16.8	10	0.02
2007	9	LSAQX01CTS_01	草地	35	18.2	10	0.01
2007	9	LSAQX01CTS_01	草地	45	19.2	10	0.02
2007	9	LSAQX01CTS_01	草地	55	17.8	10	0.01
2007	9	LSAQX01CTS_01	草地	65	19.2	10	0.02
2007	9	LSAQX01CTS_01	草地	70	21.3	10	0.02
2007	10	LSAQX01CTS_01	草地	5	14.3	12	0.00
2007	10	LSAQX01CTS_01	草地	15	15.2	12	0.00
2007	10	LSAQX01CTS_01	草地	25	11.4	12	0.01
2007	10	LSAQX01CTS_01	草地	35	15.2	12	0.01
2007	10	LSAQX01CTS_01	草地	45	17.6	12	0.02
2007	10	LSAQX01CTS_01	草地	55	16.8	12	0.01
2007	10	LSAQX01CTS_01	草地	65	19.4	12	0.01
2007	10	LSAQX01CTS_01	草地	70	21.8	12	0.02
2007	11	LSAQX01CTS_01	草地	5	14.2	12	0.00
2007	11	LSAQX01CTS_01	草地	15	15.0	12	0.00
2007	11	LSAQX01CTS_01	草地	25	11.0	12	0.00
2007	11	LSAQX01CTS_01	草地	35	14.8	12	0.01
2007	11	LSAQX01CTS_01	草地	45	16.7	12	0.02
2007	11	LSAQX01CTS_01	草地	55	16.0	12	0.01
2007	11	LSAQX01CTS_01	草地	65	18.2	12	0.01
2007	11	LSAQX01CTS_01	草地	70	20.4	12	0.01
2007	12	LSAQX01CTS_01	草地	5	14.1	9	0.00
2007	12	LSAQX01CTS_01	草地	15	14.9	9	0.00

（续）

年	月	样地代码	作物名称	探测深度/cm	体积含水量/%	重复数	标准差
2007	12	LSAQX01CTS_01	草地	25	10.6	9	0.00
2007	12	LSAQX01CTS_01	草地	35	14.4	9	0.01
2007	12	LSAQX01CTS_01	草地	45	16.0	9	0.01
2007	12	LSAQX01CTS_01	草地	55	15.3	9	0.01
2007	12	LSAQX01CTS_01	草地	65	17.6	9	0.01
2007	12	LSAQX01CTS_01	草地	70	20.4	9	0.01
2008	3	LSAYJ02CTS_01	冬青稞	5	21.4	1	0.00
2008	3	LSAYJ02CTS_01	冬青稞	15	20.1	1	0.00
2008	3	LSAYJ02CTS_01	冬青稞	25	26.3	1	0.00
2008	3	LSAYJ02CTS_01	冬青稞	35	28.5	1	0.00
2008	3	LSAYJ02CTS_01	冬青稞	45	29.7	1	0.00
2008	3	LSAYJ02CTS_01	冬青稞	55	31.3	1	0.00
2008	4	LSAYJ02CTS_01	冬青稞	5	17.0	6	0.02
2008	4	LSAYJ02CTS_01	冬青稞	15	20.4	6	0.02
2008	4	LSAYJ02CTS_01	冬青稞	25	24.3	6	0.03
2008	4	LSAYJ02CTS_01	冬青稞	35	26.7	6	0.02
2008	4	LSAYJ02CTS_01	冬青稞	45	30.0	6	0.02
2008	4	LSAYJ02CTS_01	冬青稞	55	30.8	6	0.02
2008	5	LSAYJ02CTS_01	冬青稞	5	17.1	6	0.01
2008	5	LSAYJ02CTS_01	冬青稞	15	19.6	6	0.01
2008	5	LSAYJ02CTS_01	冬青稞	25	21.8	6	0.02
2008	5	LSAYJ02CTS_01	冬青稞	35	25.0	6	0.02
2008	5	LSAYJ02CTS_01	冬青稞	45	28.2	6	0.01
2008	5	LSAYJ02CTS_01	冬青稞	55	28.9	6	0.01
2008	6	LSAYJ02CTS_01	冬青稞	5	17.9	5	0.02
2008	6	LSAYJ02CTS_01	冬青稞	15	20.4	5	0.02
2008	6	LSAYJ02CTS_01	冬青稞	25	23.9	5	0.04
2008	6	LSAYJ02CTS_01	冬青稞	35	28.0	5	0.03
2008	6	LSAYJ02CTS_01	冬青稞	45	29.7	5	0.01
2008	6	LSAYJ02CTS_01	冬青稞	55	30.7	5	0.01
2008	7	LSAYJ02CTS_01	冬青稞	5	19.6	5	0.01
2008	7	LSAYJ02CTS_01	冬青稞	15	22.8	5	0.01
2008	7	LSAYJ02CTS_01	冬青稞	25	27.6	5	0.03

（续）

年	月	样地代码	作物名称	探测深度/cm	体积含水量/%	重复数	标准差
2008	7	LSAYJ02CTS_01	冬青稞	35	28.7	5	0.01
2008	7	LSAYJ02CTS_01	冬青稞	45	20.4	5	0.01
2008	7	LSAYJ02CTS_01	冬青稞	55	31.6	5	0.01
2008	8	LSAYJ02CTS_01	冬青稞	5	15.5	6	0.01
2008	8	LSAYJ02CTS_01	冬青稞	15	21.6	6	0.00
2008	8	LSAYJ02CTS_01	冬青稞	25	28.5	6	0.01
2008	8	LSAYJ02CTS_01	冬青稞	35	28.9	6	0.01
2008	9	LSAYJ02CTS_01	冬青稞	5	14.9	5	0.00
2008	9	LSAYJ02CTS_01	冬青稞	15	19.8	5	0.00
2008	9	LSAYJ02CTS_01	冬青稞	25	24.6	5	0.01
2008	9	LSAYJ02CTS_01	冬青稞	35	25.1	5	0.01
2008	10	LSAYJ02CTS_01	冬青稞	5	14.3	2	0.00
2008	10	LSAYJ02CTS_01	冬青稞	15	16.8	2	0.01
2008	10	LSAYJ02CTS_01	冬青稞	25	16.0	2	0.01
2008	10	LSAYJ02CTS_01	冬青稞	35	17.2	2	0.02
2008	4	LSAZH01CTS_01	油菜	5	19.3	9	0.04
2008	4	LSAZH01CTS_01	油菜	15	21.1	9	0.04
2008	4	LSAZH01CTS_01	油菜	25	25.1	9	0.08
2008	4	LSAZH01CTS_01	油菜	35	26.9	9	0.09
2008	4	LSAZH01CTS_01	油菜	45	28.0	9	0.08
2008	4	LSAZH01CTS_01	油菜	55	29.0	9	0.05
2008	4	LSAZH01CTS_01	油菜	65	30.5	9	0.03
2008	4	LSAZH01CTS_01	油菜	70	31.7	9	0.03
2008	5	LSAZH01CTS_01	油菜	5	14.9	18	0.01
2008	5	LSAZH01CTS_01	油菜	15	18.7	18	0.02
2008	5	LSAZH01CTS_01	油菜	25	22.7	18	0.03
2008	5	LSAZH01CTS_01	油菜	35	24.6	18	0.03
2008	5	LSAZH01CTS_01	油菜	45	25.5	18	0.03
2008	5	LSAZH01CTS_01	油菜	55	25.7	18	0.02
2008	5	LSAZH01CTS_01	油菜	65	27.2	18	0.02
2008	5	LSAZH01CTS_01	油菜	70	29.0	18	0.02
2008	6	LSAZH01CTS_01	油菜	5	18.3	15	0.02
2008	6	LSAZH01CTS_01	油菜	15	21.2	15	0.01

（续）

年	月	样地代码	作物名称	探测深度/cm	体积含水量/%	重复数	标准差
2008	6	LSAZH01CTS_01	油菜	25	25.3	15	0.02
2008	6	LSAZH01CTS_01	油菜	35	26.4	15	0.02
2008	6	LSAZH01CTS_01	油菜	45	27.0	15	0.02
2008	6	LSAZH01CTS_01	油菜	55	28.5	15	0.02
2008	6	LSAZH01CTS_01	油菜	65	30.1	15	0.01
2008	6	LSAZH01CTS_01	油菜	70	31.0	15	0.01
2008	7	LSAZH01CTS_01	油菜	5	19.7	18	0.02
2008	7	LSAZH01CTS_01	油菜	15	22.4	18	0.01
2008	7	LSAZH01CTS_01	油菜	25	27.2	18	0.03
2008	7	LSAZH01CTS_01	油菜	35	27.8	18	0.02
2008	7	LSAZH01CTS_01	油菜	45	28.3	18	0.02
2008	7	LSAZH01CTS_01	油菜	55	29.7	18	0.02
2008	7	LSAZH01CTS_01	油菜	65	31.3	18	0.01
2008	7	LSAZH01CTS_01	油菜	70	32.4	18	0.01
2008	8	LSAZH01CTS_01	油菜	5	18.5	18	0.01
2008	8	LSAZH01CTS_01	油菜	15	20.7	18	0.01
2008	8	LSAZH01CTS_01	油菜	25	22.7	18	0.02
2008	8	LSAZH01CTS_01	油菜	35	23.4	18	0.01
2008	8	LSAZH01CTS_01	油菜	45	24.2	18	0.01
2008	8	LSAZH01CTS_01	油菜	55	26.1	18	0.01
2008	8	LSAZH01CTS_01	油菜	65	29.0	18	0.01
2008	8	LSAZH01CTS_01	油菜	70	31.2	18	0.01
2008	9	LSAZH01CTS_01	油菜	5	17.1	9	0.01
2008	9	LSAZH01CTS_01	油菜	15	19.6	9	0.01
2008	9	LSAZH01CTS_01	油菜	25	21.6	9	0.02
2008	9	LSAZH01CTS_01	油菜	35	23.1	9	0.01
2008	9	LSAZH01CTS_01	油菜	45	23.9	9	0.01
2008	9	LSAZH01CTS_01	油菜	55	26.1	9	0.01
2008	9	LSAZH01CTS_01	油菜	65	29.3	9	0.01
2008	9	LSAZH01CTS_01	油菜	70	31.8	9	0.01
2008	10	LSAZH01CTS_01	油菜	5	21.2	9	0.01
2008	10	LSAZH01CTS_01	油菜	15	21.0	9	0.01
2008	10	LSAZH01CTS_01	油菜	25	22.5	9	0.02

（续）

年	月	样地代码	作物名称	探测深度/cm	体积含水量/%	重复数	标准差
2008	10	LSAZH01CTS_01	油菜	35	23.3	9	0.01
2008	10	LSAZH01CTS_01	油菜	45	23.9	9	0.01
2008	10	LSAZH01CTS_01	油菜	55	26.5	9	0.02
2008	10	LSAZH01CTS_01	油菜	65	29.2	9	0.02
2008	10	LSAZH01CTS_01	油菜	70	29.7	9	0.02
2008	11	LSAZH01CTS_01	油菜	5	18.6	15	0.01
2008	11	LSAZH01CTS_01	油菜	15	19.8	15	0.01
2008	11	LSAZH01CTS_01	油菜	25	19.2	15	0.02
2008	11	LSAZH01CTS_01	油菜	35	20.4	15	0.01
2008	11	LSAZH01CTS_01	油菜	45	21.9	15	0.01
2008	11	LSAZH01CTS_01	油菜	55	23.7	15	0.02
2008	11	LSAZH01CTS_01	油菜	65	26.7	15	0.02
2008	11	LSAZH01CTS_01	油菜	70	27.1	15	0.02
2008	12	LSAZH01CTS_01	油菜	5	19.2	18	0.01
2008	12	LSAZH01CTS_01	油菜	15	20.4	18	0.01
2008	12	LSAZH01CTS_01	油菜	25	20.9	18	0.02
2008	12	LSAZH01CTS_01	油菜	35	21.7	18	0.02
2008	12	LSAZH01CTS_01	油菜	45	22.8	18	0.03
2008	12	LSAZH01CTS_01	油菜	55	24.5	18	0.02
2008	12	LSAZH01CTS_01	油菜	65	27.4	18	0.02
2008	12	LSAZH01CTS_01	油菜	70	28.2	18	0.02
2008	1	LSAQX01CTS_01	草地	5	14.1	12	0.00
2008	1	LSAQX01CTS_01	草地	15	15.0	12	0.00
2008	1	LSAQX01CTS_01	草地	25	10.9	12	0.00
2008	1	LSAQX01CTS_01	草地	35	14.3	12	0.01
2008	1	LSAQX01CTS_01	草地	45	16.3	12	0.02
2008	1	LSAQX01CTS_01	草地	55	15.4	12	0.01
2008	1	LSAQX01CTS_01	草地	65	17.3	12	0.00
2008	1	LSAQX01CTS_01	草地	70	19.3	12	0.01
2008	2	LSAQX01CTS_01	草地	5	14.2	12	0.00
2008	2	LSAQX01CTS_01	草地	15	15.0	12	0.00
2008	2	LSAQX01CTS_01	草地	25	11.2	12	0.00
2008	2	LSAQX01CTS_01	草地	35	14.4	12	0.01

（续）

年	月	样地代码	作物名称	探测深度/cm	体积含水量/%	重复数	标准差
2008	2	LSAQX01CTS_01	草地	45	16.2	12	0.02
2008	2	LSAQX01CTS_01	草地	55	15.3	12	0.01
2008	2	LSAQX01CTS_01	草地	65	17.1	12	0.01
2008	2	LSAQX01CTS_01	草地	70	18.9	12	0.01
2008	3	LSAQX01CTS_01	草地	5	14.2	12	0.00
2008	3	LSAQX01CTS_01	草地	15	15.0	12	0.00
2008	3	LSAQX01CTS_01	草地	25	11.1	12	0.00
2008	3	LSAQX01CTS_01	草地	35	14.4	12	0.01
2008	3	LSAQX01CTS_01	草地	45	16.4	12	0.02
2008	3	LSAQX01CTS_01	草地	55	15.2	12	0.01
2008	3	LSAQX01CTS_01	草地	65	16.6	12	0.00
2008	3	LSAQX01CTS_01	草地	70	18.7	12	0.01
2008	4	LSAQX01CTS_01	草地	5	14.3	12	0.00
2008	4	LSAQX01CTS_01	草地	15	15.4	12	0.01
2008	4	LSAQX01CTS_01	草地	25	12.0	12	0.02
2008	4	LSAQX01CTS_01	草地	35	14.7	12	0.01
2008	4	LSAQX01CTS_01	草地	45	16.5	12	0.02
2008	4	LSAQX01CTS_01	草地	55	15.7	12	0.02
2008	4	LSAQX01CTS_01	草地	65	17.3	12	0.02
2008	4	LSAQX01CTS_01	草地	70	19.1	12	0.01
2008	5	LSAQX01CTS_01	草地	5	14.7	12	0.01
2008	5	LSAQX01CTS_01	草地	15	15.9	12	0.01
2008	5	LSAQX01CTS_01	草地	25	11.2	12	0.02
2008	5	LSAQX01CTS_01	草地	35	12.6	12	0.02
2008	5	LSAQX01CTS_01	草地	45	16.8	12	0.02
2008	5	LSAQX01CTS_01	草地	55	16.5	12	0.01
2008	5	LSAQX01CTS_01	草地	65	15.8	12	0.01
2008	5	LSAQX01CTS_01	草地	70	17.2	12	0.01
2008	6	LSAQX01CTS_01	草地	5	14.5	10	0.01
2008	6	LSAQX01CTS_01	草地	15	15.6	10	0.01
2008	6	LSAQX01CTS_01	草地	25	10.6	10	0.02
2008	6	LSAQX01CTS_01	草地	35	11.4	10	0.02
2008	6	LSAQX01CTS_01	草地	45	12.1	10	0.02

（续）

年	月	样地代码	作物名称	探测深度/cm	体积含水量/%	重复数	标准差
2008	6	LSAQX01CTS_01	草地	55	11.9	10	0.02
2008	6	LSAQX01CTS_01	草地	65	13.8	10	0.01
2008	6	LSAQX01CTS_01	草地	70	14.8	10	0.01
2008	7	LSAQX01CTS_01	草地	5	16.5	12	0.02
2008	7	LSAQX01CTS_01	草地	15	18.6	12	0.01
2008	7	LSAQX01CTS_01	草地	25	17.8	12	0.03
2008	7	LSAQX01CTS_01	草地	35	19.1	12	0.03
2008	7	LSAQX01CTS_01	草地	45	19.1	12	0.03
2008	7	LSAQX01CTS_01	草地	55	17.3	12	0.03
2008	7	LSAQX01CTS_01	草地	65	18.6	12	0.04
2008	7	LSAQX01CTS_01	草地	70	20.2	12	0.04
2008	8	LSAQX01CTS_01	草地	5	15.9	12	0.01
2008	8	LSAQX01CTS_01	草地	15	18.1	12	0.01
2008	8	LSAQX01CTS_01	草地	25	17.2	12	0.02
2008	8	LSAQX01CTS_01	草地	35	20.3	12	0.03
2008	8	LSAQX01CTS_01	草地	45	21.0	12	0.02
2008	8	LSAQX01CTS_01	草地	55	19.8	12	0.02
2008	8	LSAQX01CTS_01	草地	65	23.5	12	0.01
2008	8	LSAQX01CTS_01	草地	70	26.4	12	0.01
2008	9	LSAQX01CTS_01	草地	5	15.3	10	0.00
2008	9	LSAQX01CTS_01	草地	15	17.5	10	0.01
2008	9	LSAQX01CTS_01	草地	25	15.8	10	0.01
2008	9	LSAQX01CTS_01	草地	35	18.2	10	0.01
2008	9	LSAQX01CTS_01	草地	45	20.6	10	0.02
2008	9	LSAQX01CTS_01	草地	55	19.8	10	0.02
2008	9	LSAQX01CTS_01	草地	65	22.8	10	0.01
2008	9	LSAQX01CTS_01	草地	70	26.5	10	0.01
2008	10	LSAQX01CTS_01	草地	5	14.5	12	0.00
2008	10	LSAQX01CTS_01	草地	15	15.7	12	0.00
2008	10	LSAQX01CTS_01	草地	25	12.9	12	0.00
2008	10	LSAQX01CTS_01	草地	35	16.4	12	0.01
2008	10	LSAQX01CTS_01	草地	45	19.2	12	0.02
2008	10	LSAQX01CTS_01	草地	55	18.5	12	0.02

（续）

年	月	样地代码	作物名称	探测深度/cm	体积含水量/%	重复数	标准差
2008	10	LSAQX01CTS_01	草地	65	21.4	12	0.01
2008	10	LSAQX01CTS_01	草地	70	24.6	12	0.01
2008	11	LSAQX01CTS_01	草地	5	14.8	10	0.01
2008	11	LSAQX01CTS_01	草地	15	16.4	10	0.01
2008	11	LSAQX01CTS_01	草地	25	14.0	10	0.01
2008	11	LSAQX01CTS_01	草地	35	16.6	10	0.01
2008	11	LSAQX01CTS_01	草地	45	18.7	10	0.02
2008	11	LSAQX01CTS_01	草地	55	18.4	10	0.02
2008	11	LSAQX01CTS_01	草地	65	21.3	10	0.01
2008	11	LSAQX01CTS_01	草地	70	23.5	10	0.01
2008	12	LSAQX01CTS_01	草地	5	14.4	12	0.00
2008	12	LSAQX01CTS_01	草地	15	15.9	12	0.00
2008	12	LSAQX01CTS_01	草地	25	13.3	12	0.00
2008	12	LSAQX01CTS_01	草地	35	16.3	12	0.01
2008	12	LSAQX01CTS_01	草地	45	18.2	12	0.02
2008	12	LSAQX01CTS_01	草地	55	17.5	12	0.02
2008	12	LSAQX01CTS_01	草地	65	20.2	12	0.00
2008	12	LSAQX01CTS_01	草地	70	22.8	12	0.01
2009	1	LSAZH01CTS_01	冬小麦	10	18.5	18	0.02
2009	1	LSAZH01CTS_01	冬小麦	20	21.0	18	0.02
2009	1	LSAZH01CTS_01	冬小麦	30	21.8	18	0.04
2009	1	LSAZH01CTS_01	冬小麦	40	20.5	18	0.02
2009	1	LSAZH01CTS_01	冬小麦	50	20.5	18	0.01
2009	1	LSAZH01CTS_01	冬小麦	60	22.5	18	0.01
2009	1	LSAZH01CTS_01	冬小麦	70	25.8	18	0.02
2009	1	LSAZH01CTS_01	冬小麦	80	26.4	18	0.01
2009	2	LSAZH01CTS_01	冬小麦	10	17.2	18	0.01
2009	2	LSAZH01CTS_01	冬小麦	20	19.2	18	0.01
2009	2	LSAZH01CTS_01	冬小麦	30	19.3	18	0.02
2009	2	LSAZH01CTS_01	冬小麦	40	20.0	18	0.01
2009	2	LSAZH01CTS_01	冬小麦	50	20.5	18	0.01
2009	2	LSAZH01CTS_01	冬小麦	60	22.0	18	0.01
2009	2	LSAZH01CTS_01	冬小麦	70	24.7	18	0.01

（续）

年	月	样地代码	作物名称	探测深度/cm	体积含水量/%	重复数	标准差
2009	2	LSAZH01CTS_01	冬小麦	80	26.1	18	0.01
2009	3	LSAZH01CTS_01	冬小麦	10	17.1	18	0.01
2009	3	LSAZH01CTS_01	冬小麦	20	19.1	18	0.01
2009	3	LSAZH01CTS_01	冬小麦	30	19.4	18	0.02
2009	3	LSAZH01CTS_01	冬小麦	40	20.8	18	0.02
2009	3	LSAZH01CTS_01	冬小麦	50	21.7	18	0.03
2009	3	LSAZH01CTS_01	冬小麦	60	23.2	18	0.03
2009	3	LSAZH01CTS_01	冬小麦	70	25.8	18	0.02
2009	3	LSAZH01CTS_01	冬小麦	80	26.8	18	0.02
2009	4	LSAZH01CTS_01	冬小麦	10	16.4	17	0.01
2009	4	LSAZH01CTS_01	冬小麦	20	18.1	17	0.01
2009	4	LSAZH01CTS_01	冬小麦	30	17.6	17	0.02
2009	4	LSAZH01CTS_01	冬小麦	40	19.6	17	0.02
2009	4	LSAZH01CTS_01	冬小麦	50	21.1	17	0.03
2009	4	LSAZH01CTS_01	冬小麦	60	23.0	17	0.02
2009	4	LSAZH01CTS_01	冬小麦	70	25.4	17	0.02
2009	4	LSAZH01CTS_01	冬小麦	80	26.6	17	0.02
2009	5	LSAZH01CTS_01	冬小麦	10	17.2	18	0.01
2009	5	LSAZH01CTS_01	冬小麦	20	17.8	18	0.02
2009	5	LSAZH01CTS_01	冬小麦	30	15.5	18	0.04
2009	5	LSAZH01CTS_01	冬小麦	40	17.4	18	0.04
2009	5	LSAZH01CTS_01	冬小麦	50	19.3	18	0.04
2009	5	LSAZH01CTS_01	冬小麦	60	21.6	18	0.03
2009	5	LSAZH01CTS_01	冬小麦	70	24.7	18	0.02
2009	5	LSAZH01CTS_01	冬小麦	80	26.6	18	0.02
2009	6	LSAZH01CTS_01	冬小麦	10	17.1	13	0.02
2009	6	LSAZH01CTS_01	冬小麦	20	18.1	13	0.03
2009	6	LSAZH01CTS_01	冬小麦	30	15.8	13	0.07
2009	6	LSAZH01CTS_01	冬小麦	40	16.9	13	0.07
2009	6	LSAZH01CTS_01	冬小麦	50	18.3	13	0.06
2009	6	LSAZH01CTS_01	冬小麦	60	20.1	13	0.06
2009	6	LSAZH01CTS_01	冬小麦	70	22.9	13	0.06
2009	6	LSAZH01CTS_01	冬小麦	80	27.0	13	0.11

（续）

年	月	样地代码	作物名称	探测深度/cm	体积含水量/%	重复数	标准差
2009	7	LSAZH01CTS_01	冬小麦	10	15.8	15	0.01
2009	7	LSAZH01CTS_01	冬小麦	20	16.6	15	0.01
2009	7	LSAZH01CTS_01	冬小麦	30	13.0	15	0.03
2009	7	LSAZH01CTS_01	冬小麦	40	15.1	15	0.04
2009	7	LSAZH01CTS_01	冬小麦	50	16.9	15	0.04
2009	7	LSAZH01CTS_01	冬小麦	60	19.5	15	0.04
2009	7	LSAZH01CTS_01	冬小麦	70	22.4	15	0.05
2009	7	LSAZH01CTS_01	冬小麦	80	23.4	15	0.05
2009	8	LSAZH01CTS_01	冬小麦	10	18.7	17	0.02
2009	8	LSAZH01CTS_01	冬小麦	20	19.7	17	0.02
2009	8	LSAZH01CTS_01	冬小麦	30	17.4	17	0.04
2009	8	LSAZH01CTS_01	冬小麦	40	16.8	17	0.04
2009	8	LSAZH01CTS_01	冬小麦	50	17.0	17	0.04
2009	8	LSAZH01CTS_01	冬小麦	60	19.0	17	0.04
2009	8	LSAZH01CTS_01	冬小麦	70	22.3	17	0.05
2009	8	LSAZH01CTS_01	冬小麦	80	23.2	17	0.05
2009	1	LSAQX01CTS_01	草地	10	14.3	12	0.00
2009	1	LSAQX01CTS_01	草地	20	15.7	12	0.00
2009	1	LSAQX01CTS_01	草地	30	13.3	12	0.01
2009	1	LSAQX01CTS_01	草地	40	16.1	12	0.01
2009	1	LSAQX01CTS_01	草地	50	18.0	12	0.02
2009	1	LSAQX01CTS_01	草地	60	17.4	12	0.02
2009	1	LSAQX01CTS_01	草地	70	19.8	12	0.01
2009	1	LSAQX01CTS_01	草地	80	22.5	12	0.01
2009	2	LSAQX01CTS_01	草地	10	14.2	12	0.00
2009	2	LSAQX01CTS_01	草地	20	15.5	12	0.00
2009	2	LSAQX01CTS_01	草地	30	12.7	12	0.00
2009	2	LSAQX01CTS_01	草地	40	15.7	12	0.01
2009	2	LSAQX01CTS_01	草地	50	17.9	12	0.02
2009	2	LSAQX01CTS_01	草地	60	16.8	12	0.02
2009	2	LSAQX01CTS_01	草地	70	19.1	12	0.00
2009	2	LSAQX01CTS_01	草地	80	21.9	12	0.01
2009	3	LSAQX01CTS_01	草地	10	14.2	12	0.00

（续）

年	月	样地代码	作物名称	探测深度/cm	体积含水量/%	重复数	标准差
2009	3	LSAQX01CTS_01	草地	20	15.3	12	0.00
2009	3	LSAQX01CTS_01	草地	30	12.3	12	0.00
2009	3	LSAQX01CTS_01	草地	40	15.5	12	0.01
2009	3	LSAQX01CTS_01	草地	50	17.5	12	0.02
2009	3	LSAQX01CTS_01	草地	60	16.9	12	0.02
2009	3	LSAQX01CTS_01	草地	70	19.0	12	0.01
2009	3	LSAQX01CTS_01	草地	80	21.4	12	0.01
2009	4	LSAQX01CTS_01	草地	10	14.1	10	0.00
2009	4	LSAQX01CTS_01	草地	20	15.1	10	0.00
2009	4	LSAQX01CTS_01	草地	30	11.0	10	0.01
2009	4	LSAQX01CTS_01	草地	40	14.4	10	0.01
2009	4	LSAQX01CTS_01	草地	50	16.7	10	0.02
2009	4	LSAQX01CTS_01	草地	60	16.4	10	0.02
2009	4	LSAQX01CTS_01	草地	70	18.4	10	0.01
2009	4	LSAQX01CTS_01	草地	80	20.6	10	0.01
2009	5	LSAQX01CTS_01	草地	10	14.1	12	0.00
2009	5	LSAQX01CTS_01	草地	20	14.7	12	0.00
2009	5	LSAQX01CTS_01	草地	30	9.1	12	0.00
2009	5	LSAQX01CTS_01	草地	40	11.9	12	0.01
2009	5	LSAQX01CTS_01	草地	50	14.3	12	0.02
2009	5	LSAQX01CTS_01	草地	60	14.5	12	0.01
2009	5	LSAQX01CTS_01	草地	70	16.4	12	0.01
2009	5	LSAQX01CTS_01	草地	80	19.0	12	0.01
2009	6	LSAQX01CTS_01	草地	10	14.1	9	0.00
2009	6	LSAQX01CTS_01	草地	20	14.6	9	0.00
2009	6	LSAQX01CTS_01	草地	30	8.6	9	0.00
2009	6	LSAQX01CTS_01	草地	40	10.8	9	0.01
2009	6	LSAQX01CTS_01	草地	50	12.3	9	0.01
2009	6	LSAQX01CTS_01	草地	60	12.5	9	0.01
2009	6	LSAQX01CTS_01	草地	70	14.7	9	0.01
2009	6	LSAQX01CTS_01	草地	80	16.6	9	0.01
2009	7	LSAQX01CTS_01	草地	10	14.4	10	0.00
2009	7	LSAQX01CTS_01	草地	20	15.5	10	0.01

（续）

年	月	样地代码	作物名称	探测深度/cm	体积含水量/%	重复数	标准差
2009	7	LSAQX01CTS_01	草地	30	10.4	10	0.01
2009	7	LSAQX01CTS_01	草地	40	11.7	10	0.01
2009	7	LSAQX01CTS_01	草地	50	12.7	10	0.01
2009	7	LSAQX01CTS_01	草地	60	13.0	10	0.01
2009	7	LSAQX01CTS_01	草地	70	13.9	10	0.01
2009	7	LSAQX01CTS_01	草地	80	15.4	10	0.01
2009	8	LSAQX01CTS_01	草地	10	15.7	12	0.01
2009	8	LSAQX01CTS_01	草地	20	18.3	12	0.01
2009	8	LSAQX01CTS_01	草地	30	16.5	12	0.03
2009	8	LSAQX01CTS_01	草地	40	17.0	12	0.03
2009	8	LSAQX01CTS_01	草地	50	17.2	12	0.04
2009	8	LSAQX01CTS_01	草地	60	16.1	12	0.03
2009	8	LSAQX01CTS_01	草地	70	16.2	12	0.03
2009	8	LSAQX01CTS_01	草地	80	17.1	12	0.03
2009	9	LSAQX01CTS_01	草地	10	15.1	2	0.00
2009	9	LSAQX01CTS_01	草地	20	17.4	2	0.00
2009	9	LSAQX01CTS_01	草地	30	16.5	2	0.00
2009	9	LSAQX01CTS_01	草地	40	18.7	2	0.01
2009	9	LSAQX01CTS_01	草地	50	20.1	2	0.02
2009	9	LSAQX01CTS_01	草地	60	19.0	2	0.01
2009	9	LSAQX01CTS_01	草地	70	21.1	2	0.02
2009	9	LSAQX01CTS_01	草地	80	22.9	2	0.02
2009	10	LSAQX01CTS_01	草地	10	14.3	8	0.00
2009	10	LSAQX01CTS_01	草地	20	15.2	8	0.00
2009	10	LSAQX01CTS_01	草地	30	11.3	8	0.01
2009	10	LSAQX01CTS_01	草地	40	14.6	8	0.01
2009	10	LSAQX01CTS_01	草地	50	16.6	8	0.01
2009	10	LSAQX01CTS_01	草地	60	16.7	8	0.01
2009	10	LSAQX01CTS_01	草地	70	19.2	8	0.02
2009	10	LSAQX01CTS_01	草地	80	20.7	8	0.02
2009	11	LSAQX01CTS_01	草地	10	14.1	10	0.00
2009	11	LSAQX01CTS_01	草地	20	14.8	10	0.00
2009	11	LSAQX01CTS_01	草地	30	10.0	10	0.01

（续）

年	月	样地代码	作物名称	探测深度/cm	体积含水量/%	重复数	标准差
2009	11	LSAQX01CTS_01	草地	40	13.3	10	0.01
2009	11	LSAQX01CTS_01	草地	50	15.7	10	0.01
2009	11	LSAQX01CTS_01	草地	60	16.3	10	0.01
2009	11	LSAQX01CTS_01	草地	70	16.9	10	0.01
2009	11	LSAQX01CTS_01	草地	80	19.6	10	0.02
2009	12	LSAQX01CTS_01	草地	10	14.2	2	0.00
2009	12	LSAQX01CTS_01	草地	20	15.0	2	0.00
2009	12	LSAQX01CTS_01	草地	30	10.8	2	0.00
2009	12	LSAQX01CTS_01	草地	40	14.2	2	0.01
2009	12	LSAQX01CTS_01	草地	50	15.8	2	0.02
2009	12	LSAQX01CTS_01	草地	60	14.7	2	0.01
2009	12	LSAQX01CTS_01	草地	70	17.4	2	0.01
2009	12	LSAQX01CTS_01	草地	80	19.0	2	0.01
2010	3	LSAZH01CTS_01	冬小麦	10	15.1	12	0.01
2010	3	LSAZH01CTS_01	冬小麦	20	17.5	12	0.00
2010	3	LSAZH01CTS_01	冬小麦	30	15.9	12	0.01
2010	3	LSAZH01CTS_01	冬小麦	40	16.7	12	0.01
2010	3	LSAZH01CTS_01	冬小麦	50	17.3	12	0.01
2010	3	LSAZH01CTS_01	冬小麦	60	18.3	12	0.01
2010	3	LSAZH01CTS_01	冬小麦	70	19.9	12	0.01
2010	3	LSAZH01CTS_01	冬小麦	80	20.4	12	0.01
2010	4	LSAZH01CTS_01	冬小麦	10	14.8	18	0.00
2010	4	LSAZH01CTS_01	冬小麦	20	18.1	18	0.02
2010	4	LSAZH01CTS_01	冬小麦	30	21.2	18	0.06
2010	4	LSAZH01CTS_01	冬小麦	40	23.6	18	0.06
2010	4	LSAZH01CTS_01	冬小麦	50	24.6	18	0.07
2010	4	LSAZH01CTS_01	冬小麦	60	25.8	18	0.07
2010	4	LSAZH01CTS_01	冬小麦	70	27.7	18	0.07
2010	4	LSAZH01CTS_01	冬小麦	80	28.3	18	0.07
2010	5	LSAZH01CTS_01	冬小麦	10	15.4	18	0.04
2010	5	LSAZH01CTS_01	冬小麦	20	18.5	18	0.04
2010	5	LSAZH01CTS_01	冬小麦	30	22.4	18	0.07
2010	5	LSAZH01CTS_01	冬小麦	40	25.1	18	0.06

（续）

年	月	样地代码	作物名称	探测深度/cm	体积含水量/%	重复数	标准差
2010	5	LSAZH01CTS_01	冬小麦	50	26.4	18	0.05
2010	5	LSAZH01CTS_01	冬小麦	60	28.8	18	0.08
2010	5	LSAZH01CTS_01	冬小麦	70	28.5	18	0.03
2010	5	LSAZH01CTS_01	冬小麦	80	28.6	18	0.03
2010	6	LSAZH01CTS_01	冬小麦	10	14.7	18	0.00
2010	6	LSAZH01CTS_01	冬小麦	20	18.6	18	0.01
2010	6	LSAZH01CTS_01	冬小麦	30	24.6	18	0.05
2010	6	LSAZH01CTS_01	冬小麦	40	27.4	18	0.05
2010	6	LSAZH01CTS_01	冬小麦	50	28.8	18	0.05
2010	6	LSAZH01CTS_01	冬小麦	60	29.6	18	0.05
2010	6	LSAZH01CTS_01	冬小麦	70	31.0	18	0.05
2010	6	LSAZH01CTS_01	冬小麦	80	31.1	18	0.05
2010	7	LSAZH01CTS_01	冬小麦	10	14.7	18	0.00
2010	7	LSAZH01CTS_01	冬小麦	20	19.0	18	0.01
2010	7	LSAZH01CTS_01	冬小麦	30	24.3	18	0.04
2010	7	LSAZH01CTS_01	冬小麦	40	26.2	18	0.05
2010	7	LSAZH01CTS_01	冬小麦	50	26.7	18	0.05
2010	7	LSAZH01CTS_01	冬小麦	60	27.4	18	0.04
2010	7	LSAZH01CTS_01	冬小麦	70	28.4	18	0.03
2010	7	LSAZH01CTS_01	冬小麦	80	28.7	18	0.03
2010	8	LSAZH01CTS_01	冬小麦	10	14.4	6	0.00
2010	8	LSAZH01CTS_01	冬小麦	20	16.9	6	0.01
2010	8	LSAZH01CTS_01	冬小麦	30	16.8	6	0.01
2010	8	LSAZH01CTS_01	冬小麦	40	19.3	6	0.01
2010	8	LSAZH01CTS_01	冬小麦	50	20.7	6	0.01
2010	8	LSAZH01CTS_01	冬小麦	60	22.0	6	0.01
2010	8	LSAZH01CTS_01	冬小麦	70	23.2	6	0.01
2010	8	LSAZH01CTS_01	冬小麦	80	20.7	6	0.07
2010	10	LSAZH01CTS_01	冬小麦	10	15.0	6	0.00
2010	10	LSAZH01CTS_01	冬小麦	20	18.4	6	0.01
2010	10	LSAZH01CTS_01	冬小麦	30	20.2	6	0.01
2010	10	LSAZH01CTS_01	冬小麦	40	21.8	6	0.02
2010	10	LSAZH01CTS_01	冬小麦	50	23.0	6	0.02

（续）

年	月	样地代码	作物名称	探测深度/cm	体积含水量/%	重复数	标准差
2010	10	LSAZH01CTS_01	冬小麦	60	23.2	6	0.02
2010	10	LSAZH01CTS_01	冬小麦	70	25.3	6	0.01
2010	10	LSAZH01CTS_01	冬小麦	80	22.9	6	0.08
2010	11	LSAZH01CTS_01	冬小麦	10	15.1	15	0.02
2010	11	LSAZH01CTS_01	冬小麦	20	17.8	15	0.02
2010	11	LSAZH01CTS_01	冬小麦	30	20.8	15	0.04
2010	11	LSAZH01CTS_01	冬小麦	40	22.5	15	0.04
2010	11	LSAZH01CTS_01	冬小麦	50	23.7	15	0.03
2010	11	LSAZH01CTS_01	冬小麦	60	24.2	15	0.03
2010	11	LSAZH01CTS_01	冬小麦	70	26.0	15	0.03
2010	11	LSAZH01CTS_01	冬小麦	80	21.2	15	0.10
2010	12	LSAZH01CTS_01	冬小麦	10	14.3	15	0.00
2010	12	LSAZH01CTS_01	冬小麦	20	16.5	15	0.01
2010	12	LSAZH01CTS_01	冬小麦	30	18.2	15	0.02
2010	12	LSAZH01CTS_01	冬小麦	40	19.5	15	0.02
2010	12	LSAZH01CTS_01	冬小麦	50	20.9	15	0.02
2010	12	LSAZH01CTS_01	冬小麦	60	21.4	15	0.02
2010	12	LSAZH01CTS_01	冬小麦	70	23.2	15	0.01
2010	12	LSAZH01CTS_01	冬小麦	80	25.9	15	0.01
2010	1	LSAQX01CTS_01	草地	10	14.2	12	0.00
2010	1	LSAQX01CTS_01	草地	20	15.1	12	0.00
2010	1	LSAQX01CTS_01	草地	30	10.6	12	0.01
2010	1	LSAQX01CTS_01	草地	40	13.4	12	0.02
2010	1	LSAQX01CTS_01	草地	50	15.3	12	0.02
2010	1	LSAQX01CTS_01	草地	60	14.8	12	0.01
2010	1	LSAQX01CTS_01	草地	70	16.6	12	0.01
2010	1	LSAQX01CTS_01	草地	80	18.2	12	0.02
2010	2	LSAQX01CTS_01	草地	10	14.9	12	0.01
2010	2	LSAQX01CTS_01	草地	20	16.1	12	0.01
2010	2	LSAQX01CTS_01	草地	30	13.5	12	0.02
2010	2	LSAQX01CTS_01	草地	40	14.7	12	0.02
2010	2	LSAQX01CTS_01	草地	50	14.9	12	0.02
2010	2	LSAQX01CTS_01	草地	60	16.4	12	0.02

（续）

年	月	样地代码	作物名称	探测深度/cm	体积含水量/%	重复数	标准差
2010	2	LSAQX01CTS_01	草地	70	18.4	12	0.01
2010	2	LSAQX01CTS_01	草地	80	15.9	12	0.05
2010	3	LSAQX01CTS_01	草地	10	15.0	12	0.01
2010	3	LSAQX01CTS_01	草地	20	15.8	12	0.01
2010	3	LSAQX01CTS_01	草地	30	11.9	12	0.03
2010	3	LSAQX01CTS_01	草地	40	13.8	12	0.01
2010	3	LSAQX01CTS_01	草地	50	15.4	12	0.02
2010	3	LSAQX01CTS_01	草地	60	15.7	12	0.02
2010	3	LSAQX01CTS_01	草地	70	16.8	12	0.01
2010	3	LSAQX01CTS_01	草地	80	13.3	12	0.06
2010	4	LSAQX01CTS_01	草地	10	14.2	12	0.00
2010	4	LSAQX01CTS_01	草地	20	15.0	12	0.00
2010	4	LSAQX01CTS_01	草地	30	10.4	12	0.02
2010	4	LSAQX01CTS_01	草地	40	13.1	12	0.03
2010	4	LSAQX01CTS_01	草地	50	15.1	12	0.04
2010	4	LSAQX01CTS_01	草地	60	14.7	12	0.03
2010	4	LSAQX01CTS_01	草地	70	16.7	12	0.03
2010	4	LSAQX01CTS_01	草地	80	18.2	12	0.03
2010	5	LSAQX01CTS_01	草地	10	14.2	12	0.00
2010	5	LSAQX01CTS_01	草地	20	14.7	12	0.00
2010	5	LSAQX01CTS_01	草地	30	9.0	12	0.01
2010	5	LSAQX01CTS_01	草地	40	11.3	12	0.02
2010	5	LSAQX01CTS_01	草地	50	12.6	12	0.03
2010	5	LSAQX01CTS_01	草地	60	12.6	12	0.02
2010	5	LSAQX01CTS_01	草地	70	13.8	12	0.02
2010	5	LSAQX01CTS_01	草地	80	15.0	12	0.01
2010	6	LSAQX01CTS_01	草地	10	14.9	12	0.01
2010	6	LSAQX01CTS_01	草地	20	16.7	12	0.02
2010	6	LSAQX01CTS_01	草地	30	14.2	12	0.08
2010	6	LSAQX01CTS_01	草地	40	15.7	12	0.07
2010	6	LSAQX01CTS_01	草地	50	16.0	12	0.07
2010	6	LSAQX01CTS_01	草地	60	15.6	12	0.07
2010	6	LSAQX01CTS_01	草地	70	15.5	12	0.06

（续）

年	月	样地代码	作物名称	探测深度/cm	体积含水量/%	重复数	标准差
2010	6	LSAQX01CTS_01	草地	80	16.6	12	0.06
2010	7	LSAQX01CTS_01	草地	10	15.3	12	0.01
2010	7	LSAQX01CTS_01	草地	20	17.7	12	0.01
2010	7	LSAQX01CTS_01	草地	30	17.4	12	0.02
2010	7	LSAQX01CTS_01	草地	40	19.5	12	0.02
2010	7	LSAQX01CTS_01	草地	50	21.3	12	0.03
2010	7	LSAQX01CTS_01	草地	60	20.3	12	0.02
2010	7	LSAQX01CTS_01	草地	70	23.4	12	0.01
2010	7	LSAQX01CTS_01	草地	80	26.7	12	0.01
2010	8	LSAQX01CTS_01	草地	10	15.0	12	0.01
2010	8	LSAQX01CTS_01	草地	20	16.6	12	0.02
2010	8	LSAQX01CTS_01	草地	30	14.8	12	0.04
2010	8	LSAQX01CTS_01	草地	40	17.7	12	0.03
2010	8	LSAQX01CTS_01	草地	50	19.4	12	0.03
2010	8	LSAQX01CTS_01	草地	60	18.8	12	0.02
2010	8	LSAQX01CTS_01	草地	70	22.2	12	0.02
2010	8	LSAQX01CTS_01	草地	80	24.4	12	0.01
2010	9	LSAQX01CTS_01	草地	10	15.0	12	0.01
2010	9	LSAQX01CTS_01	草地	20	18.1	12	0.01
2010	9	LSAQX01CTS_01	草地	30	18.5	12	0.01
2010	9	LSAQX01CTS_01	草地	40	20.6	12	0.01
2010	9	LSAQX01CTS_01	草地	50	22.5	12	0.03
2010	9	LSAQX01CTS_01	草地	60	21.3	12	0.02
2010	9	LSAQX01CTS_01	草地	70	25.0	12	0.01
2010	9	LSAQX01CTS_01	草地	80	28.4	12	0.01
2010	10	LSAQX01CTS_01	草地	10	15.5	8	0.03
2010	10	LSAQX01CTS_01	草地	20	16.0	8	0.00
2010	10	LSAQX01CTS_01	草地	30	14.4	8	0.01
2010	10	LSAQX01CTS_01	草地	40	179	8	0.02
2010	10	LSAQX01CTS_01	草地	50	20.4	8	0.03
2010	10	LSAQX01CTS_01	草地	60	19.5	8	0.02
2010	10	LSAQX01CTS_01	草地	70	23.3	8	0.01
2010	10	LSAQX01CTS_01	草地	80	26.0	8	0.02

（续）

年	月	样地代码	作物名称	探测深度/cm	体积含水量/%	重复数	标准差
2010	11	LSAQX01CTS_01	草地	10	14.3	10	0.00
2010	11	LSAQX01CTS_01	草地	20	15.2	10	0.01
2010	11	LSAQX01CTS_01	草地	30	12.2	10	0.01
2010	11	LSAQX01CTS_01	草地	40	15.7	10	0.02
2010	11	LSAQX01CTS_01	草地	50	18.5	10	0.02
2010	11	LSAQX01CTS_01	草地	60	18.6	10	0.02
2010	11	LSAQX01CTS_01	草地	70	20.0	10	0.02
2010	11	LSAQX01CTS_01	草地	80	20.1	10	0.08
2010	12	LSAQX01CTS_01	草地	10	14.2	10	0.00
2010	12	LSAQX01CTS_01	草地	20	15.1	10	0.00
2010	12	LSAQX01CTS_01	草地	30	11.5	10	0.01
2010	12	LSAQX01CTS_01	草地	40	15.1	10	0.01
2010	12	LSAQX01CTS_01	草地	50	17.9	10	0.02
2010	12	LSAQX01CTS_01	草地	60	18.2	10	0.02
2010	12	LSAQX01CTS_01	草地	70	18.4	10	0.01
2010	12	LSAQX01CTS_01	草地	80	23.3	10	0.00
2011	1	LSAZH01CTS_01	冬小麦	10	14.3	6	0.13
2011	1	LSAZH01CTS_01	冬小麦	20	16.0	6	1.36
2011	1	LSAZH01CTS_01	冬小麦	30	19.0	6	3.43
2011	1	LSAZH01CTS_01	冬小麦	40	22.9	6	3.14
2011	1	LSAZH01CTS_01	冬小麦	50	21.9	6	4.45
2011	1	LSAZH01CTS_01	冬小麦	60	20.4	6	3.96
2011	1	LSAZH01CTS_01	冬小麦	70	21.3	6	1.04
2011	1	LSAZH01CTS_01	冬小麦	80	22.7	6	1.70
2011	2	LSAZH01CTS_01	冬小麦	10	15.9	6	1.99
2011	2	LSAZH01CTS_01	冬小麦	20	16.9	6	2.80
2011	2	LSAZH01CTS_01	冬小麦	30	17.4	6	6.12
2011	2	LSAZH01CTS_01	冬小麦	40	23.1	6	3.16
2011	2	LSAZH01CTS_01	冬小麦	50	25.6	6	4.67
2011	2	LSAZH01CTS_01	冬小麦	60	25.3	6	5.60
2011	2	LSAZH01CTS_01	冬小麦	70	24.6	6	5.74
2011	2	LSAZH01CTS_01	冬小麦	80	25.4	6	4.76
2011	3	LSAZH01CTS_01	冬小麦	10	15.0	15	0.44

（续）

年	月	样地代码	作物名称	探测深度/cm	体积含水量/%	重复数	标准差
2011	3	LSAZH01CTS_01	冬小麦	20	17.9	15	2.12
2011	3	LSAZH01CTS_01	冬小麦	30	19.4	15	4.62
2011	3	LSAZH01CTS_01	冬小麦	40	23.1	15	2.89
2011	3	LSAZH01CTS_01	冬小麦	50	25.9	15	4.18
2011	3	LSAZH01CTS_01	冬小麦	60	26.0	15	4.45
2011	3	LSAZH01CTS_01	冬小麦	70	26.9	15	4.30
2011	3	LSAZH01CTS_01	冬小麦	80	27.7	15	3.53
2011	4	LSAZH01CTS_01	冬小麦	10	14.6	18	0.65
2011	4	LSAZH01CTS_01	冬小麦	20	16.0	18	1.42
2011	4	LSAZH01CTS_01	冬小麦	30	15.8	18	3.47
2011	4	LSAZH01CTS_01	冬小麦	40	20.4	18	2.76
2011	4	LSAZH01CTS_01	冬小麦	50	22.1	18	3.20
2011	4	LSAZH01CTS_01	冬小麦	60	22.3	18	3.93
2011	4	LSAZH01CTS_01	冬小麦	70	23.1	18	4.57
2011	4	LSAZH01CTS_01	冬小麦	80	24.3	18	3.70
2011	5	LSAZH01CTS_01	冬小麦	10	15.3	15	1.18
2011	5	LSAZH01CTS_01	冬小麦	20	18.5	15	2.14
2011	5	LSAZH01CTS_01	冬小麦	30	21.0	15	4.96
2011	5	LSAZH01CTS_01	冬小麦	40	23.3	15	4.13
2011	5	LSAZH01CTS_01	冬小麦	50	23.8	15	4.12
2011	5	LSAZH01CTS_01	冬小麦	60	28.4	15	3.87
2011	5	LSAZH01CTS_01	冬小麦	70	29.8	15	3.12
2011	5	LSAZH01CTS_01	冬小麦	80	30.0	15	2.67
2011	6	LSAZH01CTS_01	冬小麦	10	15.2	18	0.47
2011	6	LSAZH01CTS_01	冬小麦	20	19.7	18	1.05
2011	6	LSAZH01CTS_01	冬小麦	30	23.1	18	2.46
2011	6	LSAZH01CTS_01	冬小麦	40	25.1	18	3.05
2011	6	LSAZH01CTS_01	冬小麦	50	28.2	18	3.54
2011	6	LSAZH01CTS_01	冬小麦	60	29.0	18	3.54
2011	6	LSAZH01CTS_01	冬小麦	70	30.4	18	2.48
2011	6	LSAZH01CTS_01	冬小麦	80	30.6	18	1.98
2011	7	LSAZH01CTS_01	冬小麦	10	15.2	12	0.69
2011	7	LSAZH01CTS_01	冬小麦	20	19.6	12	1.34

（续）

年	月	样地代码	作物名称	探测深度/cm	体积含水量/%	重复数	标准差
2011	7	LSAZH01CTS_01	冬小麦	30	24.1	12	3.23
2011	7	LSAZH01CTS_01	冬小麦	40	26.3	12	3.82
2011	7	LSAZH01CTS_01	冬小麦	50	29.1	12	3.62
2011	7	LSAZH01CTS_01	冬小麦	60	29.3	12	3.00
2011	7	LSAZH01CTS_01	冬小麦	70	30.1	12	2.38
2011	7	LSAZH01CTS_01	冬小麦	80	30.5	12	2.28
2011	11	LSAZH01CTS_01	冬小麦	10	16.4	3	0.88
2011	11	LSAZH01CTS_01	冬小麦	20	20.4	3	0.34
2011	11	LSAZH01CTS_01	冬小麦	30	23.5	3	0.70
2011	11	LSAZH01CTS_01	冬小麦	40	25.9	3	2.17
2011	11	LSAZH01CTS_01	冬小麦	50	28.8	3	1.83
2011	11	LSAZH01CTS_01	冬小麦	60	31.2	3	1.33
2011	11	LSAZH01CTS_01	冬小麦	70	30.1	3	0.79
2011	11	LSAZH01CTS_01	冬小麦	80	30.7	3	0.40
2011	12	LSAZH01CTS_01	冬小麦	10	14.4	18	0.26
2011	12	LSAZH01CTS_01	冬小麦	20	16.8	18	1.45
2011	12	LSAZH01CTS_01	冬小麦	30	19.9	18	2.27
2011	12	LSAZH01CTS_01	冬小麦	40	20.9	18	1.78
2011	12	LSAZH01CTS_01	冬小麦	50	22.5	18	2.22
2011	12	LSAZH01CTS_01	冬小麦	60	24.2	18	2.16
2011	12	LSAZH01CTS_01	冬小麦	70	25.8	18	1.26
2011	12	LSAZH01CTS_01	冬小麦	80	27.1	18	1.17
2011	1	LSAQX01CTS_01	草地	10	14.2	4	0.23
2011	1	LSAQX01CTS_01	草地	20	15.2	4	0.54
2011	1	LSAQX01CTS_01	草地	30	12.1	4	0.84
2011	1	LSAQX01CTS_01	草地	40	15.3	4	1.05
2011	1	LSAQX01CTS_01	草地	50	17.5	4	1.68
2011	1	LSAQX01CTS_01	草地	60	17.4	4	2.21
2011	1	LSAQX01CTS_01	草地	70	18.7	4	1.10
2011	1	LSAQX01CTS_01	草地	80	21.5	4	1.06
2011	2	LSAQX01CTS_01	草地	10	14.4	4	0.13
2011	2	LSAQX01CTS_01	草地	20	15.0	4	0.65
2011	2	LSAQX01CTS_01	草地	30	11.0	4	1.95

（续）

年	月	样地代码	作物名称	探测深度/cm	体积含水量/%	重复数	标准差
2011	2	LSAQX01CTS_01	草地	40	14.3	4	1.64
2011	2	LSAQX01CTS_01	草地	50	16.5	4	2.15
2011	2	LSAQX01CTS_01	草地	60	16.7	4	2.22
2011	2	LSAQX01CTS_01	草地	70	17.8	4	1.77
2011	2	LSAQX01CTS_01	草地	80	20.0	4	1.32
2011	3	LSAQX01CTS_01	草地	10	14.4	10	0.16
2011	3	LSAQX01CTS_01	草地	20	15.4	10	0.56
2011	3	LSAQX01CTS_01	草地	30	12.3	10	1.54
2011	3	LSAQX01CTS_01	草地	40	14.8	10	1.20
2011	3	LSAQX01CTS_01	草地	50	16.3	10	1.93
2011	3	LSAQX01CTS_01	草地	60	16.2	10	1.91
2011	3	LSAQX01CTS_01	草地	70	18.5	10	1.10
2011	3	LSAQX01CTS_01	草地	80	21.0	10	1.11
2011	4	LSAQX01CTS_01	草地	10	14.2	12	0.16
2011	4	LSAQX01CTS_01	草地	20	15.7	12	0.54
2011	4	LSAQX01CTS_01	草地	30	10.4	12	2.64
2011	4	LSAQX01CTS_01	草地	40	13.3	12	2.96
2011	4	LSAQX01CTS_01	草地	50	15.3	12	3.06
2011	4	LSAQX01CTS_01	草地	60	16.1	12	2.96
2011	4	LSAQX01CTS_01	草地	70	16.4	12	2.66
2011	4	LSAQX01CTS_01	草地	80	17.9	12	3.09
2011	5	LSAQX01CTS_01	草地	10	14.4	10	0.28
2011	5	LSAQX01CTS_01	草地	20	15.7	10	0.46
2011	5	LSAQX01CTS_01	草地	30	12.3	10	1.60
2011	5	LSAQX01CTS_01	草地	40	14.7	10	2.30
2011	5	LSAQX01CTS_01	草地	50	16.1	10	3.17
2011	5	LSAQX01CTS_01	草地	60	15.6	10	2.36
2011	5	LSAQX01CTS_01	草地	70	17.7	10	2.62
2011	5	LSAQX01CTS_01	草地	80	19.3	10	3.09
2011	6	LSAQX01CTS_01	草地	10	14.7	12	0.47
2011	6	LSAQX01CTS_01	草地	20	16.1	12	0.88
2011	6	LSAQX01CTS_01	草地	30	12.4	12	2.22
2011	6	LSAQX01CTS_01	草地	40	14.0	12	2.11

（续）

年	月	样地代码	作物名称	探测深度/cm	体积含水量/%	重复数	标准差
2011	6	LSAQX01CTS_01	草地	50	15.4	12	2.66
2011	6	LSAQX01CTS_01	草地	60	15.5	12	1.99
2011	6	LSAQX01CTS_01	草地	70	17.3	12	2.29
2011	6	LSAQX01CTS_01	草地	80	19.0	12	2.88
2011	7	LSAQX01CTS_01	草地	10	14.2	8	0.07
2011	7	LSAQX01CTS_01	草地	20	15.0	8	0.33
2011	7	LSAQX01CTS_01	草地	30	9.8	8	1.04
2011	7	LSAQX01CTS_01	草地	40	11.8	8	1.66
2011	7	LSAQX01CTS_01	草地	50	14.6	8	2.24
2011	7	LSAQX01CTS_01	草地	60	15.1	8	1.34
2011	7	LSAQX01CTS_01	草地	70	16.9	8	1.58
2011	7	LSAQX01CTS_01	草地	80	18.8	8	1.80
2011	8	LSAQX01CTS_01	草地	10	16.2	4	0.35
2011	8	LSAQX01CTS_01	草地	20	18.9	4	0.60
2011	8	LSAQX01CTS_01	草地	30	19.2	4	0.39
2011	8	LSAQX01CTS_01	草地	40	20.3	4	1.00
2011	8	LSAQX01CTS_01	草地	50	21.0	4	1.40
2011	8	LSAQX01CTS_01	草地	60	20.7	4	1.17
2011	8	LSAQX01CTS_01	草地	70	22.5	4	1.57
2011	8	LSAQX01CTS_01	草地	80	24.3	4	2.31
2011	9	LSAQX01CTS_01	草地	10	14.8	2	0.32
2011	9	LSAQX01CTS_01	草地	20	15.9	2	0.08
2011	9	LSAQX01CTS_01	草地	30	11.3	2	0.28
2011	9	LSAQX01CTS_01	草地	40	14.1	2	0.68
2011	9	LSAQX01CTS_01	草地	50	17.9	2	1.80
2011	9	LSAQX01CTS_01	草地	60	18.6	2	1.24
2011	9	LSAQX01CTS_01	草地	70	22.6	2	0.60
2011	9	LSAQX01CTS_01	草地	80	24.6	2	0.56
2011	10	LSAQX01CTS_01	草地	10	14.2	4	0.17
2011	10	LSAQX01CTS_01	草地	20	14.9	4	0.12
2011	10	LSAQX01CTS_01	草地	30	9.9	4	0.43
2011	10	LSAQX01CTS_01	草地	40	12.9	4	1.11
2011	10	LSAQX01CTS_01	草地	50	15.3	4	1.99

（续）

年	月	样地代码	作物名称	探测深度/cm	体积含水量/%	重复数	标准差
2011	10	LSAQX01CTS_01	草地	60	15.7	4	1.53
2011	10	LSAQX01CTS_01	草地	70	18.1	4	0.14
2011	10	LSAQX01CTS_01	草地	80	19.8	4	0.36
2011	11	LSAQX01CTS_01	草地	10	14.3	12	0.22
2011	11	LSAQX01CTS_01	草地	20	15.5	12	0.31
2011	11	LSAQX01CTS_01	草地	30	10.2	12	1.30
2011	11	LSAQX01CTS_01	草地	40	13.1	12	1.83
2011	11	LSAQX01CTS_01	草地	50	14.8	12	1.95
2011	11	LSAQX01CTS_01	草地	60	15.1	12	1.20
2011	11	LSAQX01CTS_01	草地	70	17.3	12	1.09
2011	11	LSAQX01CTS_01	草地	80	18.8	12	1.10
2011	12	LSAQX01CTS_01	草地	10	14.1	12	0.11
2011	12	LSAQX01CTS_01	草地	20	14.6	12	0.37
2011	12	LSAQX01CTS_01	草地	30	9.2	12	1.30
2011	12	LSAQX01CTS_01	草地	40	11.7	12	1.14
2011	12	LSAQX01CTS_01	草地	50	14.1	12	1.82
2011	12	LSAQX01CTS_01	草地	60	14.6	12	1.82
2011	12	LSAQX01CTS_01	草地	70	15.1	12	1.08
2011	12	LSAQX01CTS_01	草地	80	17.8	12	0.27
2012	1	LSAZH01CTS_01	冬小麦	10	14.4	18	0.17
2012	1	LSAZH01CTS_01	冬小麦	20	18.0	18	0.77
2012	1	LSAZH01CTS_01	冬小麦	30	24.4	18	2.20
2012	1	LSAZH01CTS_01	冬小麦	40	25.1	18	4.29
2012	1	LSAZH01CTS_01	冬小麦	50	23.1	18	3.24
2012	1	LSAZH01CTS_01	冬小麦	60	21.4	18	1.35
2012	1	LSAZH01CTS_01	冬小麦	70	24.0	18	1.07
2012	1	LSAZH01CTS_01	冬小麦	80	25.0	18	1.31
2012	2	LSAZH01CTS_01	冬小麦	10	14.4	15	0.18
2012	2	LSAZH01CTS_01	冬小麦	20	17.4	15	0.70
2012	2	LSAZH01CTS_01	冬小麦	30	20.6	15	3.28
2012	2	LSAZH01CTS_01	冬小麦	40	23.8	15	4.61
2012	2	LSAZH01CTS_01	冬小麦	50	24.7	15	4.33
2012	2	LSAZH01CTS_01	冬小麦	60	23.0	15	2.01

（续）

年	月	样地代码	作物名称	探测深度/cm	体积含水量/%	重复数	标准差
2012	2	LSAZH01CTS_01	冬小麦	70	23.9	15	0.86
2012	2	LSAZH01CTS_01	冬小麦	80	24.8	15	1.24
2012	3	LSAZH01CTS_01	冬小麦	10	15.0	18	0.70
2012	3	LSAZH01CTS_01	冬小麦	20	19.2	18	1.80
2012	3	LSAZH01CTS_01	冬小麦	30	23.4	18	4.30
2012	3	LSAZH01CTS_01	冬小麦	40	26.2	18	4.65
2012	3	LSAZH01CTS_01	冬小麦	50	29.6	18	4.40
2012	3	LSAZH01CTS_01	冬小麦	60	30.0	18	3.21
2012	3	LSAZH01CTS_01	冬小麦	70	30.3	18	1.94
2012	3	LSAZH01CTS_01	冬小麦	80	30.6	18	1.78
2012	4	LSAZH01CTS_01	冬小麦	10	14.6	18	0.32
2012	4	LSAZH01CTS_01	冬小麦	20	18.1	18	1.21
2012	4	LSAZH01CTS_01	冬小麦	30	20.7	18	3.02
2012	4	LSAZH01CTS_01	冬小麦	40	23.4	18	3.54
2012	4	LSAZH01CTS_01	冬小麦	50	27.0	18	3.56
2012	4	LSAZH01CTS_01	冬小麦	60	27.6	18	2.79
2012	4	LSAZH01CTS_01	冬小麦	70	28.7	18	1.88
2012	4	LSAZH01CTS_01	冬小麦	80	29.2	18	1.69
2012	5	LSAZH01CTS_01	冬小麦	10	15.1	18	1.24
2012	5	LSAZH01CTS_01	冬小麦	20	18.9	18	1.92
2012	5	LSAZH01CTS_01	冬小麦	30	21.9	18	4.25
2012	5	LSAZH01CTS_01	冬小麦	40	25.0	18	4.34
2012	5	LSAZH01CTS_01	冬小麦	50	27.8	18	4.31
2012	5	LSAZH01CTS_01	冬小麦	60	28.9	18	3.60
2012	5	LSAZH01CTS_01	冬小麦	70	29.8	18	22.54
2012	5	LSAZH01CTS_01	冬小麦	80	30.1	18	2.37
2012	6	LSAZH01CTS_01	冬小麦	10	15.2	18	0.41
2012	6	LSAZH01CTS_01	冬小麦	20	19.7	18	0.95
2012	6	LSAZH01CTS_01	冬小麦	30	23.3	18	3.14
2012	6	LSAZH01CTS_01	冬小麦	40	25.3	18	3.46
2012	6	LSAZH01CTS_01	冬小麦	50	28.7	18	3.27
2012	6	LSAZH01CTS_01	冬小麦	60	29.1	18	3.10
2012	6	LSAZH01CTS_01	冬小麦	70	28.7	18	5.58

（续）

年	月	样地代码	作物名称	探测深度/cm	体积含水量/%	重复数	标准差
2012	6	LSAZH01CTS_01	冬小麦	80	30.2	18	1.73
2012	7	LSAZH01CTS_01	冬小麦	10	15.2	18	0.55
2012	7	LSAZH01CTS_01	冬小麦	20	19.1	18	0.77
2012	7	LSAZH01CTS_01	冬小麦	30	21.7	18	1.73
2012	7	LSAZH01CTS_01	冬小麦	40	23.6	18	2.50
2012	7	LSAZH01CTS_01	冬小麦	50	26.2	18	2.38
2012	7	LSAZH01CTS_01	冬小麦	60	26.9	18	1.65
2012	7	LSAZH01CTS_01	冬小麦	70	28.5	18	0.79
2012	7	LSAZH01CTS_01	冬小麦	80	28.6	18	0.96
2012	8	LSAZH01CTS_01	冬小麦	10	14.5	3	0.07
2012	8	LSAZH01CTS_01	冬小麦	20	14.5	3	0.17
2012	8	LSAZH01CTS_01	冬小麦	30	12.6	3	1.21
2012	8	LSAZH01CTS_01	冬小麦	40	17.5	3	1.04
2012	8	LSAZH01CTS_01	冬小麦	50	20.4	3	1.95
2012	8	LSAZH01CTS_01	冬小麦	60	23.3	3	2.36
2012	8	LSAZH01CTS_01	冬小麦	70	23.7	3	1.31
2012	8	LSAZH01CTS_01	冬小麦	80	25.3	3	0.24
2012	10	LSAZH01CTS_01	冬小麦	10	16.2	12	1.46
2012	10	LSAZH01CTS_01	冬小麦	20	19.3	12	1.73
2012	10	LSAZH01CTS_01	冬小麦	30	22.1	12	4.20
2012	10	LSAZH01CTS_01	冬小麦	40	24.3	12	4.27
2012	10	LSAZH01CTS_01	冬小麦	50	25.8	12	2.97
2012	10	LSAZH01CTS_01	冬小麦	60	27.3	12	2.03
2012	10	LSAZH01CTS_01	冬小麦	70	28.1	12	1.68
2012	10	LSAZH01CTS_01	冬小麦	80	28.7	12	1.40
2012	11	LSAZH01CTS_01	冬小麦	10	14.7	17	0.55
2012	11	LSAZH01CTS_01	冬小麦	20	17.6	17	2.20
2012	11	LSAZH01CTS_01	冬小麦	30	20.4	17	5.78
2012	11	LSAZH01CTS_01	冬小麦	40	23.9	17	5.39
2012	11	LSAZH01CTS_01	冬小麦	50	26.1	17	5.17
2012	11	LSAZH01CTS_01	冬小麦	60	26.9	17	4.32
2012	11	LSAZH01CTS_01	冬小麦	70	27.8	17	3.23
2012	11	LSAZH01CTS_01	冬小麦	80	28.6	17	2.43

（续）

年	月	样地代码	作物名称	探测深度/cm	体积含水量/%	重复数	标准差
2012	12	LSAZH01CTS_01	冬小麦	10	14.7	18	0.40
2012	12	LSAZH01CTS_01	冬小麦	20	18.5	18	1.13
2012	12	LSAZH01CTS_01	冬小麦	30	21.3	18	3.60
2012	12	LSAZH01CTS_01	冬小麦	40	22.1	18	2.76
2012	12	LSAZH01CTS_01	冬小麦	50	23.6	18	2.26
2012	12	LSAZH01CTS_01	冬小麦	60	24.2	18	2.08
2012	12	LSAZH01CTS_01	冬小麦	70	26.3	18	1.51
2012	12	LSAZH01CTS_01	冬小麦	80	27.2	18	1.19
2012	1	LSAQX01CTS_01	草地	10	14.2	12	0.12
2012	1	LSAQX01CTS_01	草地	20	15.0	12	0.15
2012	1	LSAQX01CTS_01	草地	30	10.4	12	0.80
2012	1	LSAQX01CTS_01	草地	40	13.0	12	1.14
2012	1	LSAQX01CTS_01	草地	50	15.0	12	2.19
2012	1	LSAQX01CTS_01	草地	60	14.5	12	1.60
2012	1	LSAQX01CTS_01	草地	70	16.4	12	0.69
2012	1	LSAQX01CTS_01	草地	80	17.7	12	0.52
2012	2	LSAQX01CTS_01	草地	10	14.1	10	0.12
2012	2	LSAQX01CTS_01	草地	20	14.8	10	0.10
2012	2	LSAQX01CTS_01	草地	30	10.1	10	0.32
2012	2	LSAQX01CTS_01	草地	40	13.0	10	1.07
2012	2	LSAQX01CTS_01	草地	50	14.9	10	2.05
2012	2	LSAQX01CTS_01	草地	60	14.4	10	1.45
2012	2	LSAQX01CTS_01	草地	70	15.7	10	0.54
2012	2	LSAQX01CTS_01	草地	80	17.4	10	0.50
2012	3	LSAQX01CTS_01	草地	10	14.1	12	0.10
2012	3	LSAQX01CTS_01	草地	20	14.9	12	0.13
2012	3	LSAQX01CTS_01	草地	30	10.1	12	0.39
2012	3	LSAQX01CTS_01	草地	40	12.9	12	1.11
2012	3	LSAQX01CTS_01	草地	50	14.6	12	1.96
2012	3	LSAQX01CTS_01	草地	60	14.0	12	1.30
2012	3	LSAQX01CTS_01	草地	70	15.4	12	0.42
2012	3	LSAQX01CTS_01	草地	80	16.9	12	0.39
2012	4	LSAQX01CTS_01	草地	10	14.1	12	0.18

（续）

年	月	样地代码	作物名称	探测深度/cm	体积含水量/%	重复数	标准差
2012	4	LSAQX01CTS_01	草地	20	14.9	12	0.35
2012	4	LSAQX01CTS_01	草地	30	10.2	12	0.22
2012	4	LSAQX01CTS_01	草地	40	12.7	12	0.98
2012	4	LSAQX01CTS_01	草地	50	14.5	12	2.06
2012	4	LSAQX01CTS_01	草地	60	13.8	12	1.14
2012	4	LSAQX01CTS_01	草地	70	15.6	12	0.31
2012	4	LSAQX01CTS_01	草地	80	16.5	12	0.47
2012	5	LSAQX01CTS_01	草地	10	14.3	12	0.19
2012	5	LSAQX01CTS_01	草地	20	15.3	12	0.29
2012	5	LSAQX01CTS_01	草地	30	10.7	12	0.49
2012	5	LSAQX01CTS_01	草地	40	13.0	12	1.14
2012	5	LSAQX01CTS_01	草地	50	14.4	12	1.96
2012	5	LSAQX01CTS_01	草地	60	13.7	12	1.29
2012	5	LSAQX01CTS_01	草地	70	15.2	12	0.54
2012	5	LSAQX01CTS_01	草地	80	16.3	12	0.63
2012	6	LSAQX01CTS_01	草地	10	14.5	12	0.35
2012	6	LSAQX01CTS_01	草地	20	1.6	12	0.68
2012	6	LSAQX01CTS_01	草地	30	11.3	12	1.99
2012	6	LSAQX01CTS_01	草地	40	12.9	12	2.34
2012	6	LSAQX01CTS_01	草地	50	14.2	12	2.99
2012	6	LSAQX01CTS_01	草地	60	13.6	12	2.02
2012	6	LSAQX01CTS_01	草地	70	14.7	12	0.68
2012	6	LSAQX01CTS_01	草地	80	15.6	12	0.44
2012	7	LSAQX01CTS_01	草地	10	15.2	12	0.94
2012	7	LSAQX01CTS_01	草地	20	17.0	12	1.27
2012	7	LSAQX01CTS_01	草地	30	15.6	12	2.43
2012	7	LSAQX01CTS_01	草地	40	17.5	12	3.05
2012	7	LSAQX01CTS_01	草地	50	17.6	12	4.35
2012	7	LSAQX01CTS_01	草地	60	16.2	12	3.79
2012	7	LSAQX01CTS_01	草地	70	16.1	12	2.68
2012	7	LSAQX01CTS_01	草地	80	17.4	12	3.20
2012	8	LSAQX01CTS_01	草地	10	14.7	12	0.60
2012	8	LSAQX01CTS_01	草地	20	15.7	12	1.03

（续）

年	月	样地代码	作物名称	探测深度/cm	体积含水量/%	重复数	标准差
2012	8	LSAQX01CTS_01	草地	30	11.8	12	1..49
2012	8	LSAQX01CTS_01	草地	40	14.0	12	0.72
2012	8	LSAQX01CTS_01	草地	50	15.8	12	1.56
2012	8	LSAQX01CTS_01	草地	60	16.0	12	2.80
2012	8	LSAQX01CTS_01	草地	70	16.9	12	1.97
2012	8	LSAQX01CTS_01	草地	80	18.7	12	1.57
2012	9	LSAQX01CTS_01	草地	10	14.4	12	0.20
2012	9	LSAQX01CTS_01	草地	20	15.3	12	0.48
2012	9	LSAQX01CTS_01	草地	30	10.5	12	1.44
2012	9	LSAQX01CTS_01	草地	40	12.3	12	1.43
2012	9	LSAQX01CTS_01	草地	50	13.1	12	1.10
2012	9	LSAQX01CTS_01	草地	60	12.9	12	1.00
2012	9	LSAQX01CTS_01	草地	70	15.1	12	1.70
2012	9	LSAQX01CTS_01	草地	80	16.1	12	2.11
2012	10	LSAQX01CTS_01	草地	10	14.5	12	0.48
2012	10	LSAQX01CTS_01	草地	20	15.3	12	0.70
2012	10	LSAQX01CTS_01	草地	30	10.5	12	1.49
2012	10	LSAQX01CTS_01	草地	40	11.7	12	1.17
2012	10	LSAQX01CTS_01	草地	50	12.1	12	1.02
2012	10	LSAQX01CTS_01	草地	60	12.6	12	1.52
2012	10	LSAQX01CTS_01	草地	70	14.0	12	2.00
2012	10	LSAQX01CTS_01	草地	80	14.7	12	2.47
2012	11	LSAQX01CTS_01	草地	10	14.1	12	0.11
2012	11	LSAQX01CTS_01	草地	20	14.5	12	0.33
2012	11	LSAQX01CTS_01	草地	30	8.5	12	1.21
2012	11	LSAQX01CTS_01	草地	40	10.5	12	1.17
2012	11	LSAQX01CTS_01	草地	50	11.6	12	0.87
2012	11	LSAQX01CTS_01	草地	60	11.5	12	0.54
2012	11	LSAQX01CTS_01	草地	70	12.3	12	1.18
2012	11	LSAQX01CTS_01	草地	80	13.8	12	2.02
2012	12	LSAQX01CTS_01	草地	10	14.2	12	0.12
2012	12	LSAQX01CTS_01	草地	20	14.9	12	0.35
2012	12	LSAQX01CTS_01	草地	30	9.5	12	1.09

（续）

年	月	样地代码	作物名称	探测深度/cm	体积含水量/%	重复数	标准差
2012	12	LSAQX01CTS_01	草地	40	11.2	12	0.95
2012	12	LSAQX01CTS_01	草地	50	11.7	12	0.67
2012	12	LSAQX01CTS_01	草地	60	11.5	12	0.54
2012	12	LSAQX01CTS_01	草地	70	13.0	12	1.43
2012	12	LSAQX01CTS_01	草地	80	13.8	12	1.92
2013	1	LSAZH01CTS_01	冬小麦	10	14.5	18	0.29
2013	1	LSAZH01CTS_01	冬小麦	20	18.0	18	0.80
2013	1	LSAZH01CTS_01	冬小麦	30	23.5	18	3.77
2013	1	LSAZH01CTS_01	冬小麦	40	24.3	18	4.38
2013	1	LSAZH01CTS_01	冬小麦	50	24.9	18	4.23
2013	1	LSAZH01CTS_01	冬小麦	60	23.2	18	2.60
2013	1	LSAZH01CTS_01	冬小麦	70	24.3	18	1.27
2013	1	LSAZH01CTS_01	冬小麦	80	25.3	18	1.42
2013	2	LSAZH01CTS_01	冬小麦	10	14.4	18	0.5
2013	2	LSAZH01CTS_01	冬小麦	20	17.5	18	0.89
2013	2	LSAZH01CTS_01	冬小麦	30	22.1	18	4.13
2013	2	LSAZH01CTS_01	冬小麦	40	24.5	18	4.23
2013	2	LSAZH01CTS_01	冬小麦	50	25.7	18	5.11
2013	2	LSAZH01CTS_01	冬小麦	60	25.5	18	6.65
2013	2	LSAZH01CTS_01	冬小麦	70	24.8	18	3.50
2013	2	LSAZH01CTS_01	冬小麦	80	23.8	18	3.18
2013	3	LSAZH01CTS_01	冬小麦	10	14.9	18	0.69
2013	3	LSAZH01CTS_01	冬小麦	20	18.4	18	1.35
2013	3	LSAZH01CTS_01	冬小麦	30	21.5	18	3.76
2013	3	LSAZH01CTS_01	冬小麦	40	24.5	18	3.86
2013	3	LSAZH01CTS_01	冬小麦	50	27.2	18	3.94
2013	3	LSAZH01CTS_01	冬小麦	60	28.3	18	3.83
2013	3	LSAZH01CTS_01	冬小麦	70	29.2	18	2.64
2013	3	LSAZH01CTS_01	冬小麦	80	29.5	18	2.38
2013	4	LSAZH01CTS_01	冬小麦	10	14.4	18	0.57
2013	4	LSAZH01CTS_01	冬小麦	20	16.6	18	1.86
2013	4	LSAZH01CTS_01	冬小麦	30	17.4	18	4.34
2013	4	LSAZH01CTS_01	冬小麦	40	20.7	18	4.20

（续）

年	月	样地代码	作物名称	探测深度/cm	体积含水量/%	重复数	标准差
2013	4	LSAZH01CTS_01	冬小麦	50	23.5	18	4.08
2013	4	LSAZH01CTS_01	冬小麦	60	24.9	18	3.74
2013	4	LSAZH01CTS_01	冬小麦	70	26.4	18	2.73
2013	4	LSAZH01CTS_01	冬小麦	80	28.0	18	2.23
2013	5	LSAZH01CTS_01	冬小麦	10	14.2	18	0.20
2013	5	LSAZH01CTS_01	冬小麦	20	16.4	18	1.38
2013	5	LSAZH01CTS_01	冬小麦	30	19.4	18	5.90
2013	5	LSAZH01CTS_01	冬小麦	40	23.5	18	5.52
2013	5	LSAZH01CTS_01	冬小麦	50	26.5	18	4.97
2013	5	LSAZH01CTS_01	冬小麦	60	28.0	18	4.72
2013	5	LSAZH01CTS_01	冬小麦	70	28.9	18	3.63
2013	5	LSAZH01CTS_01	冬小麦	80	29.8	18	3.06
2013	6	LSAZH01CTS_01	冬小麦	10	14.8	18	0.41
2013	6	LSAZH01CTS_01	冬小麦	20	19.6	18	1.46
2013	6	LSAZH01CTS_01	冬小麦	30	26.7	18	4.18
2013	6	LSAZH01CTS_01	冬小麦	40	29.0	18	4.98
2013	6	LSAZH01CTS_01	冬小麦	50	30.6	18	4.72
2013	6	LSAZH01CTS_01	冬小麦	60	31.4	18	4.42
2013	6	LSAZH01CTS_01	冬小麦	70	31.8	18	3.26
2013	6	LSAZH01CTS_01	冬小麦	80	31.9	18	2.71
2013	7	LSAZH01CTS_01	冬小麦	10	14.7	18	0.59
2013	7	LSAZH01CTS_01	冬小麦	20	17.4	18	1.85
2013	7	LSAZH01CTS_01	冬小麦	30	21.9	18	3.39
2013	7	LSAZH01CTS_01	冬小麦	40	25.6	18	2.32
2013	7	LSAZH01CTS_01	冬小麦	50	27.7	18	2.59
2013	7	LSAZH01CTS_01	冬小麦	60	28.9	18	1.79
2013	7	LSAZH01CTS_01	冬小麦	70	29.8	18	1.05
2013	7	LSAZH01CTS_01	冬小麦	80	30.6	18	0.63
2013	8	LSAZH01CTS_01	冬小麦	10	15.0	3	0.72
2013	8	LSAZH01CTS_01	冬小麦	20	18.3	3	1.25
2013	8	LSAZH01CTS_01	冬小麦	30	21.4	3	1.79
2013	8	LSAZH01CTS_01	冬小麦	40	23.6	3	2.03
2013	8	LSAZH01CTS_01	冬小麦	50	24.9	3	2.31

（续）

年	月	样地代码	作物名称	探测深度/cm	体积含水量/%	重复数	标准差
2013	8	LSAZH01CTS_01	冬小麦	60	25.4	3	0.55
2013	8	LSAZH01CTS_01	冬小麦	70	27.5	3	0.73
2013	8	LSAZH01CTS_01	冬小麦	80	28.3	3	0.58
2013	1	LSAQX01CTS_01	草地	10	14.2	12	0.16
2013	1	LSAQX01CTS_01	草地	20	14.9	12	0.36
2013	1	LSAQX01CTS_01	草地	30	9.6	12	1.24
2013	1	LSAQX01CTS_01	草地	40	11.2	12	1.01
2013	1	LSAQX01CTS_01	草地	50	11.9	12	0.48
2013	1	LSAQX01CTS_01	草地	60	11.7	12	0.46
2013	1	LSAQX01CTS_01	草地	70	13.0	12	1.35
2013	1	LSAQX01CTS_01	草地	80	14.2	12	1.89
2013	2	LSAQX01CTS_01	草地	10	14.1	12	0.13
2013	2	LSAQX01CTS_01	草地	20	14.8	12	0.28
2013	2	LSAQX01CTS_01	草地	30	9.4	12	0.86
2013	2	LSAQX01CTS_01	草地	40	11.2	12	0.76
2013	2	LSAQX01CTS_01	草地	50	11.9	12	0.36
2013	2	LSAQX01CTS_01	草地	60	11.6	12	0.52
2013	2	LSAQX01CTS_01	草地	70	12.7	12	1.11
2013	2	LSAQX01CTS_01	草地	80	13.4	12	1.64
2013	3	LSAQX01CTS_01	草地	10	14.1	12	0.14
2013	3	LSAQX01CTS_01	草地	20	14.8	12	0.28
2013	3	LSAQX01CTS_01	草地	30	9.3	12	1.08
2013	3	LSAQX01CTS_01	草地	40	11.1	12	0.93
2013	3	LSAQX01CTS_01	草地	50	11.7	12	0.39
2013	3	LSAQX01CTS_01	草地	60	11.5	12	0.49
2013	3	LSAQX01CTS_01	草地	70	12.7	12	1.35
2013	3	LSAQX01CTS_01	草地	80	13.4	12	1.81
2013	4	LSAQX01CTS_01	草地	10	14.1	12	0.14
2013	4	LSAQX01CTS_01	草地	20	14.7	12	0.32
2013	4	LSAQX01CTS_01	草地	30	8.9	12	1.09
2013	4	LSAQX01CTS_01	草地	40	10.7	12	0.82
2013	4	LSAQX01CTS_01	草地	50	11.6	12	0.75
2013	4	LSAQX01CTS_01	草地	60	11.5	12	0.33

（续）

年	月	样地代码	作物名称	探测深度/cm	体积含水量/%	重复数	标准差
2013	4	LSAQX01CTS_01	草地	70	11.8	12	0.85
2013	4	LSAQX01CTS_01	草地	80	13.6	12	1.66
2013	5	LSAQX01CTS_01	草地	10	14.1	12	0.09
2013	5	LSAQX01CTS_01	草地	20	14.8	12	0.27
2013	5	LSAQX01CTS_01	草地	30	9.2	12	0.64
2013	5	LSAQX01CTS_01	草地	40	10.7	12	0.69
2013	5	LSAQX01CTS_01	草地	50	11.5	12	0.42
2013	5	LSAQX01CTS_01	草地	60	11.5	12	0.29
2013	5	LSAQX01CTS_01	草地	70	11.4	12	0.74
2013	5	LSAQX01CTS_01	草地	80	12.5	12	1.65
2013	6	LSAQX01CTS_01	草地	10	14.7	12	0.54
2013	6	LSAQX01CTS_01	草地	20	16.3	12	1.28
2013	6	LSAQX01CTS_01	草地	30	13.4	12	4.23
2013	6	LSAQX01CTS_01	草地	40	14.8	12	4.42
2013	6	LSAQX01CTS_01	草地	50	15.9	12	4.98
2013	6	LSAQX01CTS_01	草地	60	15.2	12	4.39
2013	6	LSAQX01CTS_01	草地	70	16.1	12	4.31
2013	6	LSAQX01CTS_01	草地	80	18.3	12	5.14
2013	7	LSAQX01CTS_01	草地	10	14.8	12	0.62
2013	7	LSAQX01CTS_01	草地	20	17.4	12	0.82
2013	7	LSAQX01CTS_01	草地	30	18.3	12	1.43
2013	7	LSAQX01CTS_01	草地	40	20.9	12	1.78
2013	7	LSAQX01CTS_01	草地	50	22.6	12	2.68
2013	7	LSAQX01CTS_01	草地	60	22.1	12	2.63
2013	7	LSAQX01CTS_01	草地	70	23.7	12	1.44
2013	7	LSAQX01CTS_01	草地	80	29.0	12	1.70
2013	8	LSAQX01CTS_01	草地	10	14.5	12	0.42
2013	8	LSAQX01CTS_01	草地	20	16.2	12	0.97
2013	8	LSAQX01CTS_01	草地	30	14.7	12	2.34
2013	8	LSAQX01CTS_01	草地	40	18.0	12	1.73
2013	8	LSAQX01CTS_01	草地	50	21.0	12	2.57
2013	8	LSAQX01CTS_01	草地	60	21.4	12	2.33
2013	8	LSAQX01CTS_01	草地	70	23.9	12	1.78

（续）

年	月	样地代码	作物名称	探测深度/cm	体积含水量/%	重复数	标准差
2013	8	LSAQX01CTS_01	草地	80	27.9	12	1.07
2013	9	LSAQX01CTS_01	草地	10	14.3	12	0.36
2013	9	LSAQX01CTS_01	草地	20	15.3	12	0.87
2013	9	LSAQX01CTS_01	草地	30	11.4	12	3.74
2013	9	LSAQX01CTS_01	草地	40	14.9	12	5.16
2013	9	LSAQX01CTS_01	草地	50	17.7	12	6.48
2013	9	LSAQX01CTS_01	草地	60	18.6	12	6.81
2013	9	LSAQX01CTS_01	草地	70	19.3	12	7.03
2013	9	LSAQX01CTS_01	草地	80	23.3	12	8.63
2013	10	LSAQX01CTS_01	草地	10	14.6	12	0.38
2013	10	LSAQX01CTS_01	草地	20	16.7	12	1.51
2013	10	LSAQX01CTS_01	草地	30	15.8	12	3.06
2013	10	LSAQX01CTS_01	草地	40	203	12	4.90
2013	10	LSAQX01CTS_01	草地	50	215	12	3.09
2013	10	LSAQX01CTS_01	草地	60	21.6	12	2.56
2013	10	LSAQX01CTS_01	草地	70	23.2	12	2.94
2013	10	LSAQX01CTS_01	草地	80	28.8	12	3.34
2013	11	LSAQX01CTS_01	草地	10	14.3	12	0.19
2013	11	LSAQX01CTS_01	草地	20	15.4	12	0.55
2013	11	LSAQX01CTS_01	草地	30	12.9	12	1.46
2013	11	LSAQX01CTS_01	草地	40	16.3	12	1.21
2013	11	LSAQX01CTS_01	草地	50	19.3	12	1.83
2013	11	LSAQX01CTS_01	草地	60	20.3	12	2.34
2013	11	LSAQX01CTS_01	草地	70	21.2	12	1.34
2013	11	LSAQX01CTS_01	草地	80	26.3	12	1.39
2013	12	LSAQX01CTS_01	草地	10	14.3	12	0.19
2013	12	LSAQX01CTS_01	草地	20	14.9	12	0.42
2013	12	LSAQX01CTS_01	草地	30	11.5	12	1.23
2013	12	LSAQX01CTS_01	草地	40	15.4	12	0.77
2013	12	LSAQX01CTS_01	草地	50	19.0	12	1.91
2013	12	LSAQX01CTS_01	草地	60	2.2	12	2.27
2013	12	LSAQX01CTS_01	草地	70	20.1	12	1.00
2013	12	LSAQX01CTS_01	草地	80	24.5	12	1.31

（续）

年	月	样地代码	作物名称	探测深度/cm	体积含水量/%	重复数	标准差
2014	5	LSAZH01CTS_01	油菜	10	15.0	5	0.00
2014	5	LSAZH01CTS_01	油菜	20	18.8	5	0.01
2014	5	LSAZH01CTS_01	油菜	30	23.1	5	0.04
2014	5	LSAZH01CTS_01	油菜	40	26.1	5	0.04
2014	5	LSAZH01CTS_01	油菜	50	29.8	5	0.03
2014	5	LSAZH01CTS_01	油菜	60	30.4	5	0.03
2014	5	LSAZH01CTS_01	油菜	70	31.3	5	0.03
2014	5	LSAZH01CTS_01	油菜	80	31.6	5	0.03
2014	6	LSAZH01CTS_01	油菜	10	15.3	6	0.00
2014	6	LSAZH01CTS_01	油菜	20	19.7	6	0.01
2014	6	LSAZH01CTS_01	油菜	30	26.9	6	0.01
2014	6	LSAZH01CTS_01	油菜	40	30.4	6	0.01
2014	6	LSAZH01CTS_01	油菜	50	32.2	6	0.01
2014	6	LSAZH01CTS_01	油菜	60	32.7	6	0.01
2014	6	LSAZH01CTS_01	油菜	70	33.2	6	0.01
2014	6	LSAZH01CTS_01	油菜	80	33.1	6	0.01
2014	7	LSAZH01CTS_01	油菜	10	17.9	4	0.03
2014	7	LSAZH01CTS_01	油菜	20	21.3	4	0.02
2014	7	LSAZH01CTS_01	油菜	30	18.5	4	0.02
2014	7	LSAZH01CTS_01	油菜	40	20.4	4	0.03
2014	7	LSAZH01CTS_01	油菜	50	22.7	4	0.03
2014	7	LSAZH01CTS_01	油菜	60	26.3	4	0.03
2014	7	LSAZH01CTS_01	油菜	70	23.7	4	0.02
2014	7	LSAZH01CTS_01	油菜	80	16.5	4	0.01
2014	8	LSAZH01CTS_01	油菜	10	17.1	6	0.01
2014	8	LSAZH01CTS_01	油菜	20	19.6	6	0.02
2014	8	LSAZH01CTS_01	油菜	30	16.9	6	0.02
2014	8	LSAZH01CTS_01	油菜	40	20.0	6	0.02
2014	8	LSAZH01CTS_01	油菜	50	22.7	6	0.02
2014	8	LSAZH01CTS_01	油菜	60	26.1	6	0.01
2014	8	LSAZH01CTS_01	油菜	70	23.6	6	0.01
2014	8	LSAZH01CTS_01	油菜	80	16.9	6	0.01
2014	9	LSAZH01CTS_01	油菜	10	14.5	6	0.01

（续）

年	月	样地代码	作物名称	探测深度/cm	体积含水量/%	重复数	标准差
2014	9	LSAZH01CTS_01	油菜	20	16.7	6	0.02
2014	9	LSAZH01CTS_01	油菜	30	14.8	6	0.01
2014	9	LSAZH01CTS_01	油菜	40	16.0	6	0.01
2014	9	LSAZH01CTS_01	油菜	50	19.3	6	0.01
2014	9	LSAZH01CTS_01	油菜	60	23.6	6	0.01
2014	9	LSAZH01CTS_01	油菜	70	21.9	6	0.01
2014	9	LSAZH01CTS_01	油菜	80	16.9	6	0.00
2014	1	LSAQX01CTS_01	草地	10	14.3	12	0.00
2014	1	LSAQX01CTS_01	草地	20	15.2	12	0.00
2014	1	LSAQX01CTS_01	草地	30	12.3	12	0.01
2014	1	LSAQX01CTS_01	草地	40	16.2	12	0.02
2014	1	LSAQX01CTS_01	草地	50	18.1	12	0.02
2014	1	LSAQX01CTS_01	草地	60	19.4	12	0.02
2014	1	LSAQX01CTS_01	草地	70	20.6	12	0.01
2014	1	LSAQX01CTS_01	草地	80	22.7	12	0.02
2014	2	LSAQX01CTS_01	草地	10	14.3	8	0.00
2014	2	LSAQX01CTS_01	草地	20	15.2	8	0.00
2014	2	LSAQX01CTS_01	草地	30	10.3	8	0.01
2014	2	LSAQX01CTS_01	草地	40	12.1	8	0.01
2014	2	LSAQX01CTS_01	草地	50	13.2	8	0.01
2014	2	LSAQX01CTS_01	草地	60	14.3	8	0.01
2014	2	LSAQX01CTS_01	草地	70	15.0	8	0.01
2014	2	LSAQX01CTS_01	草地	80	15.1	8	0.02
2014	3	LSAQX01CTS_01	草地	10	14.3	8	0.00
2014	3	LSAQX01CTS_01	草地	20	15.5	8	0.00
2014	3	LSAQX01CTS_01	草地	30	11.5	8	0.02
2014	3	LSAQX01CTS_01	草地	40	13.5	8	0.02
2014	3	LSAQX01CTS_01	草地	50	15.0	8	0.02
2014	3	LSAQX01CTS_01	草地	60	15.6	8	0.02
2014	3	LSAQX01CTS_01	草地	70	16.7	8	0.02
2014	3	LSAQX01CTS_01	草地	80	17.7	8	0.02
2014	4	LSAQX01CTS_01	草地	10	14.5	12	0.00
2014	4	LSAQX01CTS_01	草地	20	16.3	12	0.00

（续）

年	月	样地代码	作物名称	探测深度/cm	体积含水量/%	重复数	标准差
2014	4	LSAQX01CTS_01	草地	30	13.9	12	0.01
2014	4	LSAQX01CTS_01	草地	40	16.7	12	0.01
2014	4	LSAQX01CTS_01	草地	50	19.8	12	0.01
2014	4	LSAQX01CTS_01	草地	60	21.4	12	0.01
2014	4	LSAQX01CTS_01	草地	70	21.7	12	0.01
2014	4	LSAQX01CTS_01	草地	80	21.3	12	0.01
2014	5	LSAQX01CTS_01	草地	10	14.3	12	0.00
2014	5	LSAQX01CTS_01	草地	20	15.8	12	0.01
2014	5	LSAQX01CTS_01	草地	30	13.4	12	0.01
2014	5	LSAQX01CTS_01	草地	40	15.9	12	0.01
2014	5	LSAQX01CTS_01	草地	50	17.9	12	0.02
2014	5	LSAQX01CTS_01	草地	60	19.0	12	0.03
2014	5	LSAQX01CTS_01	草地	70	19.9	12	0.02
2014	5	LSAQX01CTS_01	草地	80	20.4	12	0.01
2014	6	LSAQX01CTS_01	草地	10	14.6	12	0.00
2014	6	LSAQX01CTS_01	草地	20	15.9	12	0.00
2014	6	LSAQX01CTS_01	草地	30	11.8	12	0.01
2014	6	LSAQX01CTS_01	草地	40	13.8	12	0.02
2014	6	LSAQX01CTS_01	草地	50	15.1	12	0.02
2014	6	LSAQX01CTS_01	草地	60	15.9	12	0.03
2014	6	LSAQX01CTS_01	草地	70	16.8	12	0.03
2014	6	LSAQX01CTS_01	草地	80	17.2	12	0.03
2014	7	LSAQX01CTS_01	草地	10	11.5	4	0.01
2014	7	LSAQX01CTS_01	草地	20	10.6	4	0.02
2014	7	LSAQX01CTS_01	草地	30	13.2	4	0.03
2014	7	LSAQX01CTS_01	草地	40	123	4	0.04
2014	7	LSAQX01CTS_01	草地	50	13.2	4	0.03
2014	7	LSAQX01CTS_01	草地	60	14.5	4	0.04
2014	7	LSAQX01CTS_01	草地	70	9.9	4	0.02
2014	8	LSAQX01CTS_01	草地	10	11.1	6	0.01
2014	8	LSAQX01CTS_01	草地	20	10.8	6	0.01
2014	8	LSAQX01CTS_01	草地	30	14.2	6	0.01
2014	8	LSAQX01CTS_01	草地	40	13.7	6	0.01

（续）

年	月	样地代码	作物名称	探测深度/cm	体积含水量/%	重复数	标准差
2014	8	LSAQX01CTS_01	草地	50	15.4	6	0.01
2014	8	LSAQX01CTS_01	草地	60	17.8	6	0.01
2014	8	LSAQX01CTS_01	草地	70	12.1	6	0.01
2014	9	LSAQX01CTS_01	草地	10	9.6	6	0.01
2014	9	LSAQX01CTS_01	草地	20	9.3	6	0.01
2014	9	LSAQX01CTS_01	草地	30	12.5	6	0.01
2014	9	LSAQX01CTS_01	草地	40	12.3	6	0.01
2014	9	LSAQX01CTS_01	草地	50	14.4	6	0.01
2014	9	LSAQX01CTS_01	草地	60	16.6	6	0.01
2014	9	LSAQX01CTS_01	草地	70	11.5	6	0.01
2014	10	LSAQX01CTS_01	草地	10	6.2	6	0.01
2014	10	LSAQX01CTS_01	草地	20	7.3	6	0.00
2014	10	LSAQX01CTS_01	草地	30	10.2	6	0.00
2014	10	LSAQX01CTS_01	草地	40	10.2	6	0.00
2014	10	LSAQX01CTS_01	草地	50	12.0	6	0.00
2014	10	LSAQX01CTS_01	草地	60	13.6	6	0.01
2014	10	LSAQX01CTS_01	草地	70	9.4	6	0.00
2014	11	LSAQX01CTS_01	草地	10	5.3	1	0.00
2014	11	LSAQX01CTS_01	草地	20	6.7	1	0.00
2014	11	LSAQX01CTS_01	草地	30	9.7	1	0.00
2014	11	LSAQX01CTS_01	草地	40	9.6	1	0.00
2014	11	LSAQX01CTS_01	草地	50	11.2	1	0.00
2014	11	LSAQX01CTS_01	草地	60	12.3	1	0.00
2014	11	LSAQX01CTS_01	草地	70	8.7	1	0.00
2015	1	LSAZH01ABC_01	冬小麦	10	11.7	9	0.01
2015	1	LSAZH01ABC_01	冬小麦	20	8.1	9	0.00
2015	1	LSAZH01ABC_01	冬小麦	30	3.2	9	0.01
2015	1	LSAZH01ABC_01	冬小麦	40	15.3	9	0.00
2015	1	LSAZH01ABC_01	冬小麦	50	17.6	9	0.00
2015	1	LSAZH01ABC_01	冬小麦	60	22.7	9	0.00
2015	1	LSAZH01ABC_01	冬小麦	70	22.5	9	0.00
2015	1	LSAZH01ABC_01	冬小麦	80	24.0	9	0.00
2015	2	LSAZH01ABC_01	冬小麦	10	13.4	28	0.01

（续）

年	月	样地代码	作物名称	探测深度/cm	体积含水量/%	重复数	标准差
2015	2	LSAZH01ABC_01	冬小麦	20	10.6	28	0.02
2015	2	LSAZH01ABC_01	冬小麦	30	4.8	28	0.02
2015	2	LSAZH01ABC_01	冬小麦	40	16.5	28	0.01
2015	2	LSAZH01ABC_01	冬小麦	50	18.3	28	0.01
2015	2	LSAZH01ABC_01	冬小麦	60	23.0	28	0.00
2015	2	LSAZH01ABC_01	冬小麦	70	22.6	28	0.00
2015	2	LSAZH01ABC_01	冬小麦	80	23.9	28	0.00
2015	3	LSAZH01ABC_01	冬小麦	10	21.7	31	0.07
2015	3	LSAZH01ABC_01	冬小麦	20	21.7	31	0.06
2015	3	LSAZH01ABC_01	冬小麦	30	12.9	31	0.06
2015	3	LSAZH01ABC_01	冬小麦	40	24.0	31	0.05
2015	3	LSAZH01ABC_01	冬小麦	50	23.9	31	0.04
2015	3	LSAZH01ABC_01	冬小麦	60	26.9	31	0.03
2015	3	LSAZH01ABC_01	冬小麦	70	25.7	31	0.02
2015	3	LSAZH01ABC_01	冬小麦	80	26.6	31	0.02
2015	4	LSAZH01ABC_01	冬小麦	10	21.2	30	0.05
2015	4	LSAZH01ABC_01	冬小麦	20	21.6	30	0.05
2015	4	LSAZH01ABC_01	冬小麦	30	15.0	30	0.05
2015	4	LSAZH01ABC_01	冬小麦	40	23.6	30	0.04
2015	4	LSAZH01ABC_01	冬小麦	50	23.3	30	0.03
2015	4	LSAZH01ABC_01	冬小麦	60	26.7	30	0.02
2015	4	LSAZH01ABC_01	冬小麦	70	25.6	30	0.02
2015	4	LSAZH01ABC_01	冬小麦	80	26.3	30	0.02
2015	5	LSAZH01ABC_01	冬小麦	10	21.1	31	0.05
2015	5	LSAZH01ABC_01	冬小麦	20	21.1	31	0.05
2015	5	LSAZH01ABC_01	冬小麦	30	15.1	31	0.05
2015	5	LSAZH01ABC_01	冬小麦	40	23.2	31	0.04
2015	5	LSAZH01ABC_01	冬小麦	50	23.0	31	0.03
2015	5	LSAZH01ABC_01	冬小麦	60	26.9	31	0.02
2015	5	LSAZH01ABC_01	冬小麦	70	25.6	31	0.02
2015	5	LSAZH01ABC_01	冬小麦	80	26.4	31	0.02
2015	6	LSAZH01ABC_01	冬小麦	10	19.9	30	0.05
2015	6	LSAZH01ABC_01	冬小麦	20	20.0	30	0.05

（续）

年	月	样地代码	作物名称	探测深度/cm	体积含水量/%	重复数	标准差
2015	6	LSAZH01ABC_01	冬小麦	30	15.1	30	0.05
2015	6	LSAZH01ABC_01	冬小麦	40	21.8	30	0.04
2015	6	LSAZH01ABC_01	冬小麦	50	21.6	30	0.04
2015	6	LSAZH01ABC_01	冬小麦	60	25.9	30	0.03
2015	6	LSAZH01ABC_01	冬小麦	70	24.8	30	0.02
2015	6	LSAZH01ABC_01	冬小麦	80	25.5	30	0.02
2015	7	LSAZH01ABC_01	冬小麦	10	17.4	31	0.07
2015	7	LSAZH01ABC_01	冬小麦	20	16.5	31	0.07
2015	7	LSAZH01ABC_01	冬小麦	30	12.0	31	0.09
2015	7	LSAZH01ABC_01	冬小麦	40	18.3	31	0.06
2015	7	LSAZH01ABC_01	冬小麦	50	18.7	31	0.05
2015	7	LSAZH01ABC_01	冬小麦	60	23.5	31	0.04
2015	7	LSAZH01ABC_01	冬小麦	70	22.9	31	0.03
2015	7	LSAZH01ABC_01	冬小麦	80	23.8	31	0.03
2015	8	LSAZH01ABC_01	冬小麦	10	19.9	31	0.02
2015	8	LSAZH01ABC_01	冬小麦	20	21.2	31	0.02
2015	8	LSAZH01ABC_01	冬小麦	30	15.6	31	0.03
2015	8	LSAZH01ABC_01	冬小麦	40	22.4	31	0.02
2015	8	LSAZH01ABC_01	冬小麦	50	22.7	31	0.01
2015	8	LSAZH01ABC_01	冬小麦	60	26.1	31	0.01
2015	8	LSAZH01ABC_01	冬小麦	70	24.7	31	0.01
2015	8	LSAZH01ABC_01	冬小麦	80	25.1	31	0.00
2015	9	LSAZH01ABC_01	冬小麦	10	18.9	30	0.01
2015	9	LSAZH01ABC_01	冬小麦	20	19.9	30	0.01
2015	9	LSAZH01ABC_01	冬小麦	30	14.3	30	0.02
2015	9	LSAZH01ABC_01	冬小麦	40	21.5	30	0.01
2015	9	LSAZH01ABC_01	冬小麦	50	22.0	30	0.01
2015	9	LSAZH01ABC_01	冬小麦	60	25.6	30	0.01
2015	9	LSAZH01ABC_01	冬小麦	70	24.3	30	0.00
2015	9	LSAZH01ABC_01	冬小麦	80	24.7	30	0.00
2015	10	LSAZH01ABC_01	冬小麦	10	21.3	31	0.06
2015	10	LSAZH01ABC_01	冬小麦	20	21.2	31	0.05
2015	10	LSAZH01ABC_01	冬小麦	30	15.8	31	0.07

（续）

年	月	样地代码	作物名称	探测深度/cm	体积含水量/%	重复数	标准差
2015	10	LSAZH01ABC_01	冬小麦	40	23.0	31	0.05
2015	10	LSAZH01ABC_01	冬小麦	50	23.2	31	0.04
2015	10	LSAZH01ABC_01	冬小麦	60	27.0	31	0.03
2015	10	LSAZH01ABC_01	冬小麦	70	25.5	31	0.02
2015	10	LSAZH01ABC_01	冬小麦	80	26.0	31	0.02
2015	11	LSAZH01ABC_01	冬小麦	10	19.8	30	0.05
2015	11	LSAZH01ABC_01	冬小麦	20	19.3	30	0.05
2015	11	LSAZH01ABC_01	冬小麦	30	12.5	30	0.05
2015	11	LSAZH01ABC_01	冬小麦	40	21.3	30	0.04
2015	11	LSAZH01ABC_01	冬小麦	50	21.5	30	0.04
2015	11	LSAZH01ABC_01	冬小麦	60	25.5	30	0.03
2015	11	LSAZH01ABC_01	冬小麦	70	24.3	30	0.02
2015	11	LSAZH01ABC_01	冬小麦	80	25.0	30	0.02
2015	12	LSAZH01ABC_01	冬小麦	10	19.5	31	0.02
2015	12	LSAZH01ABC_01	冬小麦	20	19.1	31	0.03
2015	12	LSAZH01ABC_01	冬小麦	30	12.1	31	0.04
2015	12	LSAZH01ABC_01	冬小麦	40	21.1	31	0.02
2015	12	LSAZH01ABC_01	冬小麦	50	21.7	31	0.02
2015	12	LSAZH01ABC_01	冬小麦	60	25.6	31	0.01
2015	12	LSAZH01ABC_01	冬小麦	70	24.6	31	0.01
2015	12	LSAZH01ABC_01	冬小麦	80	25.1	31	0.01
2015	1	LSAQX01CTS_01	草地	10	1.7	9	0.01
2015	1	LSAQX01CTS_01	草地	20	4.5	9	0.01
2015	1	LSAQX01CTS_01	草地	30	8.3	9	0.00
2015	1	LSAQX01CTS_01	草地	40	8.1	9	0.00
2015	1	LSAQX01CTS_01	草地	50	10.1	9	0.00
2015	1	LSAQX01CTS_01	草地	60	10.5	9	0.00
2015	1	LSAQX01CTS_01	草地	70	7.5	9	0.00
2015	2	LSAQX01CTS_01	草地	10	4.6	28	0.02
2015	2	LSAQX01CTS_01	草地	20	5.9	28	0.01
2015	2	LSAQX01CTS_01	草地	30	8.5	28	0.00
2015	2	LSAQX01CTS_01	草地	40	8.5	28	0.00
2015	2	LSAQX01CTS_01	草地	50	10.0	28	0.00

（续）

年	月	样地代码	作物名称	探测深度/cm	体积含水量/%	重复数	标准差
2015	2	LSAQX01CTS_01	草地	60	10.4	28	0.00
2015	2	LSAQX01CTS_01	草地	70	7.4	28	0.00
2015	3	LSAQX01CTS_01	草地	10	4.6	31	0.00
2015	3	LSAQX01CTS_01	草地	20	5.8	31	0.00
2015	3	LSAQX01CTS_01	草地	30	8.6	31	0.00
2015	3	LSAQX01CTS_01	草地	40	8.5	31	0.00
2015	3	LSAQX01CTS_01	草地	50	10.0	31	0.00
2015	3	LSAQX01CTS_01	草地	60	10.3	31	0.00
2015	3	LSAQX01CTS_01	草地	70	7.2	31	0.00
2015	4	LSAQX01CTS_01	草地	10	3.0	30	0.01
2015	4	LSAQX01CTS_01	草地	20	4.5	30	0.01
2015	4	LSAQX01CTS_01	草地	30	7.8	30	0.01
2015	4	LSAQX01CTS_01	草地	40	7.5	30	0.01
2015	4	LSAQX01CTS_01	草地	50	9.3	30	0.01
2015	4	LSAQX01CTS_01	草地	60	9.7	30	0.00
2015	4	LSAQX01CTS_01	草地	70	6.9	30	0.00
2015	5	LSAQX01CTS_01	草地	10	1.6	31	0.00
2015	5	LSAQX01CTS_01	草地	20	2.1	31	0.01
2015	5	LSAQX01CTS_01	草地	30	3.8	31	0.01
2015	5	LSAQX01CTS_01	草地	40	3.2	31	0.01
2015	5	LSAQX01CTS_01	草地	50	4.8	31	0.02
2015	5	LSAQX01CTS_01	草地	60	6.1	31	0.02
2015	5	LSAQX01CTS_01	草地	70	3.3	31	0.02
2015	6	LSAQX01CTS_01	草地	10	2.6	30	0.02
2015	6	LSAQX01CTS_01	草地	20	1.4	30	0.00
2015	6	LSAQX01CTS_01	草地	30	2.0	30	0.00
2015	6	LSAQX01CTS_01	草地	40	1.6	30	0.00
2015	6	LSAQX01CTS_01	草地	50	2.6	30	0.00
2015	6	LSAQX01CTS_01	草地	60	3.4	30	0.00
2015	6	LSAQX01CTS_01	草地	70	8.0	30	0.00
2015	7	LSAQX01CTS_01	草地	10	2.6	31	0.02
2015	7	LSAQX01CTS_01	草地	20	1.4	31	0.00
2015	7	LSAQX01CTS_01	草地	30	1.9	31	0.00

（续）

年	月	样地代码	作物名称	探测深度/cm	体积含水量/%	重复数	标准差
2015	7	LSAQX01CTS_01	草地	40	1.6	31	0.00
2015	7	LSAQX01CTS_01	草地	50	2.4	31	0.00
2015	7	LSAQX01CTS_01	草地	60	3.6	31	0.00
2015	7	LSAQX01CTS_01	草地	70	3.6	31	0.00
2015	8	LSAQX01CTS_01	草地	10	4.4	31	0.04
2015	8	LSAQX01CTS_01	草地	20	2.6	31	0.02
2015	8	LSAQX01CTS_01	草地	30	2.0	31	0.01
2015	8	LSAQX01CTS_01	草地	40	1.6	31	0.00
2015	8	LSAQX01CTS_01	草地	50	2.4	31	0.00
2015	8	LSAQX01CTS_01	草地	60	3.3	31	0.00
2015	8	LSAQX01CTS_01	草地	70	0.7	31	0.00
2015	9	LSAQX01CTS_01	草地	10	4.2	30	0.02
2015	9	LSAQX01CTS_01	草地	20	3.4	30	0.01
2015	9	LSAQX01CTS_01	草地	30	3.9	30	0.01
2015	9	LSAQX01CTS_01	草地	40	2.0	30	0.00
2015	9	LSAQX01CTS_01	草地	50	2.4	30	0.00
2015	9	LSAQX01CTS_01	草地	60	3.4	30	0.00
2015	9	LSAQX01CTS_01	草地	70	1.0	30	0.00
2015	10	LSAQX01CTS_01	草地	10	0.9	31	0.00
2015	10	LSAQX01CTS_01	草地	20	1.2	31	0.00
2015	10	LSAQX01CTS_01	草地	30	2.0	31	0.01
2015	10	LSAQX01CTS_01	草地	40	1.6	31	0.00
2015	10	LSAQX01CTS_01	草地	50	2.3	31	0.00
2015	10	LSAQX01CTS_01	草地	60	3.5	31	0.00
2015	10	LSAQX01CTS_01	草地	70	0.7	31	0.00
2015	11	LSAQX01CTS_01	草地	10	0.2	30	0.00
2015	11	LSAQX01CTS_01	草地	20	0.8	30	0.00
2015	11	LSAQX01CTS_01	草地	30	1.6	30	0.01
2015	11	LSAQX01CTS_01	草地	40	1.2	30	0.00
2015	11	LSAQX01CTS_01	草地	50	2.1	30	0.00
2015	11	LSAQX01CTS_01	草地	60	3.3	30	0.00
2015	11	LSAQX01CTS_01	草地	70	0.3	30	0.00
2015	12	LSAQX01CTS_01	草地	10	1.2	31	0.00

（续）

年	月	样地代码	作物名称	探测深度/cm	体积含水量/%	重复数	标准差
2015	12	LSAQX01CTS_01	草地	20	1.1	31	0.00
2015	12	LSAQX01CTS_01	草地	30	1.1	31	0.01
2015	12	LSAQX01CTS_01	草地	40	1.0	31	0.00
2015	12	LSAQX01CTS_01	草地	50	1.8	31	0.00
2015	12	LSAQX01CTS_01	草地	60	3.3	31	0.00
2015	12	LSAQX01CTS_01	草地	70	0.3	31	0.00

3.2 土壤质量含水量

3.2.1 概述

本数据集包括拉萨站农田土壤质量含水量和气象观测场自然地土壤质量含水量，起止时间2005—2015 年，具体观测场包括综合观测场（LSAZH01）和气象观测场（LSAQX01）。数据采集方法为生长季每月 1 次，每月中旬观测，监测方法与月中的中子仪观测同步进行。每个中子管周围 1 m 范围内取 1 个重复，取样方法为每 10 cm 1 层，深度为 0～50 cm，共分 5 层，铝盒取样后烘干计算质量含水量。2014 年之后开始采用土壤水分自动观测系统进行测定，在仪器周围 1 m 范围内取样。

3.2.2 数据处理方法

本次整理的数据首先对拉萨站历年上报的数据进行整理和质量控制，对异常数据进行核实，其次计算了土壤质量含水量的月平均值。

3.2.3 数据

土壤体积含水量数据见表 3-2。

表 3-2　土壤质量含水量

年	月	样地代码	采样层次/cm	质量含水量/%
2005	6	LSAZH01CHG_01	10	11.15
2005	6	LSAZH01CHG_01	20	11.42
2005	6	LSAZH01CHG_01	30	10.93
2005	6	LSAZH01CHG_01	40	12.05
2005	6	LSAZH01CHG_01	50	12.48
2005	8	LSAZH01CHG_01	10	13.32
2005	8	LSAZH01CHG_01	20	13.78
2005	8	LSAZH01CHG_01	30	12.33
2005	8	LSAZH01CHG_01	40	13.30
2005	8	LSAZH01CHG_01	50	13.84
2006	4	LSAZH01CHG_01	10	19.49

（续）

年	月	样地代码	采样层次/cm	质量含水量/%
2006	4	LSAZH01CHG_01	20	18.91
2006	4	LSAZH01CHG_01	30	16.88
2006	4	LSAZH01CHG_01	40	17.56
2006	4	LSAZH01CHG_01	50	17.13
2006	4	LSAZH01CHG_01	60	17.91
2006	4	LSAZH01CHG_01	70	18.16
2006	8	LSAZH01CHG_01	10	18.73
2006	8	LSAZH01CHG_01	20	20.30
2006	8	LSAZH01CHG_01	30	18.01
2006	8	LSAZH01CHG_01	40	16.97
2006	8	LSAZH01CHG_01	50	16.87
2007	5	LSAZH01CHG_01	10	18.18
2007	5	LSAZH01CHG_01	20	20.44
2007	5	LSAZH01CHG_01	30	19.09
2007	5	LSAZH01CHG_01	40	17.54
2007	5	LSAZH01CHG_01	50	17.66
2007	5	LSAZH01CHG_01	60	19.13
2007	5	LSAZH01CHG_01	70	19.44
2007	6	LSAZH01CHG_01	10	11.66
2007	6	LSAZH01CHG_01	20	10.50
2007	6	LSAZH01CHG_01	30	9.71
2007	6	LSAZH01CHG_01	40	11.16
2007	6	LSAZH01CHG_01	50	12.24
2007	6	LSAZH01CHG_01	60	12.24
2007	7	LSAZH01CHG_01	10	21.67
2007	7	LSAZH01CHG_01	20	19.70
2007	7	LSAZH01CHG_01	30	18.68
2007	7	LSAZH01CHG_01	40	17.98
2007	7	LSAZH01CHG_01	50	19.25
2007	7	LSAZH01CHG_01	60	18.45
2007	8	LSAZH01CHG_01	10	22.85
2007	8	LSAZH01CHG_01	20	22.62
2007	8	LSAZH01CHG_01	30	19.12

（续）

年	月	样地代码	采样层次/cm	质量含水量/%
2007	8	LSAZH01CHG _ 01	40	17.00
2007	8	LSAZH01CHG _ 01	50	19.23
2007	3	LSAQX01CHG _ 01	10	0.93
2007	3	LSAQX01CHG _ 01	20	1.03
2007	3	LSAQX01CHG _ 01	30	1.07
2007	3	LSAQX01CHG _ 01	40	1.07
2007	3	LSAQX01CHG _ 01	50	1.10
2007	4	LSAQX01CHG _ 01	10	2.27
2007	4	LSAQX01CHG _ 01	20	2.03
2007	4	LSAQX01CHG _ 01	30	1.30
2007	4	LSAQX01CHG _ 01	40	1.40
2007	4	LSAQX01CHG _ 01	50	1.20
2007	5	LSAQX01CHG _ 01	10	0.93
2007	5	LSAQX01CHG _ 01	20	1.37
2007	5	LSAQX01CHG _ 01	30	1.60
2007	5	LSAQX01CHG _ 01	40	1.10
2007	5	LSAQX01CHG _ 01	50	1.23
2007	6	LSAQX01CHG _ 01	10	7.53
2007	6	LSAQX01CHG _ 01	20	7.30
2007	6	LSAQX01CHG _ 01	30	5.63
2007	6	LSAQX01CHG _ 01	40	5.13
2007	6	LSAQX01CHG _ 01	50	4.23
2007	7	LSAQX01CHG _ 01	10	8.57
2007	7	LSAQX01CHG _ 01	20	9.23
2007	7	LSAQX01CHG _ 01	30	8.07
2007	7	LSAQX01CHG _ 01	40	7.77
2007	7	LSAQX01CHG _ 01	50	7.67
2007	8	LSAQX01CHG _ 01	10	11.37
2007	8	LSAQX01CHG _ 01	20	11.67
2007	8	LSAQX01CHG _ 01	30	11.50
2007	8	LSAQX01CHG _ 01	40	11.03
2007	8	LSAQX01CHG _ 01	50	11.60
2007	9	LSAQX01CHG _ 01	10	12.37

（续）

年	月	样地代码	采样层次/cm	质量含水量/%
2007	9	LSAQX01CHG _ 01	20	12.37
2007	9	LSAQX01CHG _ 01	30	11.97
2007	9	LSAQX01CHG _ 01	40	11.43
2007	9	LSAQX01CHG _ 01	50	11.07
2007	10	LSAQX01CHG _ 01	10	1.60
2007	10	LSAQX01CHG _ 01	20	2.73
2007	10	LSAQX01CHG _ 01	30	3.33
2007	10	LSAQX01CHG _ 01	40	2.50
2007	10	LSAQX01CHG _ 01	50	2.70
2007	11	LSAQX01CHG _ 01	10	1.10
2007	11	LSAQX01CHG _ 01	20	1.23
2007	11	LSAQX01CHG _ 01	30	2.17
2007	11	LSAQX01CHG _ 01	40	1.43
2007	11	LSAQX01CHG _ 01	50	2.07
2007	12	LSAQX01CHG _ 01	10	1.20
2007	12	LSAQX01CHG _ 01	20	1.70
2007	12	LSAQX01CHG _ 01	30	2.30
2007	12	LSAQX01CHG _ 01	40	1.70
2007	12	LSAQX01CHG _ 01	50	3.10
2008	4	LSAZH01CHG _ 01	10	13.22
2008	4	LSAZH01CHG _ 01	20	14.63
2008	4	LSAZH01CHG _ 01	30	14.74
2008	4	LSAZH01CHG _ 01	40	13.32
2008	4	LSAZH01CHG _ 01	50	13.09
2008	5	LSAZH01CHG _ 01	10	21.08
2008	5	LSAZH01CHG _ 01	20	19.39
2008	5	LSAZH01CHG _ 01	30	17.34
2008	5	LSAZH01CHG _ 01	40	16.58
2008	5	LSAZH01CHG _ 01	50	16.22
2008	6	LSAZH01CHG _ 01	10	21.43
2008	6	LSAZH01CHG _ 01	20	20.46
2008	6	LSAZH01CHG _ 01	30	19.36
2008	6	LSAZH01CHG _ 01	40	18.29

（续）

年	月	样地代码	采样层次/cm	质量含水量/%
2008	6	LSAZH01CHG_01	50	17.75
2008	7	LSAZH01CHG_01	10	22.17
2008	7	LSAZH01CHG_01	20	19.25
2008	7	LSAZH01CHG_01	30	20.46
2008	7	LSAZH01CHG_01	40	20.99
2008	7	LSAZH01CHG_01	50	20.53
2008	8	LSAZH01CHG_01	10	20.01
2008	8	LSAZH01CHG_01	20	20.81
2008	8	LSAZH01CHG_01	30	19.35
2008	8	LSAZH01CHG_01	40	19.03
2008	8	LSAZH01CHG_01	50	19.05
2009	5	LSAZH01CTS_01	10	5.03
2009	5	LSAZH01CTS_01	20	6.38
2009	5	LSAZH01CTS_01	30	5.96
2009	5	LSAZH01CTS_01	40	6.95
2009	5	LSAZH01CTS_01	50	6.85
2009	6	LSAZH01CTS_01	10	16.66
2009	6	LSAZH01CTS_01	20	16.60
2009	6	LSAZH01CTS_01	30	16.06
2009	6	LSAZH01CTS_01	40	16.02
2009	6	LSAZH01CTS_01	50	15.30
2009	7	LSAZH01CTS_01	10	4.44
2009	7	LSAZH01CTS_01	20	5.21
2009	7	LSAZH01CTS_01	30	5.19
2009	7	LSAZH01CTS_01	40	7.89
2009	7	LSAZH01CTS_01	50	6.11
2009	8	LSAZH01CTS_01	10	15.28
2009	8	LSAZH01CTS_01	20	22.30
2009	8	LSAZH01CTS_01	30	14.52
2009	8	LSAZH01CTS_01	40	14.10
2009	8	LSAZH01CTS_01	50	13.40
2010	4	LSAZH01CTS_01	10	14.87
2010	4	LSAZH01CTS_01	20	15.70

（续）

年	月	样地代码	采样层次/cm	质量含水量/%
2010	4	LSAZH01CTS_01	30	18.38
2010	4	LSAZH01CTS_01	40	15.05
2010	4	LSAZH01CTS_01	50	26.34
2010	5	LSAZH01CTS_01	10	12.80
2010	5	LSAZH01CTS_01	20	12.27
2010	5	LSAZH01CTS_01	30	13.58
2010	5	LSAZH01CTS_01	40	14.63
2010	5	LSAZH01CTS_01	50	26.34
2010	6	LSAZH01CTS_01	10	11.58
2010	6	LSAZH01CTS_01	20	12.55
2010	6	LSAZH01CTS_01	30	11.55
2010	6	LSAZH01CTS_01	40	13.11
2010	6	LSAZH01CTS_01	50	13.23
2010	7	LSAZH01CTS_01	10	15.19
2010	7	LSAZH01CTS_01	20	15.64
2010	7	LSAZH01CTS_01	30	15.25
2010	7	LSAZH01CTS_01	40	14.81
2010	7	LSAZH01CTS_01	50	14.06
2011	6	LSAZH01CTS_01	10	17.66
2011	6	LSAZH01CTS_01	20	17.45
2011	6	LSAZH01CTS_01	30	17.46
2011	6	LSAZH01CTS_01	40	17.04
2011	6	LSAZH01CTS_01	50	16.69
2011	8	LSAZH01CTS_01	10	17.44
2011	8	LSAZH01CTS_01	20	12.09
2011	8	LSAZH01CTS_01	30	13.03
2011	8	LSAZH01CTS_01	40	13.18
2011	8	LSAZH01CTS_01	50	12.83
2012	4	LSAZH01CTS_01	10	12.53
2012	4	LSAZH01CTS_01	20	14.1
2012	4	LSAZH01CTS_01	30	13.79
2012	4	LSAZH01CTS_01	40	13.19
2012	4	LSAZH01CTS_01	50	13.15

（续）

年	月	样地代码	采样层次/cm	质量含水量/%
2012	5	LSAZH01CTS_01	10	12.53
2012	5	LSAZH01CTS_01	20	14.01
2012	5	LSAZH01CTS_01	30	13.79
2012	5	LSAZH01CTS_01	40	13.19
2012	5	LSAZH01CTS_01	50	13.15
2012	6	LSAZH01CTS_01	10	14.08
2012	6	LSAZH01CTS_01	20	14.79
2012	6	LSAZH01CTS_01	30	15.51
2012	6	LSAZH01CTS_01	40	14.27
2012	6	LSAZH01CTS_01	50	13.56
2012	7	LSAZH01CTS_01	10	17.98
2012	7	LSAZH01CTS_01	20	16.89
2012	7	LSAZH01CTS_01	30	17.03
2012	7	LSAZH01CTS_01	40	16.48
2012	7	LSAZH01CTS_01	50	16.99
2012	8	LSAZH01CTS_01	10	11.15
2012	8	LSAZH01CTS_01	20	9.50
2012	8	LSAZH01CTS_01	30	7.20
2012	8	LSAZH01CTS_01	40	7.79
2012	8	LSAZH01CTS_01	50	8.38
2013	5	LSAZH01CTS_01	10	12.12
2013	5	LSAZH01CTS_01	20	14.03
2013	5	LSAZH01CTS_01	30	15.16
2013	5	LSAZH01CTS_01	40	15.16
2013	5	LSAZH01CTS_01	50	14.46
2013	6	LSAZH01CTS_01	10	19.51
2013	6	LSAZH01CTS_01	20	18.46
2013	6	LSAZH01CTS_01	30	22.66
2013	6	LSAZH01CTS_01	40	18.47
2013	6	LSAZH01CTS_01	50	20.87
2013	7	LSAZH01CTS_01	10	18.07
2013	7	LSAZH01CTS_01	20	17.97
2013	7	LSAZH01CTS_01	30	17.51

（续）

年	月	样地代码	采样层次/cm	质量含水量/%
2013	7	LSAZH01CTS_01	40	16.67
2013	7	LSAZH01CTS_01	50	16.63
2013	8	LSAZH01CTS_01	10	14.89
2013	8	LSAZH01CTS_01	20	15.19
2013	8	LSAZH01CTS_01	30	15.05
2013	8	LSAZH01CTS_01	40	15.14
2013	8	LSAZH01CTS_01	50	13.32
2014	5	LSAZH01CTS_01	10	38.77
2014	5	LSAZH01CTS_01	20	29.20
2014	5	LSAZH01CTS_01	30	37.34
2014	5	LSAZH01CTS_01	40	22.09
2014	5	LSAZH01CTS_01	50	33.66
2014	6	LSAZH01CTS_01	10	19.13
2014	6	LSAZH01CTS_01	20	18.82
2014	6	LSAZH01CTS_01	30	22.55
2014	6	LSAZH01CTS_01	40	19.54
2014	6	LSAZH01CTS_01	50	17.73
2014	7	LSAZH01CTS_01	10	22.00
2014	7	LSAZH01CTS_01	20	22.00
2014	7	LSAZH01CTS_01	30	22.00
2014	7	LSAZH01CTS_01	40	22.00
2014	7	LSAZH01CTS_01	50	21.00
2014	8	LSAZH01CTS_01	10	21.00
2014	8	LSAZH01CTS_01	20	21.00
2014	8	LSAZH01CTS_01	30	21.00
2014	8	LSAZH01CTS_01	40	20.00
2014	8	LSAZH01CTS_01	50	19.00
2014	7	LSAQX01CTS_01	10	16.00
2014	7	LSAQX01CTS_01	20	19.00
2014	7	LSAQX01CTS_01	30	19.00
2014	7	LSAQX01CTS_01	40	19.00
2014	7	LSAQX01CTS_01	50	25.00
2014	8	LSAQX01CTS_01	10	19.00

（续）

年	月	样地代码	采样层次/cm	质量含水量/%
2014	8	LSAQX01CTS_01	20	18.00
2014	8	LSAQX01CTS_01	30	19.00
2014	8	LSAQX01CTS_01	40	18.00
2014	8	LSAQX01CTS_01	50	16.00
2015	3	LSAZH01CTS_01	10	12.93
2015	3	LSAZH01CTS_01	20	16.17
2015	3	LSAZH01CTS_01	30	16.80
2015	3	LSAZH01CTS_01	40	17.60
2015	3	LSAZH01CTS_01	50	16.47
2015	4	LSAZH01CTS_01	10	18.10
2015	4	LSAZH01CTS_01	20	18.13
2015	4	LSAZH01CTS_01	30	16.57
2015	4	LSAZH01CTS_01	40	17.00
2015	4	LSAZH01CTS_01	50	15.37
2015	5	LSAZH01CTS_01	10	15.57
2015	5	LSAZH01CTS_01	20	16.23
2015	5	LSAZH01CTS_01	30	16.27
2015	5	LSAZH01CTS_01	40	15.87
2015	5	LSAZH01CTS_01	50	16.00
2015	6	LSAZH01CTS_01	10	10.40
2015	6	LSAZH01CTS_01	20	11.93
2015	6	LSAZH01CTS_01	30	12.27
2015	6	LSAZH01CTS_01	40	12.40
2015	6	LSAZH01CTS_01	50	12.00
2015	7	LSAZH01CTS_01	10	16.87
2015	7	LSAZH01CTS_01	20	17.33
2015	7	LSAZH01CTS_01	30	16.77
2015	7	LSAZH01CTS_01	40	15.00
2015	7	LSAZH01CTS_01	50	14.77
2015	8	LSAZH01CTS_01	10	18.00
2015	8	LSAZH01CTS_01	20	18.00
2015	8	LSAZH01CTS_01	30	18.00
2015	8	LSAZH01CTS_01	40	18.00

（续）

年	月	样地代码	采样层次/cm	质量含水量/%
2015	8	LSAZH01CTS_01	50	16.00
2015	3	LSAQX01CTS_01	10	2.60
2015	3	LSAQX01CTS_01	20	5.13
2015	3	LSAQX01CTS_01	30	6.40
2015	3	LSAQX01CTS_01	40	6.80
2015	3	LSAQX01CTS_01	50	7.47
2015	4	LSAQX01CTS_01	10	1.87
2015	4	LSAQX01CTS_01	20	3.47
2015	4	LSAQX01CTS_01	30	4.77
2015	4	LSAQX01CTS_01	40	4.83
2015	4	LSAQX01CTS_01	50	6.40
2015	5	LSAQX01CTS_01	10	3.83
2015	5	LSAQX01CTS_01	20	4.27
2015	5	LSAQX01CTS_01	30	4.77
2015	5	LSAQX01CTS_01	40	4.87
2015	5	LSAQX01CTS_01	50	8.47
2015	6	LSAQX01CTS_01	10	3.27
2015	6	LSAQX01CTS_01	20	5.17
2015	6	LSAQX01CTS_01	30	6.07
2015	6	LSAQX01CTS_01	40	5.43
2015	6	LSAQX01CTS_01	50	5.33
2015	7	LSAQX01CTS_01	10	9.60
2015	7	LSAQX01CTS_01	20	9.63
2015	7	LSAQX01CTS_01	30	7.87
2015	7	LSAQX01CTS_01	40	7.10
2015	7	LSAQX01CTS_01	50	5.00
2015	8	LSAQX01CTS_01	10	11.70
2015	8	LSAQX01CTS_01	20	12.23
2015	8	LSAQX01CTS_01	30	12.30
2015	8	LSAQX01CTS_01	40	11.20
2015	8	LSAQX01CTS_01	50	9.27
2015	9	LSAQX01CTS_01	10	10.07
2015	9	LSAQX01CTS_01	20	10.07

（续）

年	月	样地代码	采样层次/cm	质量含水量/%
2015	9	LSAQX01CTS_01	30	12.53
2015	9	LSAQX01CTS_01	40	12.07
2015	9	LSAQX01CTS_01	50	11.63
2015	10	LSAQX01CTS_01	10	3.30
2015	10	LSAQX01CTS_01	20	4.97
2015	10	LSAQX01CTS_01	30	5.77
2015	10	LSAQX01CTS_01	40	6.77
2015	10	LSAQX01CTS_01	50	6.50
2015	11	LSAQX01CTS_01	10	1.30
2015	11	LSAQX01CTS_01	20	3.10
2015	11	LSAQX01CTS_01	30	3.47
2015	11	LSAQX01CTS_01	40	3.47
2015	11	LSAQX01CTS_01	50	4.27
2015	12	LSAQX01CTS_01	10	1.80
2015	12	LSAQX01CTS_01	20	3.10
2015	12	LSAQX01CTS_01	30	3.90
2015	12	LSAQX01CTS_01	40	2.95
2015	12	LSAQX01CTS_01	50	3.45

3.3 雨水水质

3.3.1 概述

本数据集包括拉萨站雨水水质观测数据，起止时间2005—2015年，观测样地位于拉萨站气象观测场（LSAQX01），2005—2011年降水水质原则上一年监测4次，分别为1月、4月、7月和10月每月降水的混合水样，2012年之后生长季每月采集水样进行监测，部分月份无降水。降水水质分析指标包括5项：pH、矿化度、硫酸根、非溶性物质总含量和电导率，指标分析方法见表3-3。

表3-3 拉萨站雨水水质分析方法信息表

分析样品	分析指标	分析方法	参照国标
雨水	pH	电极法	GB 13580.4—1992
雨水	矿化度	105℃干燥—重量法	GB/T 8538—2016
雨水	硫酸根离子	电感耦合等离子体发射光谱法（OES）	GB 13580.6—1992
雨水	非溶性物质总含量	悬浮物质量法	GB 11901—1989
雨水	电导率	电极法	GB 13580.3—1992

3.3.2 数据处理方法

本次整理的数据首先对拉萨站历年上报的数据进行整理和质量控制，对异常数据进行核实。

3.3.3 数据

雨水水质数据见表 3-4。

表 3-4 雨水水质表

年	月	样地代码	水温/℃	pH	矿化度/(mg/L)	硫酸根（SO_4^{2-}）/(mg/L)	非溶性物质总含量/（mg/L)	电导率/(mS/cm)
2005	1	LSAQX01CYS_01		6.50	35.60	1.288 6	56.25	
2005	4	LSAQX01CYS_01		6.28	115.60	7.533 5	135.40	
2005	7	LSAQX01CYS_01		6.01	32.80	0.651 5	2.86	
2005	10	LSAQX01CYS_01		5.86	120.20	0.532 2	19.73	
2006	4	LSAQX01CYS_01		8.91	16.00	10.750 0	21.33	
2006	7	LSAQX01CYS_01		7.65	0.00	12.500 0	10.50	
2006	10	LSAQX01CYS_01		7.94	0.00	29.620 0	59.00	
2007	2	LSAQX01CYS_01		6.55	164.00	36.390 0	0.28	
2007	4	LSAQX01CYS_01		5.66	64.00	20.380 0	0.19	
2007	7	LSAQX01CYS_01		5.34	8.00	16.010 0	0.01	
2007	10	LSAQX01CYS_01		5.05	16.00	18.090 0	0.01	
2008	1	LSAQX01CYS_01		7.49	170.00	30.270 0	783.00	9.960
2008	4	LSAQX01CYS_01	10.0	7.17	51.00	11.520 0	225.00	7.160
2008	7	LSAQX01CYS_01	9.7	5.65	28.00	1.600 0	25.00	0.762
2008	10	LSAQX01CYS_01	4.5	5.79	72.00	6.590 0	29.00	5.700
2009	2	LSAQX01CYS_01		5.70		5.300 0		68.000
2009	3	LSAQX01CYS_01	6.0	5.60	46.00	5.500 0	17.00	75.600
2009	7	LSAQX01CYS_01	9.4	5.70	27.70	2.600 0	3.50	33.700
2009	9	LSAQX01CYS_01	5.0	6.00	12.00	2.500 0	10.50	27.000
2010	4	LSAQX01CYS_01	25.5	6.17	97.00	3.660 0	111.23	
2010	5	LSAQX01CYS_01	25.5	5.99	60.00	5.830 0	167.32	
2010	6	LSAQX01CYS_01	25.5	5.11	111.50	2.960 0	9.91	
2010	7	LSAQX01CYS_01	25.5	5.84	48.00	1.750 0	7.39	
2011	4	LSAQX01CYS_01		7.33	68.43	3.160 0		4.430
2011	7	LSAQX01CYS_01		7.03	70.59	1.380 0		4.570
2011	10	LSAQX01CYS_01		7.01	668.83	28.730 0		43.300
2012	3	LSAQX01CYS_01		8.53		96.110 0		

（续）

年	月	样地代码	水温/℃	pH	矿化度/（mg/L）	硫酸根（SO_4^{2-}）/（mg/L）	非溶性物质总含量/（mg/L）	电导率/（mS/cm）
2012	5	LSAQX01CYS _ 01		6.68	18.00	2.169 0		
2012	6	LSAQX01CYS _ 01		6.70	34.00	6.316 0		
2012	7	LSAQX01CYS _ 01		6.64	70.00	1.901 0		
2012	8	LSAQX01CYS _ 01		7.08	40.00	13.260 0		
2012	9	LSAQX01CYS _ 01		8.17	34.00	23.160 0		
2013	7	LSAQX01CYS _ 01		6.50	6.40	0.346 10	34.55	0.940
2013	8	LSAQX01CYS _ 01		8.36	94.85	26.620 0	32.30	14.560
2013	9	LSAQX01CYS _ 01		6.90	6.10	0.372 1	75.30	0.948
2013	10	LSAQX01CYS _ 01		6.56	9.65	0.590 9	58.30	1.498
2014	4	LSAQX01CYS _ 01		6.83	109.26	19.530 0	4.78	16.920
2014	5	LSAQX01CYS _ 01		8.32	28.95	3.309 0	33.47	4.484
2014	6	LSAQX01CYS _ 01		7.70	161.24	5.817 0	4.78	24.970
2014	7	LSAQX01CYS _ 01		6.44	4.79	0.691 0	4.78	0.742
2014	8	LSAQX01CYS _ 01		6.23	29.80	4.643 0	4.78	4.615
2014	9	LSAQX01CYS _ 01		5.42	7.30	0.806 3	4.78	1.131
2014	10	LSAQX01CYS _ 01		5.81	8.38	1.210 0	4.78	1.298
2015	4	LSAQX01CYS _ 01		6.61	145.10	16.900 0	127.56	21.990
2015	5	LSAQX01CYS _ 01		6.94	13.51	1.209 0	81.56	2.126
2015	6	LSAQX01CYS _ 01		4.02	46.68	8.993 0	212.00	7.162
2015	7	LSAQX01CYS _ 01		4.89	21.01	1.532 0	118.00	3.226
2015	9	LSAQX01CYS _ 01		4.08	23.67	1.102 0	139.56	3.633

3.4 地表水、地下水水质

3.4.1 概述

本数据集为拉萨站地表水和地下水水质观测数据，具体包括流动地表水（拉萨河水 LSAFZ11CLB _ 01）、地表灌溉水（LSAFZ10CGB _ 01）、农田地下水（LSAFZ13CDX _ 01）和饮用地下水（LSAFZ12CDX _ 01），起止时间 2005—2015 年，监测频次 1 年 4 次，分别为 1 月、4 月、7 月和 10 月，但部分站点在枯水季节无法获取水样，因此存在数据缺测情况。

流动地表水（拉萨河水）、灌溉水及地下水（包括农田地下水和饮用地下水）分析指标包括 16 项：pH、钙离子、镁离子、钾离子、钠离子、碳酸根离子、重碳酸根离子、氯化物、硫酸根离子、磷酸根离子、硝酸根离子、矿化度、水中溶解氧、总氮、总磷及电导率，指标分析方法见表3－5。

表 3－5 拉萨站农田生态系统水质分析方法信息表

分析样品	分析指标	分析方法	参照国标
地表水、地下水、灌溉水	pH	电极法	GB 6920—1986
地表水、地下水、灌溉水	钙离子	电感耦合等离子体发射光谱法（OES）	GB 13580.13—1992
地表水、地下水、灌溉水	镁离子	电感耦合等离子体发射光谱法（OES）	GB 13580.13—1992
地表水、地下水、灌溉水	钾离子	电感耦合等离子体发射光谱法（OES）	GB 13580.12—1992
地表水、地下水、灌溉水	钠离子	电感耦合等离子体发射光谱法（OES）	GB 13580.12—1992
地表水、地下水、灌溉水	碳酸根离子	酸碱滴定法	GB/T 8538—2016
地表水、地下水、灌溉水	重碳酸根离子	酸碱滴定法	GB/T 8538—2016
地表水、地下水、灌溉水	氯化物	全自动化学分析仪硫氰酸铁比色法	
地表水、地下水、灌溉水	硫酸根离子	电感耦合等离子体发射光谱法（OES）	GB 13580.12—1992
地表水、地下水、灌溉水	磷酸根离子	钼蓝比色-连续流动分析仪法	GB/T 8538—2016
地表水、地下水、灌溉水	硝酸根离子	硫酸肼还原-连续流动分析仪法	
地表水、地下水、灌溉水	矿化度	105℃干燥-重量法	GB/T 8538—2016
地表水、地下水、灌溉水	水中溶解氧	仪器自动观测	
地表水、地下水、灌溉水	总氮	碱性过硫酸钾消解紫外分光光度法	HJ 636—2012
地表水、地下水、灌溉水	总磷	电感耦合等离子体发射光谱法（OES）	GB 11893—1989
地表水、地下水、灌溉水	电导率	电极法	GB 13580.3—1992

3.4.2 数据处理方法

本次整理的数据首先对拉萨站历年上报的数据进行整理和质量控制，对异常数据进行核实。

3.4.3 数据

地表水、地下水水质数据见表 3－6。

表3-6　地表水、地下水水质

样地代码	采样日期	水温/℃	pH	Ca^{2+}/(mg/L)	Mg^{2+}/(mg/L)	K^{+}/(mg/L)	Na^{+}/(mg/L)	CO_3^{2-}/(mg/L)	HCO_3^{-}/(mg/L)	Cl^{-}/(mg/L)	SO_4^{2-}/(mg/L)	NO_3^{-}/(mg/L)	矿化度/(mg/L)	COD/(mg/L)	DO/(mg/L)	总氮/(mg/L)	总磷/(mg/L)	电导率/(mS/cm)
LSAFZ12CDX_01	2005-07-27	17.00	6.74	21.781	3.192	1.197	3.759		84.980 0	1.663 1	12.817 0	0.275 0	42.00			0.323 2	0.158 0	
LSAFZ12CDX_01	2005-10-10	11.00	7.37	23.327	3.447	1.160	3.519		84.980 0	1.158 7	14.952 4	2.308 6	122.20			2.357 2	0.154 0	
LSAFZ10CGB_01	2005-01-15	2.30	7.54	19.539	2.211	0.441	2.273		66.880 0	0.845 8	13.176 5	0.731 1	106.00			0.845 7	未检出	
LSAFZ10CGB_01	2005-07-27	9.20	7.53	19.857	1.776	0.555	1.646		60.590 0	0.492 0	15.397 5	1.739 3	108.40			1.789 0	0.002 0	
LSAFZ10CGB_01	2005-10-10	5.00	7.49	21.125	2.509	0.697	2.477		70.820 0	0.861 2	17.190 4	1.829 0	108.00			1.885 1	0.001 0	
LSAFZ11CLB_01	2005-01-15		7.67	27.947	4.946	1.250	7.869		147.930 0	5.334 0	17.393 9	1.633 2	159.40			1.684 4	未检出	
LSAFZ11CLB_01	2005-07-27	10.80	6.42	16.697	3.180	0.751	2.554		29.900 0	1.106 0	12.061 6	1.518 3	134.40			1.557 8	未检出	
LSAFZ11CLB_01	2005-10-11		7.46	22.249	4.369	1.042	4.397		86.560 0	2.299 5	16.855 0	1.651 5	120.20			1.704 9	未检出	
LSAFZ12CDX_01	2006-01-15		7.58	36.929	4.892	2.601	4.756		90.493 5	3.969 0	18.644 1	4.295 5	86.00	46.000 0		8.260 0	0.570 0	
LSAFZ12CDX_01	2006-07-24		7.59	22.474	2.582	1.123	3.156		90.493 5	2.610 3	14.949 2	1.520 4	94.00	26.700 0		7.510 0	0.700 0	
LSAFZ10CGB_01	2006-01-15		7.61	21.389	2.543	0.888	3.564		98.362 5	4.478 7	19.534 3	3.125 0	376.00	20.000 0		7.400 0	0.680 0	
LSAFZ10CGB_01	2006-07-24		7.86	13.410	1.236	0.436	1.391		62.952 0	1.606 2	18.398 7	1.537 0	22.00	12.320 0		7.470 0	0.640 0	
LSAFZ11CLB_01	2006-01-15		7.72	37.805	6.520	1.589	8.009		118.035 0	6.210 5	20.468 2	0.292 5	166.00	12.000 0		7.610 0	0.480 0	
LSAFZ11CLB_01	2006-07-24		7.83	25.443	3.270	0.941	3.846 5		82.624 5	2.377 1	14.205 4	3.062 1	12.00	18.490 0		7.930 0	0.630 0	
LSAZH01CDX_01	2007-07-16		7.03	27.600	2.830	1.740	4.260			3.930 0	16.030 0	3.400 0	32.00	14.560 0		11.590 0	0.160 0	
LSAZH01CDX_01	2007-10-13	12.00	7.84	26.120	2.920	1.860	3.860	0.062 0		2.700 0	4.500 0	未检出	112.00	10.990 0		11.270 0	0.160 0	
LSAFZ12CDX_01	2007-01-13		7.06	27.130	3.070	1.080	2.920			2.520 0	16.480 0	2.510 0	72.00	6.060 0		11.530 0	0.200 0	
LSAFZ12CDX_01	2007-07-16		6.85	29.390	3.140	1.500	4.610			3.430 0	16.620 0	1.170 0	114.00	10.980 0		11.580 0	0.160 0	
LSAFZ12CDX_01	2007-10-13	11.00	6.81	23.850	2.420	1.170	2.620			0.850 0	17.980 0	0.670 0	36.00	1.920 0		9.950 0	0.210 0	
LSAFZ10CGB_01	2007-01-17		7.05	25.930	2.520	0.800	3.000			1.710 0	15.290 0	1.360 0	110.00	4.120 0		10.050 0	0.160 0	
LSAFZ10CGB_01	2007-07-16		7.01	21.940	2.870	0.790	2.360			1.600 0	15.630 0	0.700 0	20.00			9.840 0	0.140 0	
LSAFZ10CGB_01	2007-10-13	7.00	6.91	22.840	1.870	0.530	1.360			0.670 0	15.530 0	0.710 0	80.00	5.490 0		7.260 0	0.160 0	

（续）

样地代码	采样日期	水温/℃	pH	Ca^{2+}/(mg/L)	Mg^{2+}/(mg/L)	K^{+}/(mg/L)	Na^{+}/(mg/L)	CO_3^{2-}/(mg/L)	HCO_3^{-}/(mg/L)	Cl^{-}/(mg/L)	SO_4^{2-}/(mg/L)	NO_3^{-}/(mg/L)	矿化度/(mg/L)	COD/(mg/L)	DO/(mg/L)	总氮/(mg/L)	总磷/(mg/L)	电导率/(mS/cm)
LSAFZ11CLB_01	2007-01-13		7.26	31.590	4.100	1.540	6.060			4.690 0	16.680 0	1.650 0	86.00	1.370 0		11.840 0	0.150 0	
LSAFZ11CLB_01	2007-07-16		6.98	19.970	2.740	0.880	2.750			1.870 0	15.770 0		106.00	2.910 0		8.650 0	0.180 0	
LSAFZ11CLB_01	2007-10-13	7.00	7.06	24.450	3.570	1.040	3.330			2.310 0	18.850 0	0.890 0	106.00	21.830 0		9.940 0	0.170 0	
LSAZH01CDX_01	2008-01-15		7.01	28.020	4.160	1.240	4.680		57.880 0	8.710 0	26.320 0	0.930 0	17.00			0.630 0	0.094 0	17.500
LSAZH01CDX_01	2008-07-16	12.50	6.57	28.370	3.900	1.480	5.440		62.710 0	12.340 0	30.820 0	2.250 0	77.00			0.340 0	0.080 0	17.600
LSAFZ10CGB_01	2008-01-15		6.53	28.600	4.060	1.210	5.770		48.240 0	10.740 0	37.860 0	0.890 0	68.00			0.720 0	0.096 0	18.300
LSAFZ10CGB_01	2008-07-16	12.10	6.61	26.430	3.960	1.510	6.590		57.880 0	11.330 0	29.490 0	0.040 0	11.00			0.410 0	0.168 0	17.600
LSAFZ11CLB_01	2008-01-15		6.56	22.990	2.590	0.680	3.240		57.880 0	9.400 0	24.570 0	1.760 0	20.00			0.400 0	0.060 0	13.300
LSAFZ11CLB_01	2008-07-16	14.8	6.62	20.470	2.000	0.880	2.080		38.590 0	9.530 0	30.810 0	1.720 0	24.00			0.310 0	0.049 0	12.200
LSAFZ12CDX_01	2008-01-15		6.82	32.180	6.070	1.400	9.610		71.180 0	15.600 0	30.880 0	0.070 0	56.00			0.410 0	0.043 0	22.100
LSAFZ12CDX_01	2008-07-16	15.00	6.96	13.840	2.550	0.650	2.360		62.710 0	10.110 0	21.370 0	0.060 0	11.00			0.340 0	0.042 0	9.500
LSAFZ10CGB_01	2009-01-18		6.91	28.130	3.550	0.330	4.140		105.440 0	3.730 0	19.080 0	0.440 0	181.39			1.140 0	未检出	20.000
LSAFZ10CGB_01	2009-04-23	6.00	7.26	40.690	4.390	0.860	3.690		122.090 0	6.100 0	19.300 0	0.070 0	218.61			1.110 0	0.026 0	25.100
LSAFZ12CDX_01	2009-01-18		7.08	31.960	6.030	1.370	9.100		113.480 0	4.520 0	20.450 0	1.300 0	211.67			2.080 0	0.010 0	24.900
LSAFZ12CDX_01	2009-04-23	8.00	7.31	43.820	4.970	1.030	3.660		131.230 0	5.020 0	19.880 0	1.090 0	240.83			2.400 0		28.100
LSAFZ12CDX_01	2009-08-23	14.00	5.78	29.050	3.710	1.200	5.740		93.360 0		24.430 0	0.960 0	182.67			1.540 0	0.012 0	24.400
LSAZH01CDX_01	2009-01-18		7.11	37.030	4.560	0.820	3.780		113.820 0	4.440 0	24.760 0	0.140 0	208.33			2.060 0		25.500 0
LSAZH01CDX_01	2009-04-23	7.00	7.30	32.850	3.870	0.570	3.460		124.700 0	5.180 0	22.020 0	1.490 0	194.17			2.400 0	0.039 0	26.800
LSAZH01CDX_01	2009-08-23	13.00	5.85	29.020	3.800	1.370	5.570		93.360 0		20.660 0	0.840 0	159.33			1.020 0		23.200
LSAFZ11CLB_01	2009-01-18		7.23	44.890	5.180	1.050	4.660		107.400 0	4.240 0	27.540 0	0.400 0	170.83			1.170 0	0.005 0	21.300
LSAFZ11CLB_01	2009-04-23	9.50	7.48	31.540	5.670	1.000	6.710		109.680 0	5.810 0	25.300 0	0.350 0	157.22			1.180 0		23.300
LSAFZ11CLB_01	2009-08-23	11.50	5.95	19.200	3.810	0.700	3.010		77.040 0		21.860 0	0.240 0	156.00			0.000 0		16.900
LSAFZ11CLB_01	2010-01-23	25.00	6.47	29.820	5.700	1.700	9.120		119.800 0	5.490 0	28.380 0	3.060 0	167.00			0.610 0		

（续）

样地代码	采样日期	水温/℃	pH	Ca^{2+}/(mg/L)	Mg^{2+}/(mg/L)	K^{+}/(mg/L)	Na^{+}/(mg/L)	CO_3^{2-}/(mg/L)	HCO_3^{-}/(mg/L)	Cl^{-}/(mg/L)	SO_4^{2-}/(mg/L)	NO_3^{-}/(mg/L)	矿化度/(mg/L)	COD/(mg/L)	DO/(mg/L)	总氮/(mg/L)	总磷/(mg/L)	电导率/(mS/cm)
LSAFZ12CDX_01	2010-01-23	25.00	6.44	27.790	3.840	1.790	5.740		99.260 0	2.750 0	27.560 0	4.640 0	145.00			1.000 0	0.032 0	
LSAZH01CDX_01	2010-01-23	25.00	6.41	26.770	3.660	1.710	5.830		88.990 0	2.910 0	26.750 0	1.340 0	144.50			2.170 0	0.022 0	
LSAFZ11CLB_01	2010-07-23	25.50	6.50	21.480	4.110	1.330	4.570		88.990 0	2.050 0	25.690 0	0.310 0	125.50			0.390 0		
LSAFZ12CDX_01	2010-07-23	25.00	6.55	26.080	4.190	1.740	6.730		99.260 0	4.490 0	24.670 0		149.00			1.450 0	0.056 0	
LSAZH01CDX_01	2010-07-23	25.50	6.45	24.280	3.840	1.500	6. 460		92.420 0	2.760 0	24.780 0	1.400 0	123.50			0.730 0		
LSAFZ13CDX_01	2010-07-23	25.50	6.32	28.420	4.110	1.640	6.310		102.690 0	3.920 0	25.920 0	0.290 0	155.50			0.860 0		
LSAFZ10CGB_01	2010-07-23	25.50	6.42	22.100	4.070	1.380	4.430		82.150 0	2.020 0	25.340 0	0.680 0	129.50			0.170 0		
LSAZH01CDX_01	2011-01-26	5.00	8.72	7.780	0.790	0.460	0.880		61.020 0	1.900 0	4.820 0	6.520 0				7.310 0	0.020 0	
LSAFZ10CGB_01	2011-01-26	4.00	9.04	7.450	0.760	0.370	1.190		38.140 0	2.490 0	12.070 0	0.960 0	120.48			2.570 0	0.010 0	
LSAFZ11CLB_01	2011-01-26	5.50	8.81	9.300	1.470	0.500	2.190		53.390 0	7.400 0	20.640 0	2.030 0	129.75			1.840 0	0.000 0	
LSAFZ12CDX_01	2011-01-26	3.50	8.36	12.560	1.540	0.610	2.470		68.640 0	4.570 0	16.610 0	1.930 0				2.000 0	0.000 0	
LSAZH01CDX_01	2011-07-15	14.83	8.31	15.360	1.470	0.760	2.290		76.270 0	4.130 0	18.250 0	1.710 0			4.41	2.980 0	0.010 0	18.100
LSAFZ10CGB_01	2011-07-15	16.62	8.96	22.900	4.430	1.240	4.670		61.020 0	4.650 0	21.170 0	1.710 0			11.88	3.550 0	0.010 0	16.000
LSAFZ11CLB_01	2011-07-15	14.02	9.18	10.400	1.360	0.610	1.550		83.900 0	1.700 0	12.030 0	2.320 0			11.75	1.920 0	0.010 0	16.400
LSAFZ12CDX_01	2011-07-15	16.90	8.14	11.320	1.590	0.800	1.660		38.140 0	10.390 0	38.200 0				7.11	2.410 0	0.000 0	18.200
LSAFZ13CDX_01	2011-07-15	16.09	8.30	15.060	1.700	0.740	2.500		68.640 0	4.370 0	28.750 0	3.700 0			9.08	3.060 0	0.010 0	17.800
LSAFZ10CGB_01	2012-01-06	3.08	6.91	32.320	5.260	1.490	6.970		106.780 0	9.110 0	42.040 0	8.730 0	358.36		13.07	2.700 0	0.010 0	13.800
LSAFZ11CLB_01	2012-01-06	2.15	7.49	33.590	6.390	2.090	9.400		106.780 0	14.890 0	38.470 0	14.580 0	322.83		14.09	4.210 0	0.020 0	14.600
LSAFZ12CDX_01	2012-01-06	4.60	7.37	33.090	6.510	1.380	8.600		114.410 0	12.950 0	51.300 0	2.700 0	362.99		10.86	4.210 0	0.060 0	15.200
LSAFZ11CLB_01	2012-01-30	2.15	7.81	6.340	5.750	2.270	10.290	7.650 0	29.560 0	7.300 0	29.680 0	2.990 0	125.00		14.09	2.630 0	0.000 0	
LSAFZ10CGB_01	2012-01-30	3.08	7.67	6.510	5.540	1.590	9.170	6.120 0	29.560 0	6.300 0	28.120 0	2.800 0	62.00		13.07	1.750 0	0.010 0	
LSAFZ12CDX_01	2012-01-30	4.69	7.77	11.250	6.090	1.620	8.620	3.060 0	49.790 0	6.280 0	30.470 0	未检出	100.00		10.86	1.810 0	0.030 0	
LSAFZ11CLB_01	2012-04-24	11.26	7.16	30.670	6.180	2.330	13.240	0.000 0	88.690 0	11.230 0	28.890 0	0.800 0	261.00		32.62	1.480 0	0.010 0	

（续）

样地代码	采样日期	水温/℃	pH	Ca^{2+}/(mg/L)	Mg^{2+}/(mg/L)	K^{+}/(mg/L)	Na^{+}/(mg/L)	CO_3^{2-}/(mg/L)	HCO_3^{-}/(mg/L)	Cl^{-}/(mg/L)	SO_4^{2-}/(mg/L)	NO_3^{-}/(mg/L)	矿化度/(mg/L)	COD/(mg/L)	DO/(mg/L)	总氮/(mg/L)	总磷/(mg/L)	电导率/(mS/cm)
LSAFZ10CGB_01	2012-04-24	11.16	8.09	13.810	5.380	1.570	10.120	6.120 0	52.900 0	8.940 0	26.790 0	2.300 0	98.00		31.63	2.470 0	0.010 0	
LSAFZ12CDX_01	2012-04-24	10.89	8.21	14.990	5.800	1.950	11.600	6.120 0	62.240 0	10.080 0	28.220 0	0.550 0	134.00		16.17	1.240 0	0.040 0	
LSAFZ13CDX_01	2012-04-24	12.48	7.17	31.990	4.610	1.920	11.510	0.000 0	85.580 0	6.820 0	28.290 0		10.00		12.40	2.000 0	0.050 0	
LSAFZ11CLB_01	2012-07-23	13.50	7.76	9.820	2.420	1.020	2.830	6.120 0	34.230 0	3.130 0	14.550 0	1.280 0	146.00		9.19	1.670 0	0.000 0	
LSAFZ10CGB_01	2012-07-23	13.60	8.10	17.640	3.440	1.500	5.990	3.060 0	59.130 0	4.500 0	22.200 0	3.110 0	118.00		12.02	1.700 0	0.000 0	
LSAFZ12CDX_01	2012-07-23	16.64	7.83	11.220	4.900	3.240	9.190	9.180 0	37.340 0	8.020 0	25.980 0	2.110 0	54.00		13.03	1.820 0	0.030 0	
LSAZH01CDX_01	2012-07-23	13.25	7.96	17.830	4.160	1.370	7.370	4.590 0	57.570 0	4.640 0	23.670 0	1.540 0	114.00		5.13	2.000 0	0.010 0	
LSAFZ13CDX_01	2012-07-23	17.32	7.91	11.440	2.610	1.140	4.060	3.060 0	38. 9000	4.430 0	16.460 0	1.910 0	41.00		6.19	1.760 0	0.010 0	
LSAFZ11CLB_01	2012-10-09	10.79	7.94	17.040	5.790	1.430	5.800	1.530 0	56.010 0	3.890 0	33.350 0	1.810 0	59.00		13.26	1.700 0	0.010 0	
LSAFZ10CGB_01	2012-10-09	10.58	7.91	23.490	5.980	1.390	5.870	1.530 0	88.690 0	3.450 0	34.240 0	2.050 0	534.00		11.48	1.620 0	0.000 0	
LSAFZ12CDX_01	2012-10-09	14.04	8.05	24.060	2.470	1.480	4.180	0.000 0	66.910 0	4.170 0	23.700 0	0.750 0	26.00		7.82	1.380 0	0.040 0	
LSAZH01CDX_01	2012-10-09	13.02	8.18	28.850	6.250	1.380	6.660	0.000 0	102.690 0	4.060 0	35.810 0	1.510 0	34.00		10.36	1.640 0	0.010 0	
LSAFZ13CDX_01	2012-10-09	12.97	7.90	24.130	4.240	1.770	6.920	0.000 0	71.570 0	4.200 0	27.190 0	3.390 0	86.00		12.70	1.400 0	0.000 0	
LSAFZ10CGB_01	2013-01-16	2.47	7.17	11.080	3.970	1.020	5.680	25.250 0	12.130 0	9.280 0	22.310 0	2.358 3	17.00		32.52	0.640 0	0.020 0	13.200
LSAFZ11CLB_01	2013-01-16	3.01	7.20	12.110	4.690	1.900	6.420	6.310 0	47.790 0	4.020 0	26.590 0	2.966 3	68.00		15.31	1.050 0	0.020 0	13.300
LSAFZ12CDX_01	2013-01-16	8.62	7.12	15.120	2.410	1.090			62.060 0		19.160 0	3.032 6			8.94	0.000 0	0.010 0	15.100
LSAFZ13CDX_01	2013-01-16			11.560	2.060	0.510	2.450	9.120 0	24.960 0	2.070 0	22.410 0	1.335 1	10.00			0.200 0	0.030 0	
LSAZH01CDX_01	2013-04-17	8.39	7.20	31.600	5.520	1.890	6.710		100.570 0	6.550 0	35.220 0	26.812 4	110.00		10.12	1.510 0	0.010 0	16.800
LSAFZ10CGB_01	2013-04-17	13.00	7.40	24.260	6.220	1.590	10.770		89.160 0	7.180 0	30.850 0	0.509 3	116.00		11.61	0.120 0	0.000 0	19.200
LSAFZ11CLB_01	2013-04-17	13.12	7.48	22.590	6.130	1.720	10.850		89.870 0	7.350 0	31.280 0	1.793 4	35.00		10.72	0.390 0	0.010 0	19.800
LSAFZ12CDX_01	2013-04-17	11.25	7.12												10.32			20.300
LSAFZ13CDX_01	2013-04-17	11.54	7.09	24.550	4.700	2.050	7.610		82.030 0	6.950 0	36.410 0	27.302 1	25.00		17.20	1.130 0	0.010 0	17.100
LSAZH01CDX_01	2013-07-24	11.60	7.19	25.090	3.480	1.340	5.070		84.880 0	3.080 0	20.440 0	2.943 7	52.00		8.21	0.830 0	0.010 0	16.900

（续）

样地代码	采样日期	水温/℃	pH	Ca^{2+}/(mg/L)	Mg^{2+}/(mg/L)	K^+/(mg/L)	Na^+/(mg/L)	CO_3^{2-}/(mg/L)	HCO_3^-/(mg/L)	Cl^-/(mg/L)	SO_4^{2-}/(mg/L)	NO_3^-/(mg/L)	矿化度/(mg/L)	COD/(mg/L)	DO/(mg/L)	总氮/(mg/L)	总磷/(mg/L)	电导率/(mS/cm)
LSAFZ10CGB_01	2013-07-24	12.29	7.56	18.730	4.180	0.700	2.970		68.470 0	1.130 0	23.330 0	1.583 3	6.00		11.64	0.140 0	0.010 0	15.100
LSAFZ11CLB_01	2013-07-24	14.09	6.51	21.270	3.770	0.860	3.490		80.600 0	2.440 0	22.710 0	1.407 7	57.00		10.14	0.300 0	0.010 0	12.600
LSAFZ12CDX_01	2013-07-24	16.95	7.10	22.370	4.490	1.240	4.270		78.460 0	1.390 0	25.960 0	1.048 7	53.00		7.04	0.060 0	0.010 0	15.200
LSAFZ13CDX_01	2013-07-24	16.79	7.29	24.750	4.300	1.460	6.210		82.740 0	2.960 0	26.830 0	1.389 6	100.00		6.70	0.230 0	0.010 0	18.500
LSAZH01CDX_01	2013-10-18	12.26	6.74	33.580	4.240	1.340	5.700		104.140 0	3.200 0	27.460 0	3.401 6	53.00		6.85	0.520 0	0.010 0	17.700
LSAFZ10CGB_01	2013-10-18	11.39	7.24	28.960	4.940	1.070	4.820		85.590 0	2.570 0	36.620 0	1.964 3	110.00		15.18	0.610 0	0.010 0	15.000
LSAFZ11CLB_01	2013-10-18	11.57	7.59	29.670	5.030	1.420	5.020		92.010 0	2.550 0	35.700 0	1.732 1	45.00		14.83	0.540 0	0.010 0	15.900
LSAFZ12CDX_01	2013-10-18	13.19	6.99	28.800	5.130	1.040	4.560		86.310 0	2.680 0	36.570 0	1.467 9	39.00		9.38	0.370 0	0.010 0	15.800
LSAFZ13CDX_01	2013-10-18	11.47	6.95	33.670	5.440	1.440	5.880		116.980 0	2.750 0	31.090 0		16.00		12.52	0.090 0	0.010 0	16.400
LSAFZ11CLB_01	2014-01-16			14.190	5.880	1.470	8.120		74.190 0	3.560 0	28.590 0	2.170 0	15.00			0.113 5	0.000 0	
LSAFZ10CGB_01	2014-01-16			12.960	5.980	1.450	8.570		62.510 0	3.170 0	28.710 0	8.430 0	5.00			0.332 1	0.000 0	
LSAFZ10CGB_01	2014-01-16			20.960	5.970	1.570	8.260		82.950 0	3.130 0	28.840 0	2.930 0	39.00			0.133 5	0.000 0	
LSAFZ12CDX_01	2014-01-16			14.720	5.790	1.260	8.100		63.090 0	2.720 0	28.400 0	1.730 0	18.00			1.833 2	0.004 7	
LSAFZ11CLB_01	2014-04-17			10.950	1.900	0.470	2.600		44.400 0	0.780 0	8.870 0	0.690 0	76.00			0.676 0	0.000 0	
LSAFZ10CGB_01	2014-04-17			14.880	5.810	1.340	8.020		65.430 0	6.230 0	26.180 0	12.370 0	82.00				0.002 7	
LSAZH01CDX_01	2014-04-17			22.050	5.280	1390	6.320		67.180 0	2.370 0	34.950 0	5.250 0	7.00				0.000 0	
LSAFZ12CDX_01	2014-04-17			18.390	3.140	0.720	4.640		73.600 0	2.720 0	13.730 0	1.550 0	20.00				0.008 7	
LSAFZ13CDX_01	2014-04-17			17.520	3.970	1.290	5.220		59.580 0	1.430 0	25.660 0	2.900 0	13.00			0.204 7	0.000 0	
LSAFZ11CLB_01	2014-07-24			17.860	2.260	0.750	2.270		41.480 0	1.130 0	23.920 0	2.770 0	14.00			0.182 7	0.002 5	
LSAFZ10CGB_01	2014-07-24			20.480	2.270	0.760	2.010		56.080 0	0.540 0	23.990 0	1.960 0	5.00			0.143 6	0.000 0	
LSAZH01CDX_01	2014-07-24			32.480	5.400	0.910	7.730		111.580 0	2.850 0	28.740 0	1.110 0	28.00			0.050 3	0.000 0	
LSAFZ12CDX_01	2014-07-24			28.590	5.130	1.360	6.450		96.390 0	5.640 0	25.250 0	1.540 0	38.00				0.016 2	
LSAFZ13CDX_01	2014-07-24			21.050	4.070	1.370	5.620		64.840 0	1.960 0	25.440 0	3.270 0	22.00			1.334 8	0.000 0	

（续）

样地代码	采样日期	水温/℃	pH	Ca^{2+}/(mg/L)	Mg^{2+}/(mg/L)	K^{+}/(mg/L)	Na^{+}/(mg/L)	CO_3^{2-}/(mg/L)	HCO_3^{-}/(mg/L)	Cl^{-}/(mg/L)	SO_4^{2-}/(mg/L)	NO_3^{-}/(mg/L)	矿化度/(mg/L)	COD/(mg/L)	DO/(mg/L)	总氮/(mg/L)	总磷/(mg/L)	电导率/(mS/cm)
LSAFZ11CLB_01	2014-10-18			28.960	3.280	0.990	3.010		74.770 0	0.580 0	31.930 0	2.100 0	76.00			0.202 7	0.000 0	
LSAZH01CDX_01	2014-10-18			33.160	5.180	1.700	6.250		116.250 0	3.650 0	22.220 0	1.560 0	44.00				0.000 0	
LSAFZ12CDX_01	2014-10-18			28.380	4.620	1.150	3.870		88.210 0	0.670 0	29.250 0	1.430 0	41.00			2.118 9	0.019 1	
LSAFZ13CDX_01	2014-10-18			31.830	4.040	1.390	5.880		72.440 0	2.320 0	24.350 0	3.840 0	45.00			0.155 6	0.000 0	
LSAFZ11CLB_01	2015-01-16		7.09	7.213	0.775	0.113	0.776		68.347 3	0.598 2	8.742 3	0.654 9	142.00		26.83	0.043 3	0.000 0	14.500
LSAFZ10CGB_01	2015-01-16		7.31	24.360	4.920	1.058	5.587		74.188 9	2.596 7	31.322 7	2.787 3	40.80		26.10	0.432 3	0.000 0	14.000
LSAFZ10CGB_01	2015-01-16		7.71	11.280	2.285	0.640	2.558		85.288 0	1.351 7	24.725 0	0.970 0	29.00		21.08	0.534 6	0.000 0	15.200
LSAFZ12CDX_01	2015-01-16		7.09	9.778	4.228	1.032	4.809		105.149 6	2.932 3	28.877 2	2.646 6	129.00		26.83	0.429 3	0.000 0	15.300
LSAFZ11CLB_01	2015-04-17		6.87	30.550	6.731	1.485	9.069		50.238 2	5.117 5	33.851 7	3.122 7	72.00		14.58	0.315 0	0.000 0	20.200
LSAFZ10CGB_01	2015-04-17		6.93	30.350	6.751	1.479	9.066		71.268 1	5.044 8	33.380 4	2.485 4	92.00		12.58	0.029 2	0.000 0	20.800
LSAZH01CDX_01	2015-04-17		6.74	28.630	4.874	1.281	5.248		73.020 6	3.344 6	34.355 2	1.793 2	17.00		21.31	0.043 3	0.000 0	17.500
LSAFZ12CDX_01	2015-04-17		6.36	32.790	5.736	1.394	8.311		73.020 6	4.890 2	34.297 1	1.296 2	90.00		9.28	0.011 2	0.000 0	19.400
LSAFZ13CDX_01	2015-04-17		6.70	30.390	4.075	1.339	5.797		77.109 7	2.880 4	29.874 4	3.869 8	93.00		13.98	0.214 8	0.000 0	17.300
LSAFZ11CLB_01	2015-07-24		7.32	14.00	4.538	0.943	4.134		64.842 3	1.963 3	24.063 5	1.458 6	44.00		19.09	0.242 8	0.000 0	15.100
LSAFZ10CGB_01	2015-07-24		7.19	8.393	4.403	0.864	3.992		59.000 6	1.820 7	23.269 9	1.518 3	25.00		17.78	0.444 4	0.000 0	14.100
LSAZH01CDX_01	2015-07-24		7.14	13.930	4.204	1.178	4.844		116.832 9	2.386 6	24.985 7	2.405 3	628.00		16.06	0.150 6	0.000 0	17.900
LSAFZ12CDX_01	2015-07-24		6.91	15.580	4.629	1.302	5.740		93.466 3	2.587 4	26.383 8	1.328 6	108.00		6.10	0.338 1	0.000 0	17.800
LSAFZ13CDX_01	2015-07-24		7.07	14.530	3.985	1.310	5.579		64.258 1	2.786 0	26.016 0	3.615 0	32.00		14.82	1.334 8	0.000 0	19.800
LSAFZ11CLB_01	2015-10-18		6.28	26.250	3.974	1.188	4.008		75.941 4	1.716 4	36.197 6	1.930 9	176.00		15.08	0.192 7	0.000 0	15.000
LSAFZ10CGB_01	2015-10-18		7.16	25.150	3.911	0.871	3.840		128.516 2	1.403 1	35.864 3	1.984 3	244.00		20.58	0.115 5	0.000 0	14.200
LSAZH01CDX_01	2015-10-18		7.27	30.170	4.965	1.596	5.568		93.466 3	2.067 7	37.033 2	1.138 4	31.00		15.81	1.316 7	0.000 0	17.900
LSAFZ12CDX_01	2015-10-18		7.12	27.280	5.043	1.034	4.276		76.525 6	1.675 5	34.785 4	1.283 1	35.00		14.02	0.167 70	0.000 0	16.900
LSAFZ13CDX_01	2015-10-18		7.01	29.590	4.262	1.355	5.604		87.624 7	2.438 6	28.705 2	2.224 2	45.00		18.17	0.067 5	0.000 0	16.700

3.5　地下水位

3.5.1　概述

本数据集为拉萨站地下水位观测数据，时间为 2005—2015 年，具体包括 2 处观测场，分别是位于气象站旁的地下水位观测井（LSAQX01CDX _ 01），以及综合观测场附近的地下水位观测井（LSAZH01CDX _ 01）。采用人工观测的方式，监测频次同土壤水分动态，5 d/次，逢 3 日、8 日进行观测。其中综合观测场附近的观测井为 2007 年新建，加盖有井房，同时进行地下水位和水质的监测。

3.5.2　数据处理方法

本次整理的数据首先对拉萨站历年上报的数据进行整理和质量控制，对异常数据进行核实。整理的数据为月平均值，同时标注了观测次数和标准差。两处地下水井较浅（3.6 m），在枯水季节干涸，水位标记为<3.6 m。

3.5.3　数据

地表水、地下水水质数据见表 3 - 7。

表 3 - 7　地下水位

年	月	样地代码	观测点名称	植被名称	地下水埋深/m	标准差	有效数据	地面高程/m
2005	1	LSAQX01CDX _ 01	拉萨站气象观测场	草地	3.55	0.03	4	3 688
2005	2	LSAQX01CDX _ 01	拉萨站气象观测场	草地			0	3 688
2005	3	LSAQX01CDX _ 01	拉萨站气象观测场	草地	3.58	0.01	2	3 688
2005	4	LSAQX01CDX _ 01	拉萨站气象观测场	草地	3.24	0.22	4	3 688
2005	5	LSAQX01CDX _ 01	拉萨站气象观测场	草地	2.96	0.09	5	3 688
2005	6	LSAQX01CDX _ 01	拉萨站气象观测场	草地	2.23	0.18	5	3 688
2005	7	LSAQX01CDX _ 01	拉萨站气象观测场	草地	2.29	0.22	6	3 688
2005	8	LSAQX01CDX _ 01	拉萨站气象观测场	草地	1.73	0.37	6	3 688
2005	9	LSAQX01CDX _ 01	拉萨站气象观测场	草地	2.12	0.20	4	3 688
2005	10	LSAQX01CDX _ 01	拉萨站气象观测场	草地	2.58	0.09	5	3 688
2005	11	LSAQX01CDX _ 01	拉萨站气象观测场	草地	2.85	0.14	6	3 688
2006	2	LSAQX01CDX _ 01	拉萨站气象观测场	草地	3.38	0.00	1	3 688
2006	3	LSAQX01CDX _ 01	拉萨站气象观测场	草地	3.35	0.07	6	3 688
2006	4	LSAQX01CDX _ 01	拉萨站气象观测场	草地	3.60	0.00	1	3 688
2006	5	LSAQX01CDX _ 01	拉萨站气象观测场	草地	3.33	0.18	6	3 688
2006	6	LSAQX01CDX _ 01	拉萨站气象观测场	草地	2.44	0.16	6	3 688
2006	7	LSAQX01CDX _ 01	拉萨站气象观测场	草地	2.31	0.19	6	3 688
2006	8	LSAQX01CDX _ 01	拉萨站气象观测场	草地	2.69	0.14	6	3 688
2006	9	LSAQX01CDX _ 01	拉萨站气象观测场	草地	2.63	0.12	5	3 688

（续）

年	月	样地代码	观测点名称	植被名称	地下水埋深/m	标准差	有效数据	地面高程/m
2006	10	LSAQX01CDX_01	拉萨站气象观测场	草地	2.91	0.07	6	3 688
2006	11	LSAQX01CDX_01	拉萨站气象观测场	草地	3.39	0.06	6	3 688
2006	12	LSAQX01CDX_01	拉萨站气象观测场	草地	3.39	0.03	4	3 688
2007	4	LSAQX01CDX_01	拉萨站气象观测场	草地	3.54	0.00	1	3 688
2007	5	LSAQX01CDX_01	拉萨站气象观测场	草地	3.28	0.09	4	3 688
2007	6	LSAQX01CDX_01	拉萨站气象观测场	草地	2.77	0.11	5	3 688
2007	7	LSAQX01CDX_01	拉萨站气象观测场	草地	2.48	0.16	6	3 688
2007	8	LSAQX01CDX_01	拉萨站气象观测场	草地	2.38	0.17	6	3 688
2007	9	LSAQX01CDX_01	拉萨站气象观测场	草地	1.95	0.33	6	3 688
2007	10	LSAQX01CDX_01	拉萨站气象观测场	草地	2.44	0.10	6	3 688
2007	11	LSAQX01CDX_01	拉萨站气象观测场	草地	2.87	0.21	6	3 688
2007	12	LSAQX01CDX_01	拉萨站气象观测场	草地	3.24	0.15	6	3 688
2007	6	LSAZH01CDX_01	拉萨站综合观测场	春青稞	2.10	0.00	1	3 688
2007	7	LSAZH01CDX_01	拉萨站综合观测场	春青稞	1.86	0.23	6	3 688
2007	8	LSAZH01CDX_01	拉萨站综合观测场	春青稞	1.79	0.19	6	3 688
2007	9	LSAZH01CDX_01	拉萨站综合观测场	春青稞	1.67	0.28	6	3 688
2007	10	LSAZH01CDX_01	拉萨站综合观测场	春青稞	2.42	0.22	6	3 688
2007	11	LSAZH01CDX_01	拉萨站综合观测场	春青稞	2.84	0.10	6	3 688
2007	12	LSAZH01CDX_01	拉萨站综合观测场	春青稞	2.98	0.15	6	3 688
2008	1	LSAQX01CDX_01	拉萨站气象观测场	草地	>3.6		6	3 688
2008	2	LSAQX01CDX_01	拉萨站气象观测场	草地	>3.6		6	3 688
2008	3	LSAQX01CDX_01	拉萨站气象观测场	草地	>3.6		6	3 688
2008	4	LSAQX01CDX_01	拉萨站气象观测场	草地	2.99	0.30	6	3 688
2008	5	LSAQX01CDX_01	拉萨站气象观测场	草地	2.54	0.14	6	3 688
2008	6	LSAQX01CDX_01	拉萨站气象观测场	草地	2.16	0.25	6	3 688
2008	7	LSAQX01CDX_01	拉萨站气象观测场	草地	1.89	0.23	6	3 688
2008	8	LSAQX01CDX_01	拉萨站气象观测场	草地	2.14	0.28	6	3 688
2008	9	LSAQX01CDX_01	拉萨站气象观测场	草地	1.92	0.32	6	3 688
2008	10	LSAQX01CDX_01	拉萨站气象观测场	草地	2.54	0.18	6	3 688
2008	11	LSAQX01CDX_01	拉萨站气象观测场	草地	2.97	0.16	6	3 688
2008	12	LSAQX01CDX_01	拉萨站气象观测场	草地	3.18	0.05	6	3 688
2008	1	LSAZH01CDX_01	拉萨站综合观测场	春青稞、油菜	3.35	0.11	6	3 688
2008	2	LSAZH01CDX_01	拉萨站综合观测场	春青稞、油菜	3.49	0.05	6	3 688

（续）

年	月	样地代码	观测点名称	植被名称	地下水埋深/m	标准差	有效数据	地面高程/m
2008	3	LSAZH01CDX_01	拉萨站综合观测场	春青稞、油菜	3.43	0.14	6	3 688
2008	4	LSAZH01CDX_01	拉萨站综合观测场	春青稞、油菜	2.78	0.17	6	3 688
2008	5	LSAZH01CDX_01	拉萨站综合观测场	春青稞、油菜	2.34	0.22	6	3 688
2008	6	LSAZH01CDX_01	拉萨站综合观测场	春青稞、油菜	1.89	0.13	6	3 688
2008	7	LSAZH01CDX_01	拉萨站综合观测场	春青稞、油菜	1.63	0.17	6	3 688
2008	8	LSAZH01CDX_01	拉萨站综合观测场	春青稞、油菜	1.61	0.21	6	3 688
2008	9	LSAZH01CDX_01	拉萨站综合观测场	春青稞、油菜	1.71	0.23	6	3 688
2008	10	LSAZH01CDX_01	拉萨站综合观测场	春青稞、油菜	2.13	0.30	6	3 688
2008	11	LSAZH01CDX_01	拉萨站综合观测场	春青稞、油菜	2.61	0.08	6	3 688
2008	12	LSAZH01CDX_01	拉萨站综合观测场	春青稞、油菜	3.13	0.23	6	3 688
2009	1	LSAQX01CDX_01	拉萨站气象观测场	草地	3.43	0.04	6	3 688
2009	2	LSAQX01CDX_01	拉萨站气象观测场	草地	3.45	0.04	6	3 688
2009	3	LSAQX01CDX_01	拉萨站气象观测场	草地	3.47	0.03	6	3 688
2009	4	LSAQX01CDX_01	拉萨站气象观测场	草地	3.32	0.20	6	3 688
2009	5	LSAQX01CDX_01	拉萨站气象观测场	草地	3.31	0.14	6	3 688
2009	6	LSAQX01CDX_01	拉萨站气象观测场	草地	3.03	0.23	6	3 688
2009	7	LSAQX01CDX_01	拉萨站气象观测场	草地	2.68	0.10	6	3 688
2009	8	LSAQX01CDX_01	拉萨站气象观测场	草地	2.27	0.20	6	3 688
2009	9	LSAQX01CDX_01	拉萨站气象观测场	草地	2.71	0.19	6	3 688
2009	10	LSAQX01CDX_01	拉萨站气象观测场	草地	2.54	0.18	6	3 688
2009	11	LSAQX01CDX_01	拉萨站气象观测场	草地	2.97	0.16	6	3 688
2009	12	LSAQX01CDX_01	拉萨站气象观测场	草地	3.18	0.05	6	3 688
2009	1	LSAZH01CDX_01	拉萨站综合观测场	冬小麦	3.33	0.13	6	3 688
2009	2	LSAZH01CDX_01	拉萨站综合观测场	冬小麦	3.35	0.13	6	3 688
2009	3	LSAZH01CDX_01	拉萨站综合观测场	冬小麦	3.35	0.08	6	3 688
2009	4	LSAZH01CDX_01	拉萨站综合观测场	冬小麦	3.26	0.29	6	3 688
2009	5	LSAZH01CDX_01	拉萨站综合观测场	冬小麦	3.06	0.10	6	3 688
2009	6	LSAZH01CDX_01	拉萨站综合观测场	冬小麦	2.95	0.25	6	3 688
2009	7	LSAZH01CDX_01	拉萨站综合观测场	冬小麦	2.18	0.42	6	3 688
2009	8	LSAZH01CDX_01	拉萨站综合观测场	冬小麦	1.31	0.24	6	3 688
2009	9	LSAZH01CDX_01	拉萨站综合观测场	冬小麦	2.18	0.52	6	3 688
2009	10	LSAZH01CDX_01	拉萨站综合观测场	冬小麦	2.13	0.30	6	3 688
2009	11	LSAZH01CDX_01	拉萨站综合观测场	冬小麦	2.61	0.08	6	3 688

（续）

年	月	样地代码	观测点名称	植被名称	地下水埋深/m	标准差	有效数据	地面高程/m
2009	12	LSAZH01CDX_01	拉萨站综合观测场	冬小麦	3.13	0.23	6	3 688
2010	1	LSAQX01CDX_01	拉萨站气象观测场	草地	<3.60		6	3 688
2010	2	LSAQX01CDX_01	拉萨站气象观测场	草地	<3.60		6	3 688
2010	3	LSAQX01CDX_01	拉萨站气象观测场	草地	<3.60		6	3 688
2010	4	LSAQX01CDX_01	拉萨站气象观测场	草地	<3.60		6	3 688
2010	5	LSAQX01CDX_01	拉萨站气象观测场	草地	<3.60		6	3 688
2010	6	LSAQX01CDX_01	拉萨站气象观测场	草地	<3.60		6	3 688
2010	7	LSAQX01CDX_01	拉萨站气象观测场	草地	2.53	0.04	6	3 688
2010	8	LSAQX01CDX_01	拉萨站气象观测场	草地	2.35	0.51	6	3 688
2010	9	LSAQX01CDX_01	拉萨站气象观测场	草地	1.87	0.34	6	3 688
2010	10	LSAQX01CDX_01	拉萨站气象观测场	草地	2.62	0.10	6	3 688
2010	11	LSAQX01CDX_01	拉萨站气象观测场	草地	3.00	0.11	6	3 688
2010	12	LSAQX01CDX_01	拉萨站气象观测场	草地	<3.60		6	3 688
2010	1	LSAZH01CDX_01	拉萨站综合观测场	冬小麦	3.95	0.61	6	3 688
2010	2	LSAZH01CDX_01	拉萨站综合观测场	冬小麦	3.90	0.23	4	3 688
2010	3	LSAZH01CDX_01	拉萨站综合观测场	冬小麦	3.59	0.24	6	3 688
2010	4	LSAZH01CDX_01	拉萨站综合观测场	冬小麦	3.18	0.08	6	3 688
2010	5	LSAZH01CDX_01	拉萨站综合观测场	冬小麦	3.08	0.04	6	3 688
2010	6	LSAZH01CDX_01	拉萨站综合观测场	冬小麦	2.62	0.31	6	3 688
2010	7	LSAZH01CDX_01	拉萨站综合观测场	冬小麦	2.23	0.07	6	3 688
2010	8	LSAZH01CDX_01	拉萨站综合观测场	冬小麦	2.09	0.55	6	3 688
2010	9	LSAZH01CDX_01	拉萨站综合观测场	冬小麦	1.73	0.26	6	3 688
2010	10	LSAZH01CDX_01	拉萨站综合观测场	冬小麦	2.36	0.12	6	3 688
2010	11	LSAZH01CDX_01	拉萨站综合观测场	冬小麦	2.73	0.08	6	3 688
2010	12	LSAZH01CDX_01	拉萨站综合观测场	冬小麦	3.06	0.08	6	3 688
2011	5	LSAQX01CDX_01	拉萨站气象观测场	草地	2.78	0.29	3	3 688
2011	6	LSAQX01CDX_01	拉萨站气象观测场	草地	2.75	0.27	6	3 688
2011	7	LSAQX01CDX_01	拉萨站气象观测场	草地	2.04	0.21	6	3 688
2011	8	LSAQX01CDX_01	拉萨站气象观测场	草地	2.09	0.14	6	3 688
2011	9	LSAQX01CDX_01	拉萨站气象观测场	草地	2.57	0.09	6	3 688
2011	10	LSAQX01CDX_01	拉萨站气象观测场	草地	2.94	0.45	5	3 688
2011	1	LSAZH01CDX_01	拉萨站综合观测场	冬小麦	3.34	0.07	6	3 688
2011	2	LSAZH01CDX_01	拉萨站综合观测场	冬小麦	3.45	0.03	6	3 688

（续）

年	月	样地代码	观测点名称	植被名称	地下水埋深/m	标准差	有效数据	地面高程/m
2011	3	LSAZH01CDX_01	拉萨站综合观测场	冬小麦	3.46	0.04	6	3 688
2011	4	LSAZH01CDX_01	拉萨站综合观测场	冬小麦	3.39	0.09	6	3 688
2011	5	LSAZH01CDX_01	拉萨站综合观测场	冬小麦	2.90	0.14	6	3 688
2011	6	LSAZH01CDX_01	拉萨站综合观测场	冬小麦	2.47	0.30	6	3 688
2011	7	LSAZH01CDX_01	拉萨站综合观测场	冬小麦	1.79	0.11	6	3 688
2011	8	LSAZH01CDX_01	拉萨站综合观测场	冬小麦	1.87	0.25	6	3 688
2011	9	LSAZH01CDX_01	拉萨站综合观测场	冬小麦	2.42	0.15	6	3 688
2011	10	LSAZH01CDX_01	拉萨站综合观测场	冬小麦	2.78	0.45	6	3 688
2011	11	LSAZH01CDX_01	拉萨站综合观测场	冬小麦	3.58	0.09	6	3 688
2011	12	LSAZH01CDX_01	拉萨站综合观测场	冬小麦	3.73	0.04	6	3 688
2012	6	LSAQX01CDX_01	拉萨站气象观测场	草地	2.93	0.10	5	3 688
2012	7	LSAQX01CDX_01	拉萨站气象观测场	草地	2.57	0.15	6	3 688
2012	8	LSAQX01CDX_01	拉萨站气象观测场	草地	2.82	0.08	6	3 688
2012	9	LSAQX01CDX_01	拉萨站气象观测场	草地	3.06	0.06	6	3 688
2012	10	LSAQX01CDX_01	拉萨站气象观测场	草地	3.08	0.00	1	3 688
2012	1	LSAZH01CDX_01	拉萨站综合观测场	冬小麦	4.00	0.10	6	3 688
2012	2	LSAZH01CDX_01	拉萨站综合观测场	冬小麦			0	3 688
2012	3	LSAZH01CDX_01	拉萨站综合观测场	冬小麦	3.83	0.03	6	3 688
2012	4	LSAZH01CDX_01	拉萨站综合观测场	冬小麦	3.81	0.06	6	3 688
2012	5	LSAZH01CDX_01	拉萨站综合观测场	冬小麦	3.46	0.26	6	3 688
2012	6	LSAZH01CDX_01	拉萨站综合观测场	冬小麦	2.62	0.13	6	3 688
2012	7	LSAZH01CDX_01	拉萨站综合观测场	冬小麦	2.21	0.10	6	3 688
2012	8	LSAZH01CDX_01	拉萨站综合观测场	冬小麦	2.30	0.11	6	3 688
2012	9	LSAZH01CDX_01	拉萨站综合观测场	冬小麦	2.56	0.25	6	3 688
2012	10	LSAZH01CDX_01	拉萨站综合观测场	冬小麦	2.79	0.09	6	3 688
2012	11	LSAZH01CDX_01	拉萨站综合观测场	冬小麦	3.13	0.07	6	3 688
2012	12	LSAZH01CDX_01	拉萨站综合观测场	冬小麦	3.24	0.09	6	3 688
2013	5	LSAQX01CDX_01	拉萨站气象观测场	草地	3.17	0.09	2	3 688
2013	6	LSAQX01CDX_01	拉萨站气象观测场	草地	2.78	0.22	6	3 688
2013	7	LSAQX01CDX_01	拉萨站气象观测场	草地	2.54	0.19	6	3 688
2013	8	LSAQX01CDX_01	拉萨站气象观测场	草地	3.00	0.20	6	3 688
2013	9	LSAQX01CDX_01	拉萨站气象观测场	草地	2.62	0.53	6	3 688
2013	10	LSAQX01CDX_01	拉萨站气象观测场	草地	3.01	0.12	6	3 688

（续）

年	月	样地代码	观测点名称	植被名称	地下水埋深/m	标准差	有效数据	地面高程/m
2013	11	LSAQX01CDX_01	拉萨站气象观测场	草地	3.25	0.03	2	3 688
2013	1	LSAZH01CDX_01	拉萨站综合观测场	冬小麦	3.81	0.24	6	3 688
2013	2	LSAZH01CDX_01	拉萨站综合观测场	冬小麦	4.20	0.16	6	3 688
2013	3	LSAZH01CDX_01	拉萨站综合观测场	冬小麦	3.31	0.39	6	3 688
2013	4	LSAZH01CDX_01	拉萨站综合观测场	冬小麦	3.58	0.36	6	3 688
2013	5	LSAZH01CDX_01	拉萨站综合观测场	冬小麦	3.22	0.17	6	3 688
2013	6	LSAZH01CDX_01	拉萨站综合观测场	冬小麦	2.63	0.19	6	3 688
2013	7	LSAZH01CDX_01	拉萨站综合观测场	冬小麦	2.25	0.15	6	3 688
2013	8	LSAZH01CDX_01	拉萨站综合观测场	冬小麦	2.65	0.37	6	3 688
2013	9	LSAZH01CDX_01	拉萨站综合观测场	冬小麦	2.95	0.12	6	3 688
2013	10	LSAZH01CDX_01	拉萨站综合观测场	冬小麦	2.96	0.11	6	3 688
2013	11	LSAZH01CDX_01	拉萨站综合观测场	冬小麦	3.09	0.38	6	3 688
2013	12	LSAZH01CDX_01	拉萨站综合观测场	冬小麦	3.46	0.04	6	3 688
2014	6	LSAQX01CDX_01	拉萨站气象观测场	草地	3.16	0.09	6	3 688
2014	7	LSAQX01CDX_01	拉萨站气象观测场	草地	2.58	0.24	6	3 688
2014	8	LSAQX01CDX_01	拉萨站气象观测场	草地	2.10	0.07	6	3 688
2014	9	LSAQX01CDX_01	拉萨站气象观测场	草地	2.21	0.20	6	3 688
2014	10	LSAQX01CDX_01	拉萨站气象观测场	草地	3.05	0.18	6	3 688
2014	11	LSAQX01CDX_01	拉萨站气象观测场	草地	3.43	0.06	4	3 688
2014	1	LSAZH01CDX_01	拉萨站综合观测场	油菜	3.42	0.04	6	3 688
2014	2	LSAZH01CDX_01	拉萨站综合观测场	油菜	4.05	1.10	6	3 688
2014	3	LSAZH01CDX_01	拉萨站综合观测场	油菜	3.53	0.03	6	3 688
2014	4	LSAZH01CDX_01	拉萨站综合观测场	油菜	3.36	0.06	6	3 688
2014	5	LSAZH01CDX_01	拉萨站综合观测场	油菜	3.25	0.10	6	3 688
2014	6	LSAZH01CDX_01	拉萨站综合观测场	油菜	2.83	0.12	6	3 688
2014	7	LSAZH01CDX_01	拉萨站综合观测场	油菜	2.34	0.09	6	3 688
2014	8	LSAZH01CDX_01	拉萨站综合观测场	油菜	1.97	0.07	6	3 688
2014	9	LSAZH01CDX_01	拉萨站综合观测场	油菜	2.12	0.22	6	3 688
2014	10	LSAZH01CDX_01	拉萨站综合观测场	油菜	2.96	0.22	6	3 688
2014	11	LSAZH01CDX_01	拉萨站综合观测场	油菜	3.28	0.04	6	3 688
2014	12	LSAZH01CDX_01	拉萨站综合观测场	油菜	3.27	0.07	6	3 688
2015	5	LSAQX01CDX_01	拉萨站气象观测场	草地	3.24	0.04	5	3 688
2015	6	LSAQX01CDX_01	拉萨站气象观测场	草地	3.07	0.07	6	3 688

（续）

年	月	样地代码	观测点名称	植被名称	地下水埋深/m	标准差	有效数据	地面高程/m
2015	7	LSAQX01CDX_01	拉萨站气象观测场	草地	2.74	0.08	6	3 688
2015	8	LSAQX01CDX_01	拉萨站气象观测场	草地	2.81	0.07	6	3 688
2015	9	LSAQX01CDX_01	拉萨站气象观测场	草地	2.68	0.10	6	3 688
2015	10	LSAQX01CDX_01	拉萨站气象观测场	草地	3.10	0.08	4	3 688
2015	1	LSAZH01CDX_01	拉萨站综合观测场	冬小麦	3.56	0.10	6	3 688
2015	2	LSAZH01CDX_01	拉萨站综合观测场	冬小麦	3.51	0.04	6	3 688
2015	3	LSAZH01CDX_01	拉萨站综合观测场	冬小麦	3.28	0.09	6	3 688
2015	4	LSAZH01CDX_01	拉萨站综合观测场	冬小麦	3.09	0.08	6	3 688
2015	5	LSAZH01CDX_01	拉萨站综合观测场	冬小麦	3.15	0.06	6	3 688
2015	6	LSAZH01CDX_01	拉萨站综合观测场	冬小麦	2.79	0.17	6	3 688
2015	7	LSAZH01CDX_01	拉萨站综合观测场	冬小麦	2.41	0.07	6	3 688
2015	8	LSAZH01CDX_01	拉萨站综合观测场	冬小麦	2.55	0.06	6	3 688
2015	9	LSAZH01CDX_01	拉萨站综合观测场	冬小麦	2.57	0.08	6	3 688
2015	10	LSAZH01CDX_01	拉萨站综合观测场	冬小麦	2.90	0.10	6	3 688
2015	11	LSAZH01CDX_01	拉萨站综合观测场	冬小麦	3.16	0.06	6	3 688
2015	12	LSAZH01CDX_01	拉萨站综合观测场	冬小麦	3.37	0.08	6	3 688

第4章 土壤观测数据集

根据国家站和CERN要求，本站选取拉萨河谷地区的主要类型土壤潮土为研究对象，依据当地以冬小麦、青稞、油菜等典型种植模式为主的特征，在不同时空尺度下，长期观测在当地气候条件和一定的施肥水平条件下，土壤组分、结构和重要生态过程的变化规律，为区域农田土壤质量的变化规律提供长期的、系统的观测数据，揭示区域农田生态系统土壤肥力质量、土壤环境和健康质量的现状和发展趋势，分析土壤质量演变的影响因素，评价农田生态系统管理的现状和发展趋向，为区域农业的可持续发展提供决策依据。

拉萨站农田长期观测开始于2003年，分别布设了综合观测场1处、辅助观测场2处和站区调查点2处。拉萨站土壤观测数据集主要以每年作物收获后采集的土壤为主，本次整理的数据是经过统计后计算的平均值，并标注了采用重复数量和标准差，指标主要包括：

①土壤养分数据集，②土壤速效微量元素数据集，③剖面土壤矿质全量数据集，④剖面土壤机械组成数据集，⑤剖面土壤容重数据集。

4.1 土壤养分

4.1.1 概述

本数据集为拉萨站农田土壤养分观测数据，指标包括pH、有机质、全氮、全钾、全磷、碱解氮、有效磷、速效钾、缓效钾，时间为2005—2015年，其中0～20 cm表层土壤养分碱解氮、有效磷、速效钾为每年观测，其他指标5年观测2次，剖面样品观测10年1次（2005年、2015年），观测样地包括7处，1个综合观测场、3个辅助观测场以及3个站区调查点，其中辅助观测场LSAFZ01包括4个不同施肥处理，分别是空白对照、羊粪、化肥、羊粪+化肥；LSAFZ02包括3个不同管理措施，分别是不除草、经常除草、除草1次，具体见下表4-1。

表4-1 拉萨站土壤养分采样地一览表

观测场名称	观测场代码	采样地名称	采样地代码	备注
拉萨站综合观测场	LSAZH01	拉萨站综合观测场水土生联合长期观测采样地	LSAZH01ABC_01	
拉萨站施肥试验辅助观测场	LSAFZ01	拉萨站农田土壤要素辅助长期观测采样地（CK、羊粪、化肥、羊粪+化肥）	LSAFZ01ABC_01（CK） LSAFZ01ABC_02（羊粪） LSAFZ01ABC_03（化肥） LSAFZ01ABC_04（羊粪+化肥）	
拉萨站撂荒地辅助观测场	LSAFZ02	拉萨站农田撂荒长期观测采样地（不除草、经常除草、除草1次）	LSAFZ02ABC_01（不除草） LSAFZ02ABC_02（经常除草） LSAFZ02ABC_03（除草1次）	

（续）

观测场名称	观测场代码	采样地名称	采样地代码	备注
拉萨站轮作模式长期试验观测场	LSASY01	拉萨站轮作模式土壤生物长期观测采样地	LSASY01ABC _ 01 LSASY01ABC _ 02 LSASY01ABC _ 03	
拉萨站站区调查点（达孜区德庆镇）	LSAZQ01	拉萨站站区调查点（达孜区德庆镇土壤生物长期采样地）	LSAZQ01AB0 _ 01	2005—2015 年，因修路占用被废弃
拉萨站站区调查点（达孜区邦堆乡）	LSAZQ02	拉萨站站区调查点（达孜区邦堆乡土壤生物长期采样地）	LSAZQ02AB0 _ 01	2005—2011 年，因修建蔬菜大棚被废弃
拉萨站站区调查点（达孜区德庆镇）	LSAZQ04	拉萨站站区调查点（达孜区德庆镇新仓村土壤生物长期采样地）	LSAZQ04AB0 _ 01	2014—2017 年，因修路占用被废弃

4.1.2　数据处理方法

拉萨站土壤大量元素数据包括农田 0～20 cm 表层土壤，作物收获后用土钻采集样品，由 5～10 个样点混合而成；剖面样品由挖坑法分层获取，分 4 层，0～10 cm、10～20 cm、20～40 cm、40～60 cm。土壤样品采集后，按要求风干、过筛后，采用以下方法进行分析（表 4 - 2），分析时插入标样和平行样进行质量控制。综合观测场 6 个重复，辅助观测场 3 个重复。本次整理的数据是经过统计后计算的平均值，并标注了采用重复数量和标准差。

表 4 - 2　拉萨站土壤养分指标分析测试方法

分析项目	分析指标	分析方法	分析方法参考文献
土壤养分	pH	水土比 2.5∶1，电位法	NY/T 1121.2—2006
土壤养分	缓效钾	稀硝酸浸提（1∶10）-原子吸收光谱仪测定法	《土壤农业化学分析方法》
土壤养分	碱解氮	碱解-扩散法	LY/T 1228—2015
土壤养分	全氮	半微量凯氏法	NY/T 53—1987
土壤养分	全钾	硝酸、高氯酸消解-原子吸收分光光度法	NY/T 87—1988
土壤养分	全磷	氢氧化钠熔融-钼锑抗比色法	NY/T 88—1988
土壤养分	速效钾	乙酸铵提取（1∶10）-原子吸收光谱仪测定法	NY/T 889—2004
土壤养分	有机质	硫酸、重铬酸钾氧化-硫酸亚铁滴定法	NY/T 1121.6—2006

4.1.3　数据

拉萨站土壤养分数据见表 4 - 3。

表 4-3 土壤养分（1）

年	月	样地代码	观测层次/cm	土壤有机质/（g/kg）			全氮/（g/kg）			全磷/（g/kg）			全钾/（g/kg）		
				平均值	重复数	标准差	平均值	重复数	标准差	平均值	重复数	标准差	平均值	重复数	标准差
2005	9	LSAZH01ABC_01	0～10	16.6	3	0.8	1.16	3	0.11	0.79	3	0.09	26.3	3	1.6
2005	9	LSAZH01ABC_01	10～20	14.8	3	1.5	1.07	3	0.16	0.78	3	0.02	26.2	3	3.0
2005	9	LSAZH01ABC_01	20～40	10.1	3	0.8	0.74	3	0.07	0.64	3	0.08	24.0	3	5.2
2005	9	LSAZH01ABC_01	40～60	7.2	3	0.9	0.55	3	0.05	0.77	3	0.14	24.8	3	3.7
2005	9	LSAZQ01AB0_01	0～10	19.0	6	3.2	1.36	6	0.26	0.71	6	0.07	25.9	6	2.1
2005	9	LSAZQ01AB0_01	10～20	18.0	6	3.2	1.15	6	0.46	0.85	6	0.25	25.8	6	2.3
2005	9	LSAZQ01AB0_01	20～40	13.1	6	3.3	0.95	6	0.39	0.64	6	0.23	27.1	6	2.6
2005	9	LSAZQ01AB0_01	40～60	10.1	5	1.8	0.79	5	0.21	2.66	5	3.95	27.8	5	4.1
2007	9	LSAZH01ABC_01	0～20	20.3	6	2.3	1.22	6	0.09						
2007	9	LSAFZ01ABC_01	0～20	17.0	3	2.3	0.99	3	0.10						
2007	9	LSAFZ02ABC_01	0～20	20.8	3	0.6	1.13	3	0.02						
2007	9	LSAFZ03ABC_01	0～20	20.3	3	2.2	1.12	3	0.09						
2007	9	LSAZQ01AB0_01	0～20	29.5	6	3.1	1.66	6	0.21						
2007	9	LSAZQ02AB0_01	0～20	20.8	6	1.6	1.22	6	0.13						
2007	9	LSASY01ABC_01	0～20	23.6	6	3.6	1.39	6	0.23						
2007	9	LSASY01ABC_02	0～20	21.6	6	1.7	1.23	6	0.12						
2007	9	LSASY01ABC_03	0～20	18.4	12	3.6	1.03	12	0.17						
2010	8	LSAZH01ABC_01	0～20	23.3	6	1.5	1.33	6	0.09						
2010	8	LSAFZ01ABC_01	0～20	15.2	3	1.7	0.95	3	0.09						
2010	8	LSAFZ01ABC_02	0～20	26.8	3	2.8	1.47	3	0.18						
2010	8	LSAFZ01ABC_03	0～20	16.1	3	3.0	0.98	3	0.15						
2010	8	LSAFZ01ABC_04	0～20	24.4	3	3.7	1.34	3	0.17						

（续）

年	月	样地代码	观测层次/cm	土壤有机质/（g/kg）			全氮/（g/kg）			全磷/（g/kg）			全钾/（g/kg）		
				平均值	重复数	标准差	平均值	重复数	标准差	平均值	重复数	标准差	平均值	重复数	标准差
2010	8	LSAFZ02ABC_01	0～20	15.2	3	0.5	0.97	3	0.02						
2010	8	LSAFZ02ABC_02	0～20	15.1	3	0.7	1.03	3	0.13						
2010	8	LSAFZ02ABC_03	0～20	16.4	3	1.9	0.99	3	0.04						
2010	8	LSASY01ABC_01	0～20	29.6	3	2.9	1.60	3	0.14						
2010	8	LSASY01ABC_02	0～20	25.4	3	1.6	1.36	3	0.06						
2010	8	LSASY01ABC_03	0～20	24.0	3	5.2	1.31	3	0.21						
2010	8	LSAZQ01ABC_01	0～20	32.0	6	1.3	1.87	6	0.09						
2010	8	LSAZQ02ABC_01	0～20	21.3	6	3.0	1.29	6	0.18						
2013	8	LSAZH01ABC_01	0～20	24.2	6	1.5	1.51	6	0.11						
2013	8	LSAFZ01ABC_01	0～20	14.1	3	0.5	0.92	3	0.07						
2013	8	LSAFZ01ABC_02	0～20	21.0	3	2.9	1.33	3	0.11						
2013	8	LSAFZ01ABC_03	0～20	19.3	3	1.3	1.15	3	0.04						
2013	8	LSAFZ01ABC_04	0～20	19.6	3	5.3	1.10	3	0.27						
2013	8	LSAFZ02ABC_01	0～20	15.5	3	1.6	0.90	3	0.13						
2013	8	LSAFZ02ABC_02	0～20	17.4	3	0.9	1.03	3	0.03						
2013	8	LSAFZ02ABC_03	0～20	14.3	3	0.9	0.99	3	0.16						
2013	8	LSAZQ01AB0_01	0～20	30.2	6	1.9	1.87	6	0.11						
2013	10	LSAZQ03AB0_02	0～20	15.7	6	1.4	0.91	6	0.09						
2013	8	LSASY01ABC_01	0～20	23.3	6	1.4	1.45	6	0.08						
2013	10	LSASY01ABC_02	0～20	22.2	6	0.9	1.34	6	0.03						
2013	9	LSASY01ABC_03	0～20	22.9	6	0.9	1.41	6	0.10						

（续）

年	月	样地代码	观测层次/cm	土壤有机质/（g/kg）			全氮/（g/kg）			全磷/（g/kg）			全钾/（g/kg）		
				平均值	重复数	标准差	平均值	重复数	标准差	平均值	重复数	标准差	平均值	重复数	标准差
2015	9	LSAZH01ABC_01	0～20	24.5	6	2.1	1.57	6	0.09						
2015	9	LSAFZ01ABC_01	0～20	16.2	3	0.9	1.02	3	0.08						
2015	9	LSAFZ01ABC_02	0～20	31.1	3	3.2	1.83	3	0.16						
2015	9	LSAFZ01ABC_03	0～20	18.0	3	1.6	1.09	3	0.12						
2015	9	LSAFZ01ABC_04	0～20	29.8	3	5.1	1.63	3	0.34						
2015	9	LSAFZ02ABC_01	0～20	15.3	3	0.7	0.94	3	0.05						
2015	9	LSAFZ02ABC_02	0～20	15.6	3	1.9	1.03	3	0.10						
2015	9	LSAFZ02ABC_03	0～20	14.6	3	0.8	0.94	3	0.03						
2015	10	LSASY01ABC_01	0～20	26.2	3	0.3	1.72	3	0.03						
2015	8	LSASY01ABC_02	0～20	29.6	3	0.1	1.77	3	0.09						
2015	9	LSASY01ABC_03	0～20	21.5	3	0.8	1.48	3	0.03						
2015	8	LSAZQ01AB0_01	0～20	25.2	6	0.8	1.77	6	0.06						
2015	8	LSAZQ04AB0_01	0～20	30.1	6	1.4	2.02	6	0.12						
2015	9	LSAZH01ABC_01	0～10	24.8	6	1.2	1.58	6	0.08	0.84	6	0.04	14.6	6	1.4
2015	9	LSAZH01ABC_01	10～20	23.6	6	0.8	1.53	6	0.06	0.82	6	0.02	16.3	6	1.1
2015	9	LSAZH01ABC_01	20～40	18.0	6	2.4	1.17	6	0.16	0.79	6	0.05	16.1	6	2.0
2015	9	LSAZH01ABC_01	40～60	14.8	6	2.3	0.95	6	0.18	0.75	6	0.03	15.2	6	2.4
2015	9	LSAFZ01ABC_01	0～10	16.4	3	1.4	1.02	3	0.05	0.78	3	0.03	20.0	3	3.9
2015	9	LSAFZ01ABC_01	10～20	14.6	3	1.5	0.88	3	0.11	0.78	3	0.04	18.5	3	4.3
2015	9	LSAFZ01ABC_01	20～40	9.9	3	0.1	0.63	3	0.02	0.75	3	0.06	19.3	3	3.4
2015	9	LSAFZ01ABC_01	40～60	10.0	3	2.9	0.64	3	0.17	0.73	3	0.08	18.7	3	3.1

（续）

年	月	样地代码	观测层次/cm	土壤有机质/（g/kg）			全氮/（g/kg）			全磷/（g/kg）			全钾/（g/kg）		
				平均值	重复数	标准差	平均值	重复数	标准差	平均值	重复数	标准差	平均值	重复数	标准差
2015	9	LSAFZ01ABC_02	0～10	33.1	3	2.7	1.91	3	0.22	0.86	3	0.05	22.5	3	2.0
2015	9	LSAFZ01ABC_02	10～20	31.0	3	3.9	1.80	3	0.30	0.85	3	0.01	21.5	3	0.3
2015	9	LSAFZ01ABC_02	20～40	15.8	3	0.7	0.98	3	0.04	0.77	3	0.02	22.1	3	0.2
2015	9	LSAFZ01ABC_02	40～60	12.8	3	0.1	0.77	3	0.03	0.70	3	0.04	21.8	3	0.8
2015	9	LSAFZ01ABC_03	0～10	19.5	3	4.4	1.13	3	0.15	0.85	3	0.01	21.4	3	1.9
2015	9	LSAFZ01ABC_03	10～20	18.7	3	3.5	1.06	3	0.11	0.80	3	0.04	20.1	3	1.0
2015	9	LSAFZ01ABC_03	20～40	13.8	3	2.5	0.80	3	0.09	0.80	3	0.02	22.5	3	1.2
2015	9	LSAFZ01ABC_03	40～60	10.9	3	2.1	0.70	3	0.16	0.75	3	0.04	21.1	3	1.2
2015	9	LSAFZ01ABC_04	0～10	29.1	3	3.6	1.77	3	0.19	0.87	3	0.02	21.2	3	0.4
2015	9	LSAFZ01ABC_04	10～20	22.1	3	7.4	1.63	3	0.15	0.88	3	0.03	21.1	3	0.9
2015	9	LSAFZ01ABC_04	20～40	16.1	3	6.3	1.00	3	0.30	0.81	3	0.05	21.5	3	1.1
2015	9	LSAFZ01ABC_04	40～60	16.3	3	6.6	1.01	3	0.33	0.79	3	0.07	19.3	3	0.5
2015	12	LSAFZ02ABC_01	0～10	11.3	3	1.8	0.69	3	0.17	0.64	3	0.07	15.7	3	4.5
2015	12	LSAFZ02ABC_01	10～20	13.2	3	1.6	0.79	3	0.14	0.69	3	0.05	16.0	3	6.0
2015	12	LSAFZ02ABC_01	20～40	11.6	3	2.1	0.77	3	0.14	0.67	3	0.05	15.8	3	2.7
2015	12	LSAFZ02ABC_01	40～60	10.4	3	3.0	0.70	3	0.19	0.64	3	0.04	16.7	3	2.4
2015	12	LSAFZ02ABC_02	0～10	14.2	3	1.9	0.94	3	0.11	0.72	3	0.02	19.2	3	1.0
2015	12	LSAFZ02ABC_02	10～20	14.0	3	1.0	0.88	3	0.10	0.71	3	0.02	18.6	3	2.6
2015	12	LSAFZ02ABC_02	20～40	12.2	3	2.3	0.84	3	0.16	0.74	3	0.07	15.9	3	1.4
2015	12	LSAFZ02ABC_02	40～60	10.8	3	2.4	0.68	3	0.13	0.69	3	0.03	18.8	3	2.5
2015	12	LSAFZ02ABC_03	0～10	14.3	3	0.4	0.94	3	0.10	0.72	3	0.03	17.5	3	2.8

（续）

年	月	样地代码	观测层次/cm	土壤有机质/（g/kg）			全氮/（g/kg）			全磷/（g/kg）			全钾/（g/kg）		
				平均值	重复数	标准差	平均值	重复数	标准差	平均值	重复数	标准差	平均值	重复数	标准差
2015	12	LSAFZ02ABC_03	10～20	13.4	3	0.8	0.82	3	0.05	0.69	3	0.01	16.6	3	1.7
2015	12	LSAFZ02ABC_03	20～40	12.0	3	0.5	0.74	3	0.01	0.70	3	0.02	19.5	3	0.4
2015	12	LSAFZ02ABC_03	40～60	9.4	3	0.5	0.62	3	0.06	0.66	3	0.04	18.6	3	1.0
2015	9	LSAZQ01AB0_01	0～10	24.3	6	2.8	1.64	6	0.13	0.71	6	0.09	19.3	6	2.1
2015	9	LSAZQ01AB0_01	10～20	24.8	6	2.7	1.64	6	0.10	0.71	6	0.08	19.4	6	1.8
2015	9	LSAZQ01AB0_01	20～40	20.8	6	1.9	1.26	6	0.16	0.66	6	0.03	18.5	6	2.2
2015	9	LSAZQ01AB0_01	40～60	16.7	6	3.9	1.13	6	0.25	0.63	6	0.08	19.2	6	1.3
2015	9	LSAZQ04AB0_01	0～10	28.9	6	1.7	1.88	6	0.07	0.70	6	0.02	14.8	6	1.8
2015	9	LSAZQ04AB0_01	10～20	29.7	6	2.5	1.78	6	0.10	0.70	6	0.03	15.1	6	3.4
2015	9	LSAZQ04AB0_01	20～40	15.7	6	3.6	1.10	6	0.19	0.60	6	0.04	15.1	6	2.7
2015	9	LSAZQ04AB0_01	40～60	12.0	6	1.8	0.88	6	0.11	0.55	6	0.02	14.3	6	1.0

表 4-3 土壤养分（2）

年	月	样地代码	观测层次/cm	pH	速效氮（碱解氮）/（mg/kg）			有效磷/（mg/kg）			速效钾/（mg/kg）			缓效钾/（mg/kg）		
					平均值	重复数	标准差	平均值	重复数	标准差	平均值	重复数	标准差	平均值	重复数	标准差
2005	9	LSAZH01ABC_01	0～20	6.81	84.2	6	17.9	44.3	6	6.0	52.7	6	24.9	698	6	53
2005	9	LSAZQ01AB0_01	0～20	7.33	121.8	6	5.0	12.3	6	2.1	57.8	6	2.9	961	6	34
2005	9	LSAZQ02AB0_01	0～20	7.72	87.5	6	9.9	16.2	6	2.5	54.7	6	7.6	692	6	139
2005	9	LSAFZ01AB0_01	0～20	6.89	88.0	3	5.7	43.7	3	3.1	45.7	3	8.2	694	3	17
2005	9	LSAFZ02AB0_01	0～20	6.92	91.3	3	2.4	43.8	3	5.2	81.0	3	33.2	741	3	15
2006	8	LSAZH01ABC_01	0～20		80.2	6	5.9	54.1	6	14.4	61.5	6	15.9			
2006	8	LSAFZ01AB0_01	0～20		83.3	3	3.1	62.7	3	1.4	50.0	3	4.1			

（续）

年	月	样地代码	观测层次/cm	pH	速效氮（碱解氮）/（mg/kg）			有效磷/（mg/kg）			速效钾/（mg/kg）			缓效钾/（mg/kg）		
					平均值	重复数	标准差	平均值	重复数	标准差	平均值	重复数	标准差	平均值	重复数	标准差
2006	8	LSAFZ02AB0_01	0~20		72.7	3	8.2	80.6	3	15.4	77.0	3	26.5			
2006	8	LSAZQ01AB0_01	0~20		128.2	6	13.1	11.5	6	3.7	58.2	6	4.1			
2006	8	LSAZQ02AB0_01	0~20		71.2	6	14.8	20.4	6	7.0	51.5	6	12.6			
2007	9	LSAZH01ABC_01	0~20	6.76	93.8	6	11.6	62.7	6	8.2	38.2	6	7.7	691	6	23
2007	9	LSAFZ01AB0_01	0~20	6.69	83.3	3	10.3	65.4	3	5.2	28.3	3	2.6	656	3	16
2007	9	LSAFZ02AB0_01	0~20	7.22	100.0	3	1.6	55.4	3	6.2	70.0	3	9.9	693	3	19
2007	9	LSAFZ03AB0_01	0~20	7.35	99.3	3	4.5	61.2	3	6.1	77.7	3	23.1	636	3	11
2007	9	LSAZQ01AB0_01	0~20	6.77	138.8	6	11.4	21.3	6	28.8	44.2	6	16.2	730	6	83
2007	9	LSAZQ02AB0_01	0~20	8.02	114.2	6	25.3	13.2	6	4.0	34.3	6	6.6	558	6	68
2007	9	LSASY01ABC_01	0~20	6.35	115.0	6	14.5	59.7	6	21.4	30.7	6	10.3	613	6	67
2007	9	LSASY01ABC_02	0~20	6.82	106.0	6	7.5	63.6	6	9.1	43.7	6	21.3	636	6	30
2007	9	LSASY01ABC_03	0~20	6.78	88.2	12	13.9	49.0	12	9.8	32.0	12	10.1	609	12	43
2008	9	LSAZH01ABC_01	0~20		89.0	6	16.4	37.6	6	5.4	27.9	6	4.5			
2008	9	LSAFZ01AB0_01	0~20		54.5	3	4.3	36.5	3	2.0	26.0	3	3.4			
2008	9	LSAFZ01AB0_02	0~20		62.1	3	4.5	42.4	3	1.8	66.0	3	19.9			
2008	9	LSAFZ01AB0_03	0~20		62.9	3	7.4	50.3	3	10.5	24.0	3	3.6			
2008	9	LSAFZ01AB0_04	0~20		72.2	3	9.5	44.3	3	5.2	34.4	3	2.9			
2008	9	LSAZQ01AB0_01	0~20		101.8	6	7.6	8.2	6	0.8	48.4	6	6.0			
2008	9	LSAZQ02AB0_01	0~20		74.8	6	9.1	11.0	6	3.3	40.3	6	5.1			
2008	9	LSASY01ABC_01	0~20		84.6	6	9.3	48.1	6	16.5	33.2	6	19.5			
2008	9	LSASY01ABC_02	0~20		81.7	6	6.0	42.2	6	5.3	29.3	6	6.3			

（续）

年	月	样地代码	观测层次/cm	pH	速效氮（碱解氮）/（mg/kg）			有效磷/（mg/kg）			速效钾/（mg/kg）			缓效钾/（mg/kg）		
					平均值	重复数	标准差	平均值	重复数	标准差	平均值	重复数	标准差	平均值	重复数	标准差
2008	9	LSASY01ABC_03	0～20		75.4	6	8.9	46.4	6	7.4	40.6	6	3.1			
2009	9	LSAZH01ABC_01	0～20		111.1	6	6.1	55.4	6	13.6	65.2	6	19.0			
2009	8	LSAFZ01ABC_01	0～20		63.0	3	1.3	39.9	3	2.4	35.3	3	2.3			
2009	8	LSAFZ01ABC_02	0～20		68.3	3	1.5	39.0	3	6.5	73.7	3	11.8			
2009	8	LSAFZ01ABC_03	0～20		71.6	3	6.1	39.7	3	3.6	39.1	3	8.7			
2009	8	LSAFZ01ABC_04	0～20		84.8	3	9.0	64.4	3	5.0	64.7	3	12.8			
2009	8	LSAZQ01ABC_01	0～20		121.0	5	4.6	6.9	5	4.9	69.7	5	21.1			
2009	8	LSAZQ02ABC_01	0～20		89.5	6	5.3	7.7	6	4.5	50.7	6	8.7			
2009	9	LSASY01ABC_01	0～20		104.8	6	4.7	31.5	6	5.4	42.3	6	4.1			
2009	8	LSASY01ABC_02	0～20		103.5	6	3.8	38.4	6	7.9	45.7	6	5.9			
2009	8	LSASY01ABC_03	0～20		107.1	6	20.5	37.4	6	5.5	42.3	6	9.3			
2009	11	LSAFZ02ABC_01	0～20		67.0	3	1.7	34.4	3	0.9	37.1	3	8.7			
2009	11	LSAFZ02ABC_02	0～20		72.7	3	4.3	25.4	3	1.2	36.1	3	5.2			
2009	11	LSAFZ02ABC_03	0～20		67.9	3	4.7	34.6	3	1.1	47.9	3	7.5			
2010	8	LSAZH01ABC_01	0～20	7.17	115.4	6	8.4	138.3	6	33.8	39.4	6	8.5	774	6	47
2010	8	LSAFZ01ABC_01	0～20	7.18	74.3	3	5.9	37.9	3	29.9	22.0	3	4.9	692	3	18
2010	8	LSAFZ01ABC_02	0～20	7.65	108.9	3	8.0	105.4	3	47.0	74.2	3	14.0	702	3	17
2010	8	LSAFZ01ABC_03	0～20	6.79	94.8	3	25.6	97.5	3	31.1	25.7	3	1.9	863	3	93
2010	8	LSAFZ01ABC_04	0～20	7.34	110.2	3	11.7	128.6	3	59.6	44.7	3	7.0	798	3	46
2010	8	LSAFZ02ABC_01	0～20	7.07	74.3	3	2.2	72.6	3	32.8	33.1	3	6.3	682	3	38
2010	8	LSAFZ02ABC_02	0～20	7.19	76.9	3	0.0	48.1	3	12.5	37.7	3	11.1	717	3	22

（续）

年	月	样地代码	观测层次/cm	pH	速效氮（碱解氮）/（mg/kg）			有效磷/（mg/kg）			速效钾/（mg/kg）			缓效钾/（mg/kg）		
					平均值	重复数	标准差	平均值	重复数	标准差	平均值	重复数	标准差	平均值	重复数	标准差
2010	8	LSAFZ02ABC_03	0～20	7.02	67.9	3	8.0	59.3	3	9.9	34.9	3	6.1	715	3	42
2010	8	LSASY01ABC_01	0～20	7.16	129.5	3	8.0	48.9	3	22.5	37.5	3	7.4	741	3	11
2010	8	LSASY01ABC_02	0～20	7.08	111.5	3	3.8	95.7	3	24.1	27.6	3	3.8	709	3	39
2010	8	LSASY01ABC_03	0～20	7.04	105.1	3	16.0	74.6	3	11.2	26.3	3	3.5	728	3	26
2010	8	LSAZQ01ABC_01	0～20	7.25	141.0	6	11.8	18.8	6	17.2	53.2	6	5.6	1003	6	74
2010	8	LSAZQ02ABC_01	0～20	8.11	83.3	6	9.0	6.7	6	4.4	41.2	6	10.7	610	6	105
2011	9	LSAZH01ABC_01	0～20		66.6	6	7.9	53.7	6	8.7	49.5	6	10.2			
2011	9	LSAFZ01ABC_01	0～20		44.5	3	6.0	53.1	3	2.9	34.4	3	1.8			
2011	9	LSAFZ01ABC_02	0～20		88.7	3	6.8	62.7	3	7.7	93.1	3	13.2			
2011	9	LSAFZ01ABC_03	0～20		92.7	3	10.7	61.8	3	4.8	41.4	3	7.1			
2011	9	LSAFZ01ABC_04	0～20		79.8	3	0.7	92.1	3	10.5	83.8	3	6.5			
2011	9	LSAFZ02ABC_01	0～20		26.9	3	0.0	22.2	3	0.8	49.3	3	1.1			
2011	9	LSAFZ02ABC_02	0～20		52.9	3	10.6	56.5	3	2.8	48.3	3	5.6			
2011	9	LSAFZ02ABC_03	0～20		49.2	3	6.7	41.7	3	0.2	45.8	3	8.7			
2011	9	LSASY01ABC_01	0～20		71.6	3	7.0	54.5	3	7.6	36.9	3	2.8			
2011	9	LSASY01ABC_03	0～20		64.5	6	5.3	37.4	6	9.0	39.2	6	4.4			
2011	8	LSAZQ01AB0_01	0～20		84.6	6	9.5	12.2	6	2.9	61.3	6	7.3			
2011	8	LSAZQ02AB0_01	0～20		78.1	6	9.1	21.9	6	11.0	54.3	6	10.9			
2012	8	LSAZH01ABC_01	0～20	7.00	101.8	6	15.3	46.7	6	8.2	30.2	6	3.0			
2012	8	LSAFZ01ABC_01	0～20	7.19	65.1	3	1.7	43.6	3	14.5	30.1	3	0.9			
2012	8	LSAFZ01ABC_02	0～20	7.50	125.3	3	13.6	59.1	3	15.1	63.3	3	16.2			

（续）

年	月	样地代码	观测层次/cm	pH	速效氮（碱解氮）/（mg/kg）			有效磷/（mg/kg）			速效钾/（mg/kg）			缓效钾/（mg/kg）		
					平均值	重复数	标准差	平均值	重复数	标准差	平均值	重复数	标准差	平均值	重复数	标准差
2012	8	LSAFZ01ABC_03	0～20	6.96	96.3	3	11.9	56.4	3	3.9	24.0	3	1.0			
2012	8	LSAFZ01ABC_04	0～20	7.36	109.6	3	22.5	54.9	3	15.3	37.2	3	10.3			
2012	8	LSASY01ABC_03	0～20	6.90	111.8	6	9.2	30.5	6	16.2	25.3	6	6.0			
2012	8	LSASY01ABC_01	0～20	7.43	104.7	3	3.7	28.2	3	1.9	26.7	3	2.5			
2012	8	LSASY01ABC_02	0～20	7.16	96.4	3	4.1	36.2	3	3.5	37.4	3	3.0			
2012	8	LSAFZ02ABC_02	0～20	6.96	64.7	3	10.6	19.8	3	1.2	23.6	3	6.0			
2012	8	LSAFZ02ABC_03	0～20	7.09	71.3	3	6.3	25.6	3	6.2	29.0	3	4.3			
2012	8	LSAFZ02ABC_01	0～20	6.97	85.2	3	19.7	27.5	3	4.4	29.7	3	2.8			
2012	8	LSAZQ01AB0_01	0～20	7.04	125.3	6	28.5	10.5	6	1.1	43.7	6	3.5			
2012	8	LSAZQ03AB0_01	0～20	6.80	98.6	6	17.8	22.3	6	12.2	38.3	6	4.6			
2013	8	LSAZH01ABC_01	0～20	7.26	124.5	6	11.4	36.4	6	7.3	45.3	6	5.2	729	6	78
2013	8	LSAFZ01ABC_01	0～20	7.56	79.6	3	7.6	29.6	3	2.7	35.1	3	2.1	764	3	61
2013	8	LSAFZ01ABC_02	0～20	7.70	105.3	3	0.2	39.1	3	3.5	63.1	3	4.1	836	3	36
2013	8	LSAFZ01ABC_03	0～20	7.43	99.5	3	11.3	48.7	3	4.6	36.2	3	4.9	834	3	28
2013	8	LSAFZ01ABC_04	0～20	7.49	93.2	3	12.5	42.8	3	1.6	35.7	3	7.6	687	3	54
2013	8	LSAFZ02ABC_01	0～20	7.37	71.0	3	3.6	22.7	3	2.6	52.7	3	10.8	679	3	34

（续）

年	月	样地代码	观测层次/cm	pH	速效氮（碱解氮）/（mg/kg）			有效磷/（mg/kg）			速效钾/（mg/kg）			缓效钾/（mg/kg）		
					平均值	重复数	标准差	平均值	重复数	标准差	平均值	重复数	标准差	平均值	重复数	标准差
2013	8	LSAFZ02ABC_02	0～20	7.19	79.9	3	8.0	23.0	3	4.3	49.4	3	10.0	688	3	72
2013	8	LSAFZ02ABC_03	0～20	7.35	69.3	3	1.4	20.4	3	3.5	45.3	3	8.2	646	3	16
2013	8	LSAZQ01AB0_01	0～20	7.49	134.6	6	26.0	14.9	6	3.1	67.0	6	7.5	864	6	86
2013	10	LSAZQ03AB0_02	0～20	8.33	67.1	6	8.7	11.1	6	2.7	37.7	6	5.6	610	6	65
2013	8	LSASY01ABC_01	0～20	7.33	108.5	6	27.1	48.1	6	9.3	88.0	6	27.8	819	6	52
2013	10	LSASY01ABC_02	0～20	7.31	106.9	6	13.3	35.3	6	5.9	39.0	6	7.1	667	6	44
2013	9	LSASY01ABC_03	0～20	7.16	99.5	6	29.7	35.9	6	10.9	43.0	6	2.8	708	6	76
2014	9	LSAZH01ABC_01	0～20	7.25	91.1	6	5.0	29.2	6	1.3	66.0	6	6.9			
2014	9	LSAFZ01ABC_01	0～20	7.38	58.9	3	6.8	21.8	3	0.6	44.2	3	2.8			
2014	9	LSAFZ01ABC_02	0～20	7.64	98.6	3	7.9	37.2	3	3.8	114.7	3	9.7			
2014	9	LSAFZ01ABC_03	0～20	7.01	61.4	3	4.8	22.4	3	2.2	39.0	3	4.6			
2014	9	LSAFZ01ABC_04	0～20	7.33	95.9	3	3.8	36.5	3	1.3	85.5	3	23.6			
2014	9	LSASY01ABC_01	0～20	7.41	87.2	3	2.0	29.8	3	1.5	78.7	3	15.6			
2014	9	LSASY01ABC_02	0～20	7.32	96.1	3	5.7	23.5	3	3.6	63.0	3	6.0			
2014	10	LSASY01ABC_03	0～20	7.28	71.7	3	5.1	29.7	3	0.8	52.1	3	9.3			
2014	9	LSAFZ02ABC_01	0～20	7.41	42.7	3	4.2	15.5	3	0.2	70.6	3	7.4			
2014	9	LSAFZ02ABC_02	0～20	7.16	48.9	3	8.9	16.4	3	1.3	48.0	3	7.7			

（续）

年	月	样地代码	观测层次/cm	pH	速效氮（碱解氮）/（mg/kg）			有效磷/（mg/kg）			速效钾/（mg/kg）			缓效钾/（mg/kg）		
					平均值	重复数	标准差	平均值	重复数	标准差	平均值	重复数	标准差	平均值	重复数	标准差
2014	9	LSAFZ02ABC_03	0～20	7.39	56.9	3	2.7	15.5	3	1.5	57.9	3	6.3			
2014	9	LSAZQ01AB0_01	0～20	7.36	97.4	6	14.1	10.0	6	2.1	69.3	6	5.5			
2014	9	LSAZQ04AB0_01	0～20	7.11	112.1	6	16.7	9.2	6	2.4	96.1	6	13.2			
2015	9	LSAZH01ABC_01	0～20	7.11	34.2	6	10.3	70.9	6	5.6	45.2	6	8.0	723	6	16
2015	9	LSAFZ01ABC_01	0～20	6.97	24.3	3	8.3	65.6	3	8.3	33.4	3	0.5	696	3	7
2015	9	LSAFZ01ABC_02	0～20	7.05	35.4	3	7.1	79.8	3	9.7	134.0	3	29.9	790	3	36
2015	9	LSAFZ01ABC_03	0～20	6.73	37.3	3	12.2	84.1	3	4.5	33.6	3	2.2	621	3	13
2015	9	LSAFZ01ABC_04	0～20	6.63	30.1	3	15.9	77.3	3	11.8	53.8	3	10.2	647	3	27
2015	9	LSAFZ02ABC_01	0～20	6.70	32.7	3	17.3	48.5	3	5.8	64.1	3	14.4	663	3	19
2015	9	LSAFZ02ABC_02	0～20	6.57	24.0	3	9.4	52.5	3	4.5	68.0	3	10.6	675	3	17
2015	9	LSAFZ02ABC_03	0～20	6.69	26.4	3	8.3	42.9	3	3.9	62.1	3	16.6	636	3	11
2015	10	LSASY01ABC_01	0～20	6.67	56.2	3	31.6	67.1	3	2.7	65.5	3	6.7	756	3	30
2015	8	LSASY01ABC_02	0～20	6.79	24.7	3	9.0	79.4	3	4.2	114.6	3	31.7	737	3	30
2015	9	LSASY01ABC_03	0～20	6.55	43.7	3	22.7	75.3	3	3.3	52.5	3	0.5	667	3	128
2015	8	LSAZQ01AB0_01	0～20	6.85	20.0	6	10.1	25.6	6	6.7	67.8	6	3.3	816	6	26
2015	8	LSAZQ04AB0_01	0～20	6.81	32.9	6	24.4	31.6	6	5.1	88.4	6	17.8	803	6	46

4.2　土壤速效微量元素

4.2.1　概述

本数据集为拉萨站农田土壤速效微量元素观测数据，指标包括有效硫、有效锰、有效硼、有效铁、有效铜及有效锌，时间为 2005 年、2015 年，包括 7 处观测场，1 个综合观测场、3 个辅助观测场以及 3 个站区调查点，其中辅助观测场 LSAFZ01 包括 4 个不同施肥处理，分别是空白对照、羊粪、化肥、羊粪+化肥；LSAFZ02 包括 3 个不同管理措施，分别是不除草、经常除草、除草 1 次。具体见表 4－4。

表 4－4　拉萨站土壤微量元素采样地一览表

观测场名称	观测场代码	采样地名称	采样地代码	备注
拉萨站综合观测场	LSAZH01	拉萨站综合观测场水土生联合长期观测采样地	LSAZH01ABC _ 01	
拉萨站施肥试验辅助观测场	LSAFZ01	拉萨站农田土壤要素辅助长期观测采样地（CK、羊粪、化肥、羊粪+化肥）	LSAFZ01ABC _ 01（CK） LSAFZ01ABC _ 02（羊粪） LSAFZ01ABC _ 03（化肥） LSAFZ01ABC _ 04（羊粪+化肥）	
拉萨站撂荒地辅助观测场	LSAFZ02	拉萨站农田撂荒长期观测采样地（不除草、经常除草、除草 1 次）	LSAFZ02ABC _ 01（不除草） LSAFZ02ABC _ 02（经常除草） LSAFZ02ABC _ 03（除草 1 次）	
拉萨站轮作模式长期试验观测场	LSASY01	拉萨站轮作模式土壤生物长期观测采样地	LSASY01ABC _ 01 LSASY01ABC _ 02 LSASY01ABC _ 03	
拉萨站站区调查点（达孜区德庆镇）	LSAZQ01	拉萨站站区调查点（达孜区德庆镇土壤生物长期采样地）	LSAZQ01AB0 _ 01	2005—2015 年，因修路占用被废弃
拉萨站站区调查点（达孜区邦堆乡）	LSAZQ02	拉萨站站区调查点（达孜区邦堆乡土壤生物长期采样地）	LSAZQ02AB0 _ 01	2005—2011 年，因修建蔬菜大棚被废弃
拉萨站站区调查点（达孜区德庆镇）	LSAZQ04	拉萨站站区调查点（达孜区德庆镇新仓村土壤生物长期采样地）	LSAZQ04AB0 _ 01	2014—2017 年，因修路占用被废弃

4.2.2 数据处理方法

拉萨站土壤微量元素数据为农田 0～20 cm 表层土壤，作物收获后用土钻采集样品，由 5～10 个样点混合而成；样品采集后，按要求风干、过筛后，采用以下方法进行分析（表 4-5），分析时插入标样和平行样进行质量控制。综合观测场 6 个重复，辅助观测场 3 个重复。本次整理的数据是经过统计后计算的平均值，并标注了采用重复数量和标准差。

表 4-5 拉萨站土壤速效微量元素分析测试方法

分析项目	分析指标	分析方法	分析方法参考文献
土壤速效微量元素	有效硫	磷酸盐、乙酸浸提（1：5）-等离子体光谱法	NY/T 890—2004
土壤速效微量元素	有效锰	DTPA 浸提（1：2）-等离子体光谱法	NY/T 890—2004
土壤速效微量元素	有效硼	沸水浸提（1：2）-等离子体光谱法	NY/T 890—2004
土壤速效微量元素	有效铁	DTPA 浸提（1：2）-等离子体光谱法	NY/T 890—2004
土壤速效微量元素	有效铜	DTPA 浸提（1：2）-等离子体光谱法	NY/T 890—2004
土壤速效微量元素	有效锌	DTPA 浸提（1：2）-等离子体光谱法	NY/T 890—2004

4.2.3 数据

土壤速效微量元素数据见表 4-6。

表 4-6 土壤速效微量元素（1）

年	月	样地代码	观测层次（cm）	有效硼（mg/kg）			有效锌（mg/kg）			有效锰（mg/kg）			有效铁（mg/kg）		
				平均值	重复数	标准差	平均值	重复数	标准差	平均值	重复数	标准差	平均值	重复数	标准差
2005	9	LSAZH01ABC_01	0~20				1.29	6	0.17	5.35	6	0.47	33.64	6	4.67
2005	9	LSAZQ01AB0_01	0~20				0.84	6	0.17	7.63	6	0.47	28.14	6	1.22
2005	9	LSAZQ02AB0_01	0~20				1.24	6	0.13	9.56	6	0.48	11.68	6	1.34
2015	9	LSAZH01ABC_01	0~20	0.708	6	0.06	3.38	6	0.33	9.16	6	0.89	59.88	6	5.68
2015	9	LSAFZ01ABC_01	0~20	0.790	3	0.03	2.61	3	0.14	7.15	3	0.17	43.50	3	5.56
2015	9	LSAFZ01ABC_02	0~20	1.850	3	0.49	3.50	3	0.54	11.48	3	2.03	50.57	3	8.28
2015	9	LSAFZ01ABC_03	0~20	0.673	3	0.05	2.70	3	0.24	8.03	3	1.51	62.40	3	9.44
2015	9	LSAFZ01ABC_04	0~20	1.247	3	0.02	3.34	3	0.52	10.05	3	0.20	58.93	3	3.90
2015	9	LSAFZ02ABC_01	0~20	0.583	3	0.08	1.49	3	0.24	7.69	3	0.57	33.13	3	3.98
2015	9	LSAFZ02ABC_02	0~20	0.813	3	0.00	1.69	3	0.26	9.05	3	0.32	40.77	3	3.04
2015	9	LSAFZ02ABC_03	0~20	0.673	3	0.11	1.73	3	0.16	7.61	3	0.41	33.13	3	2.02
2015	10	LSASY01ABC_01	0~20	1.210	1	0.00	3.87	1	0.00	18.20	1	0.00	64.20	1	0.00
2015	8	LSASY01ABC_02	0~20	1.120	1	0.00	3.41	1	0.00	17.50	1	0.00	60.60	1	0.00
2015	9	LSASY01ABC_03	0~20	1.100	1	0.00	3.58	1	0.00	19.20	1	0.00	69.80	1	0.00
2015	8	LSAZQ01AB0_01	0~20	0.555	6	0.03	4.15	6	0.63	17.37	6	1.54	45.15	6	5.62
2015	8	LSAZQ04AB0_01	0~20	0.632	6	0.09	1.31	6	0.15	20.00	6	1.53	56.17	6	4.40

表 4-6　土壤速效微量元素（2）

年	月	样地代码	观测层次（cm）	有效铜（mg/kg）			有效硫（mg/kg）			有效钼（mg/kg）		
				平均值	重复数	标准差	平均值	重复数	标准差	平均值	重复数	标准差
2005	9	LSAZH01ABC_01	0～20	1.57	6	0.21	0.24	6	0.16	0.065	6	0.01
2005	9	LSAZQ01AB0_01	0～20	2.26	6	0.10	0.26	6	0.15	0.068	6	0.01
2005	9	LSAZQ02AB0_01	0～20	1.76	6	0.17	0.44	6	0.27	0.075	6	0.01
2005	9	LSAFZ02AB0_01	0～20	1.32	6	0.11	0.05	6	0.01	0.063	6	0.00
2015	9	LSAZH01ABC_01	0～20	1.65	6	0.15	12.34	6	3.57			
2015	9	LSAFZ01ABC_01	0～20	1.55	3	0.09	7.58	3	0.96			
2015	9	LSAFZ01ABC_02	0～20	1.36	3	0.13	25.63	3	8.04			
2015	9	LSAFZ01ABC_03	0～20	1.79	3	0.26	22.73	3	10.66			
2015	9	LSAFZ01ABC_04	0～20	1.51	3	0.03	32.33	3	9.74			
2015	9	LSAFZ02ABC_01	0～20	1.18	3	0.08	19.53	3	5.02			
2015	9	LSAFZ02ABC_02	0～20	1.32	3	0.10	20.30	3	1.13			
2015	9	LSAFZ02ABC_03	0～20	1.23	3	0.13	15.13	3	5.72			
2015	10	LSASY01ABC_01	0～20	2.02	1	0.00	39.60	1	0.00			
2015	8	LSASY01ABC_02	0～20	2.43	1	0.00	70.90	1	0.00			
2015	9	LSASY01ABC_03	0～20	2.40	1	0.00	83.10	1	0.00			
2015	8	LSAZQ01AB0_01	0～20	3.29	6	0.41	42.53	6	11.28			
2015	8	LSAZQ04AB0_01	0～20	3.16	6	0.18	32.67	6	11.61			

4.3 剖面土壤矿质全量

4.3.1 概述

本数据集为拉萨站农田剖面土壤矿质全量观测数据，观测指标包括 SiO_2、Fe_2O_3、MnO、TiO_2、Al_2O_3、CaO、MgO、K_2O、Na_2O、P_2O_5、烧失量和 S，时间为 2005 年、2015 年，包括 6 处观测场，1 个综合观测场、2 个辅助观测场以及 3 个站区调查点，其中辅助观测场 LSAFZ01 包括 4 个不同施肥处理，分别是空白对照、羊粪、化肥、羊粪+化肥；LSAFZ02 包括 3 个不同管理措施，分别是不除草、经常除草、除草 1 次。具体见表 4-7。

表 4-7　拉萨站剖面土壤矿质全量采样地一览表

观测场名称	观测场代码	采样地名称	采样地代码	备注
拉萨站综合观测场	LSAZH01	拉萨站综合观测场水土生联合长期观测采样地	LSAZH01ABC_01	
拉萨站施肥试验辅助观测场	LSAFZ01	拉萨站农田土壤要素辅助长期观测采样地（CK、羊粪、化肥、羊粪+化肥）	LSAFZ01ABC_01（CK） LSAFZ01ABC_02（羊粪） LSAFZ01ABC_03（化肥） LSAFZ01ABC_04（羊粪+化肥）	
拉萨站撂荒地辅助观测场	LSAFZ02	拉萨站农田撂荒长期观测采样地（不除草、经常除草、除草 1 次）	LSAFZ02ABC_01（不除草） LSAFZ02ABC_02（经常除草） LSAFZ02ABC_03（除草 1 次）	
拉萨站站区调查点（达孜区德庆镇）	LSAZQ01	拉萨站站区调查点（达孜区德庆镇土壤生物长期采样地）	LSAZQ01AB0_01	2005—2015 年，因修路占用被废弃
拉萨站站区调查点（达孜区邦堆乡）	LSAZQ02	拉萨站站区调查点（达孜区邦堆乡土壤生物长期采样地）	LSAZQ02AB0_01	2005—2011 年，因修建蔬菜大棚被废弃
拉萨站站区调查点（达孜区德庆镇）	LSAZQ04	拉萨站站区调查点（达孜区德庆镇新仓村土壤生物长期采样地）	LSAZQ04AB0_01	2014—2017 年，因修路占用被废弃

4.3.2 数据处理方法

拉萨站剖面土壤剖面矿质全量样品采用挖坑法采集，分 4 层，0～10 cm、10～20 cm、20～40 cm、40～60 cm。作物收获后在综合观测场和站区调查点采集 3 个剖面土壤，辅助观测场采集 3 个剖面土壤。土壤样品采集后，按要求风干、过筛后，采用以下方法进行分析（表 4-8），分析时插入标样和平行样进行质量控制。本次整理的数据是经过统计后计算的平均值，并标注了采用重复数量和标准差。

表 4-8 拉萨站剖面土壤矿质全量指标分析测试方法

分析项目	分析指标	分析方法	分析方法参考文献
土壤矿质全量	SiO_2	偏硼酸锂熔融-AES法	土壤农业化学分析方法 P-45
土壤矿质全量	Fe_2O_3	偏硼酸锂熔融-AES法	土壤农业化学分析方法 P-45
土壤矿质全量	MnO	偏硼酸锂熔融-AES法	土壤农业化学分析方法 P-45
土壤矿质全量	TiO_2	偏硼酸锂熔融-AES法	土壤农业化学分析方法 P-45
土壤矿质全量	Al_2O_3	偏硼酸锂熔融-AES法	土壤农业化学分析方法 P-45
土壤矿质全量	CaO	偏硼酸锂熔融-AES法	土壤农业化学分析方法 P-45
土壤矿质全量	MgO	偏硼酸锂熔融-AES法	土壤农业化学分析方法 P-45
土壤矿质全量	K_2O	偏硼酸锂熔融-AES法	土壤农业化学分析方法 P-45
土壤矿质全量	Na_2O	偏硼酸锂熔融-AES法	土壤农业化学分析方法 P-45
土壤矿质全量	P_2O_5	偏硼酸锂熔融-AES法	土壤农业化学分析方法 P-45
土壤矿质全量	烧失量	减重法	土壤理化分析 P-282
剖面土壤矿质全量	S	燃烧法	土壤理化分析 P-277

4.3.3 数据

剖面土壤矿质全量数据见表 4-9。

表 4-9 剖面土壤矿质全量（1）

年	月	样地代码	观测层次/cm	SiO_2/%			Fe_2O_3/%			MnO/%			TiO_2/%		
				平均值	重复数	标准差	平均值	重复数	标准差	平均值	重复数	标准差	平均值	重复数	标准差
2005	9	LSAZH01ABC_01	0~10	72.100	3	0.214	3.566	3	0.056	0.066	3	0.001	0.473	3	0.005
2005	9	LSAZH01ABC_01	10~20	72.426	3	0.183	3.583	3	0.044	0.066	3	0.001	0.477	3	0.006
2005	9	LSAZH01ABC_01	20~40	69.594	3	6.356	4.209	3	0.862	0.093	3	0.043	0.501	3	0.020
2005	9	LSAZH01ABC_01	40~60	72.554	3	0.141	3.695	3	0.054	0.068	3	0.001	0.492	3	0.011
2005	9	LSAZQ01AB0_01	0~10	66.816	3	1.942	4.960	3	0.541	0.093	3	0.008	0.650	3	0.124
2005	9	LSAZQ01AB0_01	10~20	66.957	3	2.910	4.705	3	0.124	0.105	3	0.032	0.572	3	0.012
2005	9	LSAZQ01AB0_01	20~40	68.364	3	2.129	4.654	3	0.191	0.103	3	0.025	0.578	3	0.016
2005	9	LSAZQ01AB0_01	40~60	69.441	3	1.452	4.750	3	0.068	0.088	3	0.002	0.584	3	0.005
2005	9	LSAZQ02AB0_01	0~10	62.591	3	0.491	4.947	3	0.126	0.140	3	0.003	0.543	3	0.004
2005	9	LSAZQ02AB0_01	10~20	62.755	3	0.885	4.984	3	0.189	0.140	3	0.002	0.551	3	0.004
2005	9	LSAZQ02AB0_01	20~40	65.814	3	5.487	4.522	3	0.861	0.117	3	0.045	0.519	3	0.045
2005	9	LSAZQ02AB0_01	40~60	63.559	2	1.417	5.211	2	0.209	0.129	2	0.016	0.538	2	0.021
2015	9	LSAZH01ABC_01	0~10	69.656	3	1.187	3.907	3	0.068	0.071	3	0.002	0.572	3	0.016
2015	9	LSAZH01ABC_01	10~20	69.656	3	0.694	3.987	3	0.131	0.073	3	0.001	0.563	3	0.025
2015	9	LSAZH01ABC_01	20~40	70.346	3	0.335	3.997	3	0.045	0.073	3	0.003	0.579	3	0.011
2015	9	LSAZH01ABC_01	40~60	71.105	3	0.292	4.095	3	0.128	0.074	3	0.002	0.590	3	0.011
2015	9	LSAFZ01ABC_01	0~10	71.074	3	1.295	4.046	3	0.063	0.072	3	0.001	0.598	3	0.026
2015	9	LSAFZ01ABC_01	10~20	71.526	3	0.861	4.039	3	0.079	0.072	3	0.001	0.600	3	0.024
2015	9	LSAFZ01ABC_01	20~40	71.283	3	1.718	4.064	3	0.069	0.072	3	0.002	0.604	3	0.034
2015	9	LSAFZ01ABC_01	40~60	72.558	3	0.553	4.127	3	0.138	0.075	3	0.004	0.630	3	0.021
2015	9	LSAFZ01ABC_02	0~10	70.087	3	1.301	3.949	3	0.028	0.070	3	0.004	0.589	3	0.021
2015	9	LSAFZ01ABC_02	10~20	69.668	3	1.123	3.925	3	0.079	0.071	3	0.004	0.567	3	0.016

（续）

年	月	样地代码	观测层次/cm	SiO_2/%			Fe_2O_3/%			MnO/%			TiO_2/%		
				平均值	重复数	标准差	平均值	重复数	标准差	平均值	重复数	标准差	平均值	重复数	标准差
2015	9	LSAFZ01ABC_02	20～40	71.059	3	0.300	4.050	3	0.131	0.072	3	0.006	0.607	3	0.015
2015	9	LSAFZ01ABC_02	40～60	71.058	3	0.575	4.028	3	0.137	0.073	3	0.004	0.614	3	0.018
2015	9	LSAFZ01ABC_03	0～10	71.655	3	0.500	4.077	3	0.093	0.072	3	0.006	0.588	3	0.010
2015	9	LSAFZ01ABC_03	10～20	71.633	3	0.850	4.077	3	0.084	0.074	3	0.005	0.609	3	0.026
2015	9	LSAFZ01ABC_03	20～40	71.760	3	0.387	4.203	3	0.225	0.076	3	0.008	0.606	3	0.031
2015	9	LSAFZ01ABC_03	40～60	72.335	3	0.283	4.296	3	0.216	0.077	3	0.005	0.617	3	0.018
2015	9	LSAFZ01ABC_04	0～10	70.245	3	1.527	3.995	3	0.069	0.071	3	0.007	0.586	3	0.012
2015	9	LSAFZ01ABC_04	10～20	70.930	3	1.002	4.085	3	0.017	0.074	3	0.004	0.619	3	0.007
2015	9	LSAFZ01ABC_04	20～40	71.971	3	0.702	4.050	3	0.054	0.074	3	0.005	0.607	3	0.012
2015	9	LSAFZ01ABC_04	40～60	70.784	3	0.517	4.049	3	0.033	0.074	3	0.002	0.615	3	0.015
2015	12	LSAFZ02ABC_01	0～10	73.358	3	0.957	3.916	3	0.057	0.074	3	0.001	0.599	3	0.015
2015	12	LSAFZ02ABC_01	10～20	72.481	3	0.673	3.993	3	0.042	0.069	3	0.002	0.584	3	0.006
2015	12	LSAFZ02ABC_01	20～40	73.039	3	0.994	3.825	3	0.045	0.069	3	0.003	0.570	3	0.002
2015	12	LSAFZ02ABC_01	40～60	73.575	3	0.623	3.840	3	0.099	0.070	3	0.002	0.580	3	0.012
2015	12	LSAFZ02ABC_02	0～10	72.888	3	0.692	3.944	3	0.079	0.071	3	0.004	0.590	3	0.015
2015	12	LSAFZ02ABC_02	10～20	72.863	3	0.719	3.957	3	0.120	0.072	3	0.004	0.598	3	0.027
2015	12	LSAFZ02ABC_02	20～40	72.837	3	0.773	3.983	3	0.082	0.067	3	0.003	0.601	3	0.024
2015	12	LSAFZ02ABC_02	40～60	72.596	3	0.051	3.902	3	0.077	0.069	3	0.004	0.595	3	0.016
2015	12	LSAFZ02ABC_03	0～10	72.342	3	1.043	3.904	3	0.097	0.072	3	0.004	0.584	3	0.022
2015	12	LSAFZ02ABC_03	10～20	71.595	3	0.284	3.795	3	0.092	0.067	3	0.001	0.576	3	0.017
2015	12	LSAFZ02ABC_03	20～40	71.712	3	1.962	3.862	3	0.111	0.069	3	0.003	0.567	3	0.018

（续）

年	月	样地代码	观测层次/cm	SiO_2/%			Fe_2O_3/%			MnO/%			TiO_2/%		
				平均值	重复数	标准差	平均值	重复数	标准差	平均值	重复数	标准差	平均值	重复数	标准差
2015	12	LSAFZ02ABC _ 03	40～60	72.460	3	1.820	3.886	3	0.179	0.071	3	0.005	0.598	3	0.028
2015	9	LSAZQ01AB0 _ 01	0～10	68.183	3	0.436	4.649	3	0.173	0.087	3	0.003	0.631	3	0.005
2015	9	LSAZQ01AB0 _ 01	10～20	67.796	3	1.184	4.710	3	0.113	0.088	3	0.003	0.640	3	0.013
2015	9	LSAZQ01AB0 _ 01	20～40	68.840	3	0.407	4.740	3	0.018	0.088	3	0.001	0.643	3	0.009
2015	9	LSAZQ01AB0 _ 01	40～60	69.118	3	1.460	4.464	3	0.089	0.081	3	0.001	0.623	3	0.006
2015	9	LSAZQ04AB0 _ 01	0～10	67.644	3	0.580	5.224	3	0.216	0.097	3	0.005	0.700	3	0.009
2015	9	LSAZQ04AB0 _ 01	10～20	67.456	3	0.691	5.291	3	0.152	0.098	3	0.003	0.703	3	0.027
2015	9	LSAZQ04AB0 _ 01	20～40	67.281	3	0.918	5.448	3	0.376	0.100	3	0.008	0.703	3	0.013
2015	9	LSAZQ04AB0 _ 01	40～60	66.422	3	0.729	5.632	3	0.417	0.103	3	0.009	0.718	3	0.024

表 4-9　剖面土壤矿质全量（2）

年	月	样地代码	观测层次/cm	Al_2O_3（%）			CaO（%）			MgO（%）			K_2O（%）		
				平均值	重复数	标准差	平均值	重复数	标准差	平均值	重复数	标准差	平均值	重复数	标准差
2005	9	LSAZH01ABC _ 01	0～10	12.092	3	0.219	1.435	3	0.030	1.050	3	0.026	3.143	3	0.049
2005	9	LSAZH01ABC _ 01	10～20	11.918	3	0.192	1.418	3	0.038	0.985	3	0.045	3.083	3	0.057
2005	9	LSAZH01ABC _ 01	20～40	13.417	3	2.432	1.495	3	0.183	1.330	3	0.673	3.301	3	0.414
2005	9	LSAZH01ABC _ 01	40～60	12.513	3	0.046	1.408	3	0.021	1.050	3	0.021	3.169	3	0.021
2005	9	LSAZQ01AB0 _ 01	0～10	13.506	3	0.600	1.609	3	0.035	1.545	3	0.140	2.744	3	0.176
2005	9	LSAZQ01AB0 _ 01	10～20	13.588	3	1.266	1.960	3	0.649	1.549	3	0.335	2.928	3	0.241
2005	9	LSAZQ01AB0 _ 01	20～40	13.407	3	0.717	1.930	3	0.684	1.450	3	0.242	2.859	3	0.100
2005	9	LSAZQ01AB0 _ 01	40～60	13.318	3	0.695	1.475	3	0.036	1.402	3	0.233	2.859	3	0.079

（续）

年	月	样地代码	观测层次/cm	Al_2O_3（%）			CaO（%）			MgO（%）			K_2O（%）		
				平均值	重复数	标准差	平均值	重复数	标准差	平均值	重复数	标准差	平均值	重复数	标准差
2005	9	LSAZQ02AB0_01	0～10	15.818	3	0.354	2.208	3	0.340	2.075	3	0.085	3.492	3	0.114
2005	9	LSAZQ02AB0_01	10～20	15.824	3	0.477	2.225	3	0.334	2.055	3	0.113	3.486	3	0.120
2005	9	LSAZQ02AB0_01	20～40	14.877	3	2.205	1.847	3	0.689	1.744	3	0.605	3.440	3	0.282
2005	9	LSAZQ02AB0_01	40～60	16.490	2	0.202	1.269	2	0.192	1.995	2	0.094	3.853	2	0.119
2015	9	LSAZH01ABC_01	0～10	12.735	3	0.245	1.566	3	0.057	1.149	3	0.018	3.067	3	0.029
2015	9	LSAZH01ABC_01	10～20	12.644	3	0.147	1.570	3	0.041	1.170	3	0.029	3.025	3	0.023
2015	9	LSAZH01ABC_01	20～40	12.882	3	0.183	1.558	3	0.018	1.176	3	0.034	3.097	3	0.088
2015	9	LSAZH01ABC_01	40～60	13.053	3	0.046	1.577	3	0.075	1.186	3	0.020	3.124	3	0.066
2015	9	LSAFZ01ABC_01	0～10	12.963	3	0.169	1.579	3	0.078	1.174	3	0.003	3.107	3	0.021
2015	9	LSAFZ01ABC_01	10～20	13.063	3	0.105	1.582	3	0.036	1.171	3	0.020	3.130	3	0.042
2015	9	LSAFZ01ABC_01	20～40	12.983	3	0.165	1.541	3	0.055	1.167	3	0.034	3.111	3	0.065
2015	9	LSAFZ01ABC_01	40～60	13.162	3	0.273	1.591	3	0.021	1.195	3	0.047	3.121	3	0.080
2015	9	LSAFZ01ABC_02	0～10	12.631	3	0.313	1.652	3	0.029	1.148	3	0.023	3.057	3	0.107
2015	9	LSAFZ01ABC_02	10～20	12.627	3	0.067	1.612	3	0.042	1.142	3	0.006	3.076	3	0.009
2015	9	LSAFZ01ABC_02	20～40	12.972	3	0.201	1.572	3	0.053	1.166	3	0.019	3.097	3	0.021
2015	9	LSAFZ01ABC_02	40～60	13.002	3	0.155	1.556	3	0.028	1.169	3	0.015	3.121	3	0.043
2015	9	LSAFZ01ABC_03	0～10	13.059	3	0.100	1.525	3	0.051	1.155	3	0.010	3.008	3	0.037
2015	9	LSAFZ01ABC_03	10～20	13.090	3	0.222	1.543	3	0.046	1.170	3	0.020	2.981	3	0.048
2015	9	LSAFZ01ABC_03	20～40	13.287	3	0.354	1.542	3	0.058	1.205	3	0.054	3.023	3	0.060
2015	9	LSAFZ01ABC_03	40～60	13.314	3	0.322	1.522	3	0.061	1.205	3	0.032	3.045	3	0.039
2015	9	LSAFZ01ABC_04	0～10	12.867	3	0.058	1.712	3	0.145	1.173	3	0.023	3.004	3	0.035

（续）

年	月	样地代码	观测层次/cm	Al_2O_3（%）			CaO（%）			MgO（%）			K_2O（%）		
				平均值	重复数	标准差	平均值	重复数	标准差	平均值	重复数	标准差	平均值	重复数	标准差
2015	9	LSAFZ01ABC_04	10～20	12.990	3	0.113	1.601	3	0.025	1.153	3	0.023	2.954	3	0.048
2015	9	LSAFZ01ABC_04	20～40	13.188	3	0.219	1.547	3	0.020	1.165	3	0.032	3.039	3	0.069
2015	9	LSAFZ01ABC_04	40～60	13.004	3	0.216	1.544	3	0.008	1.155	3	0.036	2.983	3	0.049
2015	12	LSAFZ02ABC_01	0～10	13.076	3	0.154	1.528	3	0.003	1.141	3	0.016	3.049	3	0.044
2015	12	LSAFZ02ABC_01	10～20	13.000	3	0.155	1.525	3	0.008	1.136	3	0.015	3.003	3	0.057
2015	12	LSAFZ02ABC_01	20～40	13.034	3	0.250	1.551	3	0.052	1.114	3	0.015	3.030	3	0.051
2015	12	LSAFZ02ABC_01	40～60	13.052	3	0.189	1.585	3	0.075	1.124	3	0.031	3.070	3	0.027
2015	12	LSAFZ02ABC_02	0～10	13.032	3	0.199	1.548	3	0.025	1.158	3	0.018	3.018	3	0.032
2015	12	LSAFZ02ABC_02	10～20	13.116	3	0.192	1.554	3	0.029	1.158	3	0.023	3.046	3	0.027
2015	12	LSAFZ02ABC_02	20～40	13.070	3	0.149	1.543	3	0.023	1.153	3	0.019	3.039	3	0.032
2015	12	LSAFZ02ABC_02	40～60	13.030	3	0.102	1.534	3	0.026	1.142	3	0.014	3.022	3	0.011
2015	12	LSAFZ02ABC_03	0～10	12.971	3	0.315	1.539	3	0.085	1.157	3	0.044	3.007	3	0.057
2015	12	LSAFZ02ABC_03	10～20	12.774	3	0.141	1.523	3	0.046	1.143	3	0.031	2.955	3	0.037
2015	12	LSAFZ02ABC_03	20～40	12.858	3	0.268	1.839	3	0.617	1.159	3	0.046	2.998	3	0.021
2015	12	LSAFZ02ABC_03	40～60	12.865	3	0.337	1.532	3	0.105	1.139	3	0.054	2.998	3	0.062
2015	9	LSAZQ01AB0_01	0～10	13.703	3	0.215	1.555	3	0.003	1.440	3	0.062	2.832	3	0.036
2015	9	LSAZQ01AB0_01	10～20	13.742	3	0.224	1.605	3	0.094	1.466	3	0.042	2.813	3	0.054
2015	9	LSAZQ01AB0_01	20～40	13.932	3	0.241	1.517	3	0.046	1.468	3	0.025	2.856	3	0.076
2015	9	LSAZQ01AB0_01	40～60	13.445	3	0.129	1.422	3	0.016	1.352	3	0.034	2.838	3	0.023
2015	9	LSAZQ04AB0_01	0～10	13.895	3	0.299	1.641	3	0.036	1.893	3	0.118	2.583	3	0.033
2015	9	LSAZQ04AB0_01	10～20	14.045	3	0.206	1.690	3	0.101	1.927	3	0.120	2.602	3	0.048

（续）

年	月	样地代码	观测层次/cm	Al_2O_3（%）			CaO（%）			MgO（%）			K_2O（%）		
				平均值	重复数	标准差	平均值	重复数	标准差	平均值	重复数	标准差	平均值	重复数	标准差
2015	9	LSAZQ04AB0_01	20～40	14.298	3	0.453	1.567	3	0.074	2.026	3	0.233	2.654	3	0.043
2015	9	LSAZQ04AB0_01	40～60	14.423	3	0.599	1.580	3	0.080	2.162	3	0.279	2.597	3	0.047

表 4-9 剖面土壤矿质全量（3）

年	月	样地代码	观测层次/cm	Al_2O_3（%）			CaO（%）			MgO（%）			K_2O（%）		
				平均值	重复数	标准差	平均值	重复数	标准差	平均值	重复数	标准差	平均值	重复数	标准差
2005	9	LSAZH01ABC_01	0～10	1.831	3	0.020	0.218	3	0.015	3.893	3	0.143	0.047	3	0.002
2005	9	LSAZH01ABC_01	10～20	1.844	3	0.011	0.191	3	0.010	3.723	3	0.191	0.041	3	0.003
2005	9	LSAZH01ABC_01	20～40	1.779	3	0.142	0.166	3	0.020	4.003	3	1.548	0.034	3	0.005
2005	9	LSAZH01ABC_01	40～60	1.844	3	0.006	0.164	3	0.026	2.893	3	0.212	0.030	3	0.002
2005	9	LSAZQ01AB0_01	0～10	1.818	3	0.165	0.171	3	0.036	5.713	3	0.618	0.052	3	0.011
2005	9	LSAZQ01AB0_01	10～20	1.805	3	0.064	0.174	3	0.011	5.397	3	0.346	0.045	3	0.008
2005	9	LSAZQ01AB0_01	20～40	1.847	3	0.152	0.147	3	0.007	4.587	3	0.106	0.036	3	0.008
2005	9	LSAZQ01AB0_01	40～60	1.734	3	0.083	0.138	3	0.022	3.990	3	0.275	0.036	3	0.004
2005	9	LSAZQ02AB0_01	0～10	1.737	3	0.040	0.195	3	0.005	6.033	3	0.296	0.041	3	0.002
2005	9	LSAZQ02AB0_01	10～20	1.734	3	0.062	0.191	3	0.007	6.000	3	0.375	0.041	3	0.004
2005	9	LSAZQ02AB0_01	20～40	1.737	3	0.122	0.181	3	0.017	4.900	3	1.396	0.040	3	0.004
2005	9	LSAZQ02AB0_01	40～60	1.508	2	0.014	0.163	2	0.021	4.985	2	0.615	0.037	2	0.002
2015	9	LSAZH01ABC_01	0～10	2.024	3	0.020	0.217	3	0.012	5.645	3	0.425	0.225	3	0.003
2015	9	LSAZH01ABC_01	10～20	2.036	3	0.081	0.229	3	0.006	5.253	3	0.039	0.223	3	0.012
2015	9	LSAZH01ABC_01	20～40	2.062	3	0.057	0.214	3	0.007	4.457	3	0.157	0.197	3	0.008

（续）

年	月	样地代码	观测层次/cm	Al_2O_3（%）			CaO（%）			MgO（%）			K_2O（%）		
				平均值	重复数	标准差	平均值	重复数	标准差	平均值	重复数	标准差	平均值	重复数	标准差
2015	9	LSAZH01ABC_01	40～60	2.040	3	0.031	0.203	3	0.013	3.647	3	0.172	0.166	3	0.013
2015	9	LSAFZ01ABC_01	0～10	2.063	3	0.038	0.211	3	0.014	4.856	3	0.694	0.169	3	0.013
2015	9	LSAFZ01ABC_01	10～20	2.076	3	0.027	0.206	3	0.009	4.641	3	0.817	0.171	3	0.008
2015	9	LSAFZ01ABC_01	20～40	2.049	3	0.054	0.185	3	0.014	3.751	3	0.499	0.155	3	0.024
2015	9	LSAFZ01ABC_01	40～60	2.083	3	0.005	0.202	3	0.033	3.698	3	0.395	0.152	3	0.029
2015	9	LSAFZ01ABC_02	0～10	2.012	3	0.070	0.229	3	0.007	6.042	3	0.487	0.248	3	0.017
2015	9	LSAFZ01ABC_02	10～20	2.006	3	0.029	0.217	3	0.012	5.863	3	1.021	0.197	3	0.085
2015	9	LSAFZ01ABC_02	20～40	2.037	3	0.022	0.194	3	0.010	3.794	3	0.163	0.158	3	0.004
2015	9	LSAFZ01ABC_02	40～60	2.045	3	0.015	0.188	3	0.010	3.747	3	0.242	0.165	3	0.012
2015	9	LSAFZ01ABC_03	0～10	2.008	3	0.040	0.221	3	0.007	4.373	3	0.228	0.177	3	0.017
2015	9	LSAFZ01ABC_03	10～20	2.000	3	0.038	0.224	3	0.015	4.346	3	0.131	0.176	3	0.006
2015	9	LSAFZ01ABC_03	20～40	1.996	3	0.024	0.209	3	0.009	3.737	3	0.148	0.157	3	0.010
2015	9	LSAFZ01ABC_03	40～60	2.030	3	0.028	0.199	3	0.009	3.490	3	0.177	0.141	3	0.008
2015	9	LSAFZ01ABC_04	0～10	1.985	3	0.052	0.228	3	0.008	5.619	3	0.908	0.228	3	0.040
2015	9	LSAFZ01ABC_04	10～20	1.975	3	0.039	0.228	3	0.008	4.868	3	0.293	0.192	3	0.045
2015	9	LSAFZ01ABC_04	20～40	1.999	3	0.015	0.206	3	0.002	3.617	3	0.626	0.162	3	0.033
2015	9	LSAFZ01ABC_04	40～60	1.982	3	0.026	0.189	3	0.013	4.333	3	0.867	0.182	3	0.032
2015	12	LSAFZ02ABC_01	0～10	2.035	3	0.016	0.173	3	0.006	3.689	3	0.171	0.165	3	0.002
2015	12	LSAFZ02ABC_01	10～20	2.040	3	0.044	0.176	3	0.016	3.606	3	0.282	0.158	3	0.013
2015	12	LSAFZ02ABC_01	20～40	2.038	3	0.027	0.161	3	0.015	3.188	3	0.430	0.141	3	0.017
2015	12	LSAFZ02ABC_01	40～60	2.084	3	0.029	0.157	3	0.014	3.001	3	0.336	0.132	3	0.012

（续）

年	月	样地代码	观测层次/cm	Al_2O_3（%）			CaO（%）			MgO（%）			K_2O（%）		
				平均值	重复数	标准差	平均值	重复数	标准差	平均值	重复数	标准差	平均值	重复数	标准差
2015	12	LSAFZ02ABC_02	0～10	2.021	3	0.027	0.178	3	0.013	3.807	3	0.339	0.167	3	0.007
2015	12	LSAFZ02ABC_02	10～20	2.014	3	0.037	0.184	3	0.021	3.633	3	0.367	0.160	3	0.019
2015	12	LSAFZ02ABC_02	20～40	2.019	3	0.011	0.178	3	0.025	3.560	3	0.400	0.155	3	0.026
2015	12	LSAFZ02ABC_02	40～60	2.012	3	0.006	0.171	3	0.012	3.255	3	0.488	0.145	3	0.020
2015	12	LSAFZ02ABC_03	0～10	2.000	3	0.053	0.174	3	0.012	3.853	3	0.458	0.165	3	0.017
2015	12	LSAFZ02ABC_03	10～20	1.982	3	0.042	0.165	3	0.009	3.572	3	0.150	0.200	3	0.049
2015	12	LSAFZ02ABC_03	20～40	1.997	3	0.009	0.161	3	0.013	3.411	3	0.182	0.153	3	0.012
2015	12	LSAFZ02ABC_03	40～60	1.980	3	0.016	0.163	3	0.012	3.206	3	0.198	0.145	3	0.009
2015	9	LSAZQ01AB0_01	0～10	1.916	3	0.030	0.182	3	0.007	4.514	3	0.265	0.249	3	0.011
2015	9	LSAZQ01AB0_01	10～20	1.925	3	0.090	0.196	3	0.010	3.659	3	0.057	0.220	3	0.065
2015	9	LSAZQ01AB0_01	20～40	1.920	3	0.053	0.171	3	0.008	3.483	3	0.079	0.210	3	0.013
2015	9	LSAZQ01AB0_01	40～60	1.921	3	0.020	0.135	3	0.002	3.464	3	0.164	0.157	3	0.006
2015	9	LSAZQ04AB0_01	0～10	1.898	3	0.034	0.183	3	0.005	4.027	3	0.136	0.261	3	0.018
2015	9	LSAZQ04AB0_01	10～20	1.931	3	0.070	0.179	3	0.022	3.725	3	0.099	0.246	3	0.022
2015	9	LSAZQ04AB0_01	20～40	1.902	3	0.096	0.153	3	0.017	3.460	3	0.238	0.180	3	0.019
2015	9	LSAZQ04AB0_01	40～60	1.807	3	0.005	0.141	3	0.010	3.555	3	0.036	0.172	3	0.012

4.4 剖面土壤机械组成

4.4.1 概述

本数据集为拉萨站农田土壤剖面机械组成观测数据，时间为 2015 年，包括 5 处观测场，1 个综合观测场、2 个辅助观测场以及 2 个站区调查点，其中辅助观测场 LSAFZ01 包括 4 个不同施肥处理，分别是空白对照、羊粪、化肥、羊粪+化肥；LSAFZ02 包括 3 个不同管理措施，分别是不除草、经常除草、除草 1 次。具体见表 4-10。

表 4-10 拉萨站剖面土壤机械组成采样地一览表

观测场名称	观测场代码	采样地名称	采样地代码	备注
拉萨站综合观测场	LSAZH01	拉萨站综合观测场水土生联合长期观测采样地	LSAZH01ABC_01	
拉萨站施肥试验辅助观测场	LSAFZ01	拉萨站农田土壤要素辅助长期观测采样地（CK、羊粪、化肥、羊粪+化肥）	LSAFZ01ABC_01（CK） LSAFZ01ABC_02（羊粪） LSAFZ01ABC_03（化肥） LSAFZ01ABC_04（羊粪+化肥）	
拉萨站撂荒地辅助观测场	LSAFZ02	拉萨站农田撂荒长期观测采样地（不除草、经常除草、除草 1 次）	LSAFZ02ABC_01（不除草） LSAFZ02ABC_02（经常除草） LSAFZ02ABC_03（除草 1 次）	
拉萨站站区调查点（达孜区德庆镇）	LSAZQ01	拉萨站站区调查点（达孜区德庆镇土壤生物长期采样地）	LSAZQ01AB0_01	2005—2015 年，因修路占用被废弃
拉萨站站区调查点（达孜区德庆镇）	LSAZQ04	拉萨站站区调查点（达孜区德庆镇新仓村土壤生物长期采样地）	LSAZQ04AB0_01	2014—2017 年，因修路占用被废弃

4.4.2 数据处理方法

拉萨站土壤观测数据集主要以每年作物收获后采集的土壤为主，剖面土采用挖坑法，分 4 层，0～10 cm、10～20 cm、20～40 cm、40～60 cm。综合观测场和站区调查点采集 6 个剖面，辅助观测场采集 3 个剖面土壤。样品采集后，按要求风干、过筛，邮寄回北京实验室采用激光粒度仪进行测定。本次整理的数据是经过统计后计算的平均值，并标注了采用重复数量和标准差。

4.4.3 数据

剖面土壤机械组成数据见表 4-11。

表 4-11 剖面土壤机械组成

年	月	样地代码	观测层次/cm	0.05～2/mm	0.002～0.05/mm	<0.002/mm	重复数	土壤质地名称
2015	9	LSAZH01ABC_01	0～10	66.70	30.97	2.34	6	沙质壤土
2015	9	LSAZH01ABC_01	10～20	66.39	31.21	2.40	6	沙质壤土
2015	9	LSAZH01ABC_01	20～40	66.49	30.89	2.62	6	沙质壤土

（续）

年	月	样地代码	观测层次/cm	0.05～2/mm	0.002～0.05/mm	＜0.002/mm	重复数	土壤质地名称
2015	9	LSAZH01ABC _ 01	40～60	68.00	29.34	2.66	6	沙质壤土
2015	9	LSAFZ01ABC _ 01	0～10	66.19	31.08	2.72	3	沙质壤土
2015	9	LSAFZ01ABC _ 01	10～20	66.36	30.91	2.73	3	沙质壤土
2015	9	LSAFZ01ABC _ 01	20～40	67.15	29.92	2.93	3	沙质壤土
2015	9	LSAFZ01ABC _ 01	40～60	66.77	30.33	2.90	3	沙质壤土
2015	9	LSAFZ01ABC _ 02	0～10	69.90	27.97	2.13	3	沙质壤土
2015	9	LSAFZ01ABC _ 02	10～20	69.09	28.68	2.22	3	沙质壤土
2015	9	LSAFZ01ABC _ 02	20～40	67.20	30.03	2.77	3	沙质壤土
2015	9	LSAFZ01ABC _ 02	40～60	66.29	30.76	2.95	3	沙质壤土
2015	9	LSAFZ01ABC _ 03	0～10	64.73	32.52	2.75	3	沙质壤土
2015	9	LSAFZ01ABC _ 03	10～20	68.09	29.54	2.37	3	沙质壤土
2015	9	LSAFZ01ABC _ 03	20～40	65.12	32.07	2.82	3	沙质壤土
2015	9	LSAFZ01ABC _ 03	40～60	64.23	32.84	2.93	3	沙质壤土
2015	9	LSAFZ01ABC _ 04	0～10	67.72	30.05	2.23	3	沙质壤土
2015	9	LSAFZ01ABC _ 04	10～20	67.74	29.90	2.36	3	沙质壤土
2015	9	LSAFZ01ABC _ 04	20～40	65.16	31.95	2.89	3	沙质壤土
2015	9	LSAFZ01ABC _ 04	40～60	67.33	30.03	2.64	3	沙质壤土
2015	12	LSAFZ02ABC _ 01	0～10	74.30	23.52	2.18	3	沙质壤土
2015	12	LSAFZ02ABC _ 01	10～20	72.10	25.63	2.28	3	沙质壤土
2015	12	LSAFZ02ABC _ 01	20～40	72.20	25.51	2.29	3	沙质壤土
2015	12	LSAFZ02ABC _ 01	40～60	71.93	25.64	2.43	3	沙质壤土
2015	12	LSAFZ02ABC _ 02	0～10	69.90	27.62	2.48	3	沙质壤土
2015	12	LSAFZ02ABC _ 02	10～20	70.44	27.16	2.40	3	沙质壤土
2015	12	LSAFZ02ABC _ 02	20～40	70.62	26.98	2.40	3	沙质壤土
2015	12	LSAFZ02ABC _ 02	40～60	71.61	25.98	2.41	3	沙质壤土
2015	12	LSAFZ02ABC _ 03	0～10	70.54	27.12	2.34	3	沙质壤土
2015	12	LSAFZ02ABC _ 03	10～20	70.61	27.01	2.38	3	沙质壤土
2015	12	LSAFZ02ABC _ 03	20～40	70.52	27.04	2.44	3	沙质壤土
2015	12	LSAFZ02ABC _ 03	40～60	71.12	26.37	2.50	3	沙质壤土
2015	9	LSAZQ01AB0 _ 01	0～10	36.00	58.16	5.84	6	沙质壤土
2015	9	LSAZQ01AB0 _ 01	10～20	35.65	58.56	5.79	6	沙质壤土
2015	9	LSAZQ01AB0 _ 01	20～40	36.45	57.69	5.86	6	沙质壤土
2015	9	LSAZQ01AB0 _ 01	40～60	38.10	55.87	6.03	6	沙质壤土
2015	9	LSAZQ04AB0 _ 01	0～10	33.66	60.80	5.55	6	沙质壤土
2015	9	LSAZQ04AB0 _ 01	10～20	34.12	60.78	5.10	6	沙质壤土
2015	9	LSAZQ04AB0 _ 01	20～40	29.90	63.85	6.25	6	沙质壤土
2015	9	LSAZQ04AB0 _ 01	40～60	31.73	62.27	6.01	6	沙质壤土

4.5 剖面土壤容重

4.5.1 概述

本数据集为拉萨站农田剖面土壤容重观测数据，时间为 2005 年、2015 年，包括 4 处观测场，1 个综合观测场、1 个辅助观测场以及 2 个站区调查点，其中辅助观测场 LSAFZ01 包括 4 个不同施肥处理，分别是空白对照、羊粪、化肥、羊粪+化肥；LSAFZ02 包括 3 个不同管理措施，分别是不除草、经常除草、除草 1 次。具体见表 4-12。

表 4-12　拉萨站土壤容重采样地一览表

观测场名称	观测场代码	采样地名称	采样地代码	备注
拉萨站综合观测场	LSAZH01	拉萨站综合观测场水土生联合长期观测采样地	LSAZH01ABC_01	
拉萨站施肥试验辅助观测场	LSAFZ01	拉萨站农田土壤要素辅助长期观测采样地（CK、羊粪、化肥、羊粪+化肥）	LSAFZ01ABC_01（CK） LSAFZ01ABC_02（羊粪） LSAFZ01ABC_03（化肥） LSAFZ01ABC_04（羊粪+化肥）	
拉萨站站区调查点（达孜区德庆镇）	LSAZQ01	拉萨站站区调查点（达孜县德庆镇土壤生物长期采样地）	LSAZQ01AB0_01	2005—2015 年，因修路占用被废弃
拉萨站站区调查点（达孜区德庆镇）	LSAZQ04	拉萨站站区调查点（达孜县德庆镇新仓村土壤生物长期采样地）	LSAZQ04AB0_01	2014—2017 年，因修路占用被废弃

4.5.2 数据处理方法

拉萨站剖面土壤容重数据采用环刀法测定，分 4 层，0～10 cm、10～20 cm、20～40 cm、40～60 cm。作物收获后在综合观测场和站区调查点采集 4～6 个剖面，辅助观测场采集 3 个剖面土壤，剖面为挖坑法，同其他剖面样品。本次整理的数据是经过统计后计算的平均值，并标注了采用重复数量和标准差。

4.5.3 数据

剖面土壤容重数据见表 4-13。

表 4-13　剖面土壤容重

年	月	样地代码	观测层次/cm	容重/（g/m³）	标准差	重复数
2005	9	LSAZH01ABC_01	0～10	1.27	0.09	4
2005	9	LSAZH01ABC_01	10～20	1.32	0.07	4
2005	9	LSAZH01ABC_01	20～40	1.40	0.05	4
2005	9	LSAZH01ABC_01	40～60	1.48	0.06	4
2005	9	LSAZQ01AB0_01	0～10	1.39	0.04	4
2005	9	LSAZQ01AB0_01	10～20	1.32	0.09	4

（续）

年	月	样地代码	观测层次/cm	容重/（g/m³）	标准差	重复数
2005	9	LSAZQ01AB0_01	20～40	1.47	0.01	4
2005	9	LSAZQ01AB0_01	40～60	1.48	0.06	4
2015	9	LSAZH01ABC_01	0～10	1.31	0.03	6
2015	9	LSAZH01ABC_01	10～20	1.40	0.07	6
2015	9	LSAZH01ABC_01	20～40	1.47	0.09	6
2015	9	LSAZH01ABC_01	40～60	1.50	0.07	6
2015	9	LSAFZ01ABC_01	0～10	1.34	0.06	3
2015	9	LSAFZ01ABC_01	10～20	1.44	0.06	3
2015	9	LSAFZ01ABC_01	20～40	1.47	0.06	3
2015	9	LSAFZ01ABC_01	40～60	1.52	0.05	3
2015	9	LSAFZ01ABC_02	0～10	1.30	0.01	3
2015	9	LSAFZ01ABC_02	10～20	1.37	0.05	3
2015	9	LSAFZ01ABC_02	20～40	1.48	0.03	3
2015	9	LSAFZ01ABC_02	40～60	1.50	0.04	3
2015	9	LSAFZ01ABC_03	0～10	1.16	0.04	3
2015	9	LSAFZ01ABC_03	10～20	1.24	0.06	3
2015	9	LSAFZ01ABC_03	20～40	1.48	0.04	3
2015	9	LSAFZ01ABC_03	40～60	1.54	0.01	3
2015	9	LSAFZ01ABC_04	0～10	1.16	0.06	3
2015	9	LSAFZ01ABC_04	10～20	1.36	0.11	3
2015	9	LSAFZ01ABC_04	20～40	1.41	0.08	3
2015	9	LSAFZ01ABC_04	40～60	1.45	0.06	3
2015	9	LSAZQ01AB0_01	0～10	1.33	0.05	6
2015	9	LSAZQ01AB0_01	10～20	1.38	0.07	6
2015	9	LSAZQ01AB0_01	20～40	1.44	0.06	6
2015	9	LSAZQ01AB0_01	40～60	1.57	0.09	6
2015	9	LSAZQ04AB0_01	0～10	1.37	0.04	6
2015	9	LSAZQ04AB0_01	10～20	1.40	0.06	6
2015	9	LSAZQ04AB0_01	20～40	1.55	0.07	6
2015	9	LSAZQ04AB0_01	40～60	1.63	0.05	6

第5章 气象观测数据集

5.1 概述

气象数据是生态学研究的基础，长时间序列的气象观测数据可为研究区域气候变化趋势，揭示其生态过程与机理提供科学数据。本气象观测数据集为拉萨站气象观测站获取的数据，包括2部分数据，一部分是由人工观测的气象数据，经统计后计算出月平均值，起止时间为1993—2015年，具体指标包括：①人工观测气压，②人工观测风速，③人工观测气温，④人工观测相对湿度，⑤人工观测地表温度，⑥人工观测降水量。

另一部分数据集是由VAISALA自动气象站观测的数据，记录数据为30 min/次，经统计后生成的月平均值，起止时间2005—2015年，具体指标包括：①气温数据集，②降水数据集，③相对湿度数据集，④气压数据集，⑤10 min风速数据集，⑥地温（0 cm、5 cm、10 cm、15 cm 、20 cm、40 cm、100 cm）数据集，⑦太阳辐射总量数据集。

5.2 数据采集和处理方法

拉萨站的气象观测场位于西藏自治区拉萨市达孜区拉萨站观测基地内，观测内容主要包括人工（表5-1）和自动（表5-2）气象两个部分。自动气象站为Milos520，2004年安装并开始观测，每两年由CERN大气分中心进行仪器标定。人工观测开始于1993年，日常监测按照《中国生态系统研究网络（CERN）长期观测质量管理规范：生态系统气象辐射监测质量控制方法》执行，主要监测内容和采集方法分别如下。

表5-1 拉萨站气象要素人工观测

项目	频度	观测仪器
气压	3次/日（8、14、20时）	水银气压表
风速	3次/日（8、14、20时）	风向、风速仪
空气温度	3次/日（8、14、20时）	百叶箱水银温度表
相对湿度	3次/日（8、14、20时）	百叶箱干湿球温度表毛发湿度表
地表温度	3次/日（8、14、20时）	水银地温表
降水总量	降雨时测，2次/日（8、20时）	雨量筒

表 5－2　拉萨站气象要素自动观测

项目	频度	观测仪器
气压	1 次/h	DPA501 型气压传感器
风速	1 次/h	WAV151 风速传感器
空气温度	1 次/h	HMP450 温湿度传感器
相对湿度	1 次/h	HMP450 温湿度传感器
降水总量	1 次/h	翻斗式雨量计
地表温度	1 次/h	QMT110 温度传感器
地温，观测深度（5 cm、10 cm、15 cm、20 cm、40 cm、60 cm、100 cm）	1 次/h	温度传感器
总辐射	1 次/h	CM11 总辐射表

拉萨站由 CERN 气象处理软件“CERN 生态气象工作站”处理，其中人工气象观测数据观测后，由人工录入；自动气象站观测数据每月下载完成后，由软件自动处理。数据处理程序会自动剔除异常数据，对数据进行统计，生成日报表、月报表和年报表。

5.3　数据质量控制和评估

按照 CERN 长期监测的数据质量控制要求，拉萨站的气象数据施行对数据质量分级管理的方式，即拉萨站→大气科学分中心→综合中心。拉萨站按照观测规范执行各项规定、操作规程，获取原始观测数据，确保数据的真实性，每年按时将数据上报至大气分中心，大气分中心审核和评估后，返回给台站和综合中心，数据入库，按照共享协议对外提供服务。

5.4　数据使用方法和建议

在 1993—2015 年拉萨站人工监测数据中，个别时间段的部分指标因仪器故障等原因存在数据项缺失情况；自动气象站观测数据自 2004 年开始观测，2004—2015 年间因仪器故障部分指标存在数据缺失情况。本次整理是月尺度的数据，如果需要更为完整的日尺度数据，可通过数据共享网址“lsa. cern. ac. cn”查询，或者直接联系拉萨站数据负责人员。

拉萨站长期监测、累积的气象观测数据，表征了拉萨河谷农田生态系统气象要素的变化趋势，为分析该区域气候变化趋势和开展生态学研究提供基础分析资料，为拉萨河谷农业生态系统管理和农牧业可持续发展等提供科学依据。

5.5　气象观测数据

气象观测数据见表 5－3 至表 5－21。

表 5－3　人工观测气压

年	月	气压/hPa	有效数据/条
1993	8	650.7	31
1993	9	652.7	30
1993	10	651.5	31

（续）

年	月	气压/hPa	有效数据/条
1993	11	652.0	30
1993	12	651.4	31
1994	1	647.9	31
1994	2	644.4	28
1994	3	648.0	31
1994	4	648.2	30
1994	5	650.6	31
1994	6	648.8	30
1994	7	649.9	31
1994	8	651.9	31
1994	9	652.7	30
1994	10	651.3	31
1994	11	653.3	30
1994	12	649.7	31
1995	1	646.7	31
1995	2	645.2	28
1995	3	646.7	31
1995	4	648.5	30
1995	5	648.2	31
1995	6	649.0	30
1995	7	649.8	31
1995	8	651.6	31
1995	9	652.6	30
1995	10	652.2	31
1995	11	652.0	30
1995	12	649.0	31
1996	1	645.2	31
1996	2	647.7	29
1996	3	647.3	31
1996	4	648.8	30
1996	5	649.0	31
1996	6	650.6	30
1996	7	650.0	31

（续）

年	月	气压/hPa	有效数据/条
1996	8	652.1	31
1996	9	652.3	30
1996	10	651.5	31
1996	11	649.9	30
1996	12	650.5	31
1997	1	647.2	31
1997	2	641.7	28
1997	3	647.5	31
1997	4	650.0	30
1997	5	648.7	31
1997	6	649.3	30
1997	7	650.4	31
1997	8	652.3	31
1997	9	653.1	30
1997	10	653.6	31
1997	11	651.5	30
1997	12	649.3	31
1998	1	646.6	31
1998	2	647.3	28
1998	3	647.2	31
1998	4	651.3	30
1998	5	651.1	31
1998	6	649.4	30
1998	7	650.7	31
1998	8	652.0	31
1998	9	653.3	30
1998	10	651.6	31
1998	11	652.7	30
1998	12	652.0	31
1999	1	647.2	31
1999	2	650.9	28
1999	3	645.1	31
1999	4	648.0	30

（续）

年	月	气压/hPa	有效数据/条
1999	5	648.4	31
1999	6	648.5	30
1999	7	649.4	31
1999	8	650.6	31
1999	9	652.5	30
1999	10		
1999	11		
1999	12		
2000	1	646.1	31
2000	2	642.1	29
2000	3	645.0	31
2000	4	647.5	30
2000	5	650.2	31
2000	6	648.5	30
2000	7	649.7	31
2000	8	650.6	31
2000	9	651.2	30
2000	10	651.9	31
2000	11	649.5	30
2000	12	649.7	31
2001	1	644.6	31
2001	2	644.9	28
2001	3	647.6	31
2001	4	649.4	30
2001	5	649.0	31
2001	6	649.4	30
2001	7	650.5	31
2001	8	651.2	31
2001	9	651.9	30
2001	10	650.6	31
2001	11	652.8	30
2001	12	650.2	31
2002	1	647.4	31

（续）

年	月	气压/hPa	有效数据/条
2002	2	649.1	28
2002	3	648.7	31
2002	4	649.3	30
2002	5	649.6	31
2002	6	649.7	30
2002	7	649.5	31
2002	8	651.8	31
2002	9	652.5	30
2002	10	652.6	31
2002	11	652.7	30
2002	12	649.4	31
2003	1	649.4	31
2003	2	647.5	28
2003	3	647.5	31
2003	4	650.1	30
2003	5		
2003	6		
2003	7		
2003	8		
2003	9		
2003	10		
2003	11		
2003	12		
2004	1	646.7	31
2004	2	647.0	29
2004	3		
2004	4	649.6	30
2004	5	647.9	31
2004	6	648.9	30
2004	7	650.0	31
2004	8	650.9	31
2004	9	653.0	30
2004	10	652.9	31

（续）

年	月	气压/hPa	有效数据/条
2004	11	651.6	30
2004	12	650.3	31
2005	1	645.7	31
2005	2	646.2	28
2005	3	648.0	31
2005	4	649.1	30
2005	5	648.5	31
2005	6	648.3	30
2005	7	650.1	31
2005	8	650.0	31
2005	9	653.0	30
2005	10	652.0	31
2005	11	649.6	30
2005	12	649.5	31
2006	1	647.9	31
2006	2	648.8	28
2006	3	647.4	31
2006	4	648.8	30
2006	5	650.6	31
2006	6	649.4	30
2006	7	650.6	31
2006	8	651.8	31
2006	9	652.4	30
2006	10	653.5	31
2006	11	650.4	30
2006	12	650.0	31
2007	1	645.6	31
2007	2	646.6	28
2007	3	647.1	31
2007	4	650.4	30
2007	5	649.5	31
2007	6	649.3	30
2007	7	649.4	31

（续）

年	月	气压/hPa	有效数据/条
2007	8	651.0	31
2007	9	651.7	30
2007	10	650.9	31
2007	11	652.2	30
2007	12	648.5	31
2008	1	644.3	31
2008	2	644.1	29
2008	3	647.8	31
2008	4	648.3	30
2008	5	648.1	31
2008	6	649.4	30
2008	7	649.6	31
2008	8	650.5	31
2008	9	651.6	30
2008	10	652.9	31
2008	11	652.8	30
2008	12	650.7	31
2009	1	649.1	31
2009	2	646.5	28
2009	3	647.5	31
2009	4	648.6	30
2009	5	648.6	31
2009	6	648.0	30
2009	7	649.4	31
2009	8	651.8	31
2009	9	652.8	30
2009	10	651.0	31
2009	11	650.7	30
2009	12	649.2	31
2010	1	650.6	31
2010	2		
2010	3	649.0	31
2010	4	649.9	30

（续）

年	月	气压/hPa	有效数据/条
2010	5	648.7	31
2010	6	647.7	30
2010	7		
2010	8		
2010	9	651.9	30
2010	10	652.0	31
2010	11	651.1	30
2010	12	647.5	31
2011	1	644.1	31
2011	2	647.1	28
2011	3	645.8	31
2011	4	650.0	30
2011	5	649.7	31
2011	6	649.2	30
2011	7	649.6	31
2011	8	651.3	31
2011	9	652.5	30
2011	10	652.3	31
2011	11	652.1	30
2011	12	647.0	31
2012	1	642.6	31
2012	2	639.1	29
2012	3	644.2	31
2012	4	651.6	30
2012	5	652.6	31
2012	6	651.0	30
2012	7	652.6	31
2012	8	653.2	31
2012	9	653.6	30
2012	10	651.9	31
2012	11	649.8	30
2012	12	648.8	31
2013	1	646.1	31

（续）

年	月	气压/hPa	有效数据/条
2013	2	649.0	28
2013	3	648.0	31
2013	4	646.7	30
2013	5	647.4	31
2013	6	648.0	30
2013	7	650.2	31
2013	8	652.7	31
2013	9	654.4	30
2013	10	656.4	31
2013	11	655.5	30
2013	12	655.7	31
2014	1	652.9	31
2014	2	647.4	28
2014	3	651.1	31
2014	4	652.1	30
2014	5	650.6	31
2014	6	648.4	30
2014	7	650.5	31
2014	8	651.5	31
2014	9	652.9	30
2014	10	655.6	31
2014	11	650.9	30
2014	12	650.3	31
2015	1	648.8	31
2015	2	646.4	28
2015	3	647.3	31
2015	4	648.3	30
2015	5	649.9	31
2015	6	650.9	30
2015	7	653.0	31
2015	8	655.4	31
2015	9	654.7	30
2015	10	655.4	31
2015	11	653.4	30
2015	12	649.5	31

表5-4　人工观测风速

年	月	平均风速/（m/s）	有效数据/条
1993	1	1.6	31
1993	2	1.0	28
1993	3	1.7	31
1993	4	1.3	30
1993	5	0.9	31
1993	6	1.0	30
1993	7	0.8	31
1993	8	0.7	31
1993	9	1.2	30
1993	10	1.3	31
1993	11	1.0	30
1993	12	1.1	31
1994	1	1.4	31
1994	2	1.8	28
1994	3	1.6	31
1994	4	1.6	30
1994	5	1.5	31
1994	6	1.2	30
1994	7	1.2	31
1994	8	1.2	31
1994	9	1.6	30
1994	10	1.6	31
1994	11	1.6	30
1994	12	2.1	31
1995	1	1.6	31
1995	2	2.4	28
1995	3	2.6	31
1995	4	1.8	30
1995	5	2.2	31
1995	6	2.2	30
1995	7	2.0	31
1995	8	1.4	31
1995	9	1.3	30

（续）

年	月	平均风速/（m/s）	有效数据/条
1995	10	2.0	31
1995	11	2.0	30
1995	12	1.5	31
1996	1		
1996	2		
1996	3		
1996	4		
1996	5		
1996	6		
1996	7		
1996	8	2.7	31
1996	9	2.6	30
1996	10	2.8	31
1996	11	2.6	30
1996	12	2.3	31
1997	1	3.0	31
1997	2	2.7	28
1997	3	3.1	31
1997	4	3.5	30
1997	5	2.6	31
1997	6	3.2	30
1997	7	2.9	31
1997	8	2.8	31
1997	9	2.4	30
1997	10	2.8	31
1997	11	2.6	30
1997	12	2.5	31
1998	1	2.8	31
1998	2	3.0	28
1998	3	3.3	31
1998	4	3.9	30
1998	5	3.3	31
1998	6	2.7	30

（续）

年	月	平均风速/（m/s）	有效数据/条
1998	7	2.3	31
1998	8	1.9	31
1998	9	2.6	30
1998	10	2.5	31
1998	11	2.3	30
1998	12	2.2	31
1999	1	3.0	31
1999	2	2.9	28
1999	3	3.2	31
1999	4	3.5	30
1999	5	2.9	31
1999	6	3.1	30
1999	7	2.6	31
1999	8	2.5	31
1999	9	2.9	30
1999	10	2.1	31
1999	11	2.3	30
1999	12	1.8	31
2000	1	2.0	31
2000	2	2.7	29
2000	3	2.4	31
2000	4	3.1	30
2000	5	2.9	31
2000	6	2.0	30
2000	7	1.9	31
2000	8	1.7	31
2000	9	1.7	30
2000	10	2.1	31
2000	11	2.2	30
2000	12	2.1	31
2001	1	2.6	31
2001	2	2.9	28
2001	3	2.5	31

（续）

年	月	平均风速/（m/s）	有效数据/条
2001	4	2.7	30
2001	5	2.1	31
2001	6	2.3	30
2001	7	1.7	31
2001	8	1.3	31
2001	9	1.9	30
2001	10	2.3	31
2001	11	2.6	30
2001	12	2.1	31
2002	1	2.3	31
2002	2	2.6	28
2002	3	3.1	31
2002	4	2.7	30
2002	5	2.9	31
2002	6	2.4	30
2002	7	1.8	31
2002	8	2.8	31
2002	9	2.9	30
2002	10		
2002	11		
2002	12		
2003	1	3.7	31
2003	2	5.1	28
2003	3	4.5	31
2003	4	4.7	30
2003	5	4.5	31
2003	6	3.2	30
2003	7	3.2	31
2003	8	3.9	31
2003	9	3.0	30
2003	10	3.6	31
2003	11	3.6	30
2003	12	3.2	31

（续）

年	月	平均风速/（m/s）	有效数据/条
2004	1	3.6	31
2004	2	4.6	29
2004	3	3.9	31
2004	4	4.2	30
2004	5	3.7	31
2004	6	3.7	30
2004	7	2.7	31
2004	8	3.0	31
2004	9	3.0	30
2004	10	2.8	31
2004	11	3.4	30
2004	12	3.1	31
2005	1	3.3	31
2005	2	4.3	28
2005	3	4.6	31
2005	4	3.6	30
2005	5	3.3	31
2005	6	2.5	30
2005	7	2.2	31
2005	8	2.4	31
2005	9	2.8	30
2005	10	3.5	31
2005	11	3.2	30
2005	12	2.1	31
2006	1	2.6	31
2006	2	3.0	28
2006	3	3.8	31
2006	4	3.4	30
2006	5	4.3	31
2006	6		
2006	7		
2006	8		
2006	9		

（续）

年	月	平均风速/（m/s）	有效数据/条
2006	10		
2006	11		
2006	12		
2007	1	3.1	31
2007	2	2.3	28
2007	3	2.6	31
2007	4		
2007	5		
2007	6		
2007	7		
2007	8		
2007	9		
2007	10		
2007	11		
2007	12		
2008	1	3.2	31
2008	2	3.6	29
2008	3	0.0	31
2008	4	2.6	30
2008	5	2.6	31
2008	6	2.8	30
2008	7	2.1	31
2008	8	1.7	31
2008	9	1.8	30
2008	10	1.5	31
2008	11	1.4	30
2008	12	1.1	31
2009	1	1.7	31
2009	2	3.0	28
2009	3	2.9	31
2009	4	2.8	30
2009	5	2.0	31
2009	6	2.5	30

(续)

年	月	平均风速/（m/s）	有效数据/条
2009	7	1.5	31
2009	8	1.1	31
2009	9	0.9	30
2009	10	1.9	31
2009	11	1.9	30
2009	12	0.9	31
2010	1	1.1	31
2010	2		
2010	3	3.4	31
2010	4	2.6	30
2010	5	2.6	31
2010	6	1.8	30
2010	7		
2010	8		
2010	9	1.4	30
2010	10	1.6	31
2010	11	1.2	30
2010	12	1.5	31
2011	1	2.3	31
2011	2	2.1	28
2011	3	2.8	31
2011	4	2.7	30
2011	5	1.7	31
2011	6	1.6	30
2011	7	1.8	31
2011	8	1.3	31
2011	9	1.7	30
2011	10	1.5	31
2011	11	1.3	30
2011	12	1.0	31
2012	1	1.9	31
2012	2	2.3	29
2012	3	1.8	31

（续）

年	月	平均风速/（m/s）	有效数据/条
2012	4	1.5	30
2012	5	1.7	31
2012	6	1.7	30
2012	7	1.4	31
2012	8	1.1	31
2012	9	1.1	30
2012	10	1.3	31
2012	11	1.4	30
2012	12	1.5	31
2013	1	1.8	31
2013	2	1.8	28
2013	3	1.8	31
2013	4	1.6	30
2013	5	1.6	31
2013	6	1.3	30
2013	7	1.1	31
2013	8	1.4	31
2013	9	1.6	30
2013	10	1.4	31
2013	11	1.6	30
2013	12	1.5	31

表 5-5　人工观测气温

年	月	气温/℃	有效数据/条
1993	8	14.7	31
1993	9	11.7	30
1993	10	9.0	31
1993	11	2.5	30
1993	12	−1.3	31
1994	1	0.0	31
1994	2	0.6	28
1994	3	3.9	31
1994	4	8.0	30

（续）

年	月	气温/℃	有效数据/条
1994	5	12.3	31
1994	6	15.2	30
1994	7	16.3	31
1994	8	14.8	31
1994	9	13.3	30
1994	10	8.5	31
1994	11	1.3	30
1994	12	−1.5	31
1995	1	−2.5	31
1995	2	0.0	28
1995	3	6.2	31
1995	4	8.2	30
1995	5	16.0	31
1995	6	16.5	30
1995	7	14.8	31
1995	8	13.9	31
1995	9	12.6	30
1995	10	8.4	31
1995	11	3.1	30
1995	12	−0.2	31
1996	1	−0.2	31
1996	2	0.5	29
1996	3	5.1	31
1996	4	8.4	30
1996	5	11.8	31
1996	6	13.4	30
1996	7	15.2	31
1996	8	14.5	31
1996	9	12.1	30
1996	10	8.9	31
1996	11	3.7	30
1996	12	−2.0	31
1997	1	−3.9	31

（续）

年	月	气温/℃	有效数据/条
1997	2	0.5	28
1997	3	4.2	31
1997	4	5.5	30
1997	5	11.2	31
1997	6	13.8	30
1997	7	15.3	31
1997	8	14.5	31
1997	9	11.7	30
1997	10	6.0	31
1997	11	2.2	30
1997	12	−1.4	31
1998	1	−1.3	31
1998	2	1.5	28
1998	3	3.3	31
1998	4	6.9	30
1998	5	13.3	31
1998	6	17.4	30
1998	7	15.2	31
1998	8	14.4	31
1998	9	13.2	30
1998	10	10.3	31
1998	11	4.0	30
1998	12	−1.4	31
1999	1	−1.6	31
1999	2	2.8	28
1999	3	6.0	31
1999	4	11.2	30
1999	5	12.5	31
1999	6	15.7	30
1999	7	14.8	31
1999	8	13.5	31
1999	9	11.9	30
1999	10		

（续）

年	月	气温/℃	有效数据/条
1999	11		
1999	12		
2000	1	−1.7	31
2000	2	0.6	29
2000	3	3.5	31
2000	4	7.9	30
2000	5	11.5	31
2000	6	15.9	30
2000	7	13.9	31
2000	8	13.2	31
2000	9	11.4	30
2000	10	7.8	31
2000	11	3.1	30
2000	12	−1.5	31
2001	1	−0.6	31
2001	2	2.9	28
2001	3	3.5	31
2001	4	6.8	30
2001	5	11.2	31
2001	6	13.4	30
2001	7	14.8	31
2001	8	14.0	31
2001	9	12.6	30
2001	10	8.4	31
2001	11	2.3	30
2001	12	−0.7	31
2002	1	−2.3	31
2002	2	1.9	28
2002	3	4.2	31
2002	4	7.5	30
2002	5	10.3	31
2002	6	15.0	30
2002	7	14.8	31

（续）

年	月	气温/℃	有效数据/条
2002	8	13.6	31
2002	9	11.6	30
2002	10	7.0	31
2002	11	2.5	30
2002	12	−1.0	31
2003	1	−2.2	31
2003	2	−0.1	28
2003	3	4.1	31
2003	4	8.2	30
2003	5		
2003	6		
2003	7		
2003	8		
2003	9		
2003	10		
2003	11		
2003	12		
2004	1	−2.5	31
2004	2	−0.2	29
2004	3		
2004	4	7.2	30
2004	5	13.0	31
2004	6	14.3	30
2004	7	13.3	31
2004	8	14.5	31
2004	9	12.6	30
2004	10	6.8	31
2004	11	2.0	30
2004	12	−1.2	31
2005	1	−1.3	31
2005	2	2.8	28
2005	3	5.9	31
2005	4	8.9	30

（续）

年	月	气温/℃	有效数据/条
2005	5	10.5	31
2005	6	16.0	30
2005	7	16.7	31
2005	8	15.8	31
2005	9	13.5	30
2005	10	8.6	31
2005	11	3.4	30
2005	12	−0.5	31
2006	1	1.6	31
2006	2	4.0	28
2006	3	5.3	31
2006	4	7.7	30
2006	5	12.2	31
2006	6	16.7	30
2006	7	17.1	31
2006	8	16.1	31
2006	9	13.5	30
2006	10	7.8	31
2006	11	3.0	30
2006	12	0.3	31
2007	1	1.2	31
2007	2	0.2	28
2007	3	6.8	31
2007	4	9.0	30
2007	5	14.7	31
2007	6	15.2	30
2007	7	16.5	31
2007	8	15.5	31
2007	9	13.2	30
2007	10	11.0	31
2007	11	3.5	30
2007	12	0.2	31
2008	1	1.0	31

（续）

年	月	气温/℃	有效数据/条
2008	2	1.2	29
2008	3	5.2	31
2008	4		
2008	5		
2008	6		
2008	7		
2008	8		
2008	9		
2008	10		
2008	11		
2008	12		
2009	1	0.4	31
2009	2	3.0	28
2009	3	10.0	31
2009	4	10.7	30
2009	5	13.0	31
2009	6	17.8	30
2009	7	18.8	31
2009	8	15.6	31
2009	9	13.9	30
2009	10	10.7	31
2009	11	5.3	30
2009	12	−0.4	31
2010	1	−1.9	31
2010	2		
2010	3	6.7	31
2010	4	10.0	30
2010	5	19.0	31
2010	6	17.1	30
2010	7		
2010	8		
2010	9	13.0	30
2010	10	8.6	31

（续）

年	月	气温/℃	有效数据/条
2010	11	4.3	30
2010	12	−1.4	31
2011	1	−1.4	31
2011	2	1.1	28
2011	3	4.9	31
2011	4	8.2	30
2011	5	12.2	31
2011	6	15.4	30
2011	7	15.1	31
2011	8	14.7	31
2011	9	13.8	30
2011	10	8.0	31
2011	11	2.0	30
2011	12	−0.1	31
2012	1	−2.1	31
2012	2	1.9	29
2012	3	5.3	31
2012	4	7.8	30
2012	5	13.7	31
2012	6	16.8	30
2012	7	15.5	31
2012	8	15.2	31
2012	9	13.6	30
2012	10	8.3	31
2012	11	2.2	30
2012	12	−0.2	31
2013	1	−1.8	31
2013	2	1.5	28
2013	3	5.0	31
2013	4	7.8	30
2013	5	11.6	31
2013	6	15.6	30
2013	7	15.9	31

（续）

年	月	气温/℃	有效数据/条
2013	8	14.3	31
2013	9	11.7	30
2013	10	7.6	31
2013	11	2.5	30
2013	12	−1.3	31
2014	1	−1.6	31
2014	2	2.5	28
2014	3	4.8	31
2014	4	7.9	30
2014	5	12.9	31
2014	6	16.5	30
2014	7	15.0	31
2014	8	13.8	31
2014	9	12.3	30
2014	10	7.3	31
2014	11	3.6	30
2014	12	−0.1	31
2015	1	−2.3	31
2015	2	0.0	28
2015	3	6.5	31
2015	4	8.5	30
2015	5	12.2	31
2015	6	16.3	30
2015	7	15.7	31
2015	8	14.7	31
2015	9	13.9	30
2015	10	8.3	31
2015	11	3.6	30
2015	12	−0.1	31

表 5-6　人工观测相对湿度

年	月	相对湿度/%	有效数据/条
1993	1	61	31
1993	2	44	28
1993	3	47	31
1993	4	44	30
1993	5	52	31
1993	6	52	30
1993	7	61	31
1993	8	70	31
1993	9	64	30
1993	10	61	31
1993	11	35	30
1993	12	34	31
1994	1	29	31
1994	2	24	28
1994	3	26	31
1994	4	32	30
1994	5	45	31
1994	6	56	30
1994	7	61	31
1994	8	57	31
1994	9	59	30
1994	10	48	31
1994	11	43	30
1994	12	32	31
1995	1	30	31
1995	2	31	28
1995	3	24	31
1995	4	34	30
1995	5	36	31
1995	6	50	30
1995	7	62	31
1995	8	68	31
1995	9	65	30

（续）

年	月	相对湿度/%	有效数据/条
1995	10	42	31
1995	11	33	30
1995	12	25	31
1996	1		
1996	2		
1996	3		
1996	4		
1996	5		
1996	6		
1996	7		
1996	8	71	31
1996	9	68	30
1996	10	42	31
1996	11	50	30
1996	12	46	31
1997	1	41	31
1997	2	39	28
1997	3	42	31
1997	4	40	30
1997	5	51	31
1997	6	59	30
1997	7	52	31
1997	8	63	31
1997	9	65	30
1997	10	45	31
1997	11	50	30
1997	12	43	31
1998	1	37	31
1998	2	43	28
1998	3	31	31
1998	4	35	30
1998	5	40	31
1998	6	59	30

（续）

年	月	相对湿度/%	有效数据/条
1998	7	68	31
1998	8	70	31
1998	9	68	30
1998	10	52	31
1998	11	43	30
1998	12	36	31
1999	1	33	31
1999	2	36	28
1999	3	39	31
1999	4	36	30
1999	5	54	31
1999	6	64	30
1999	7	70	31
1999	8	70	31
1999	9	70	30
1999	10	53	31
1999	11	42	30
1999	12	37	31
2000	1	39	31
2000	2	41	29
2000	3	44	31
2000	4	51	30
2000	5	47	31
2000	6	59	30
2000	7	59	31
2000	8	60	31
2000	9	45	30
2000	10	51	31
2000	11	44	30
2000	12	32	31
2001	1	29	31
2001	2	30	28
2001	3	37	31

（续）

年	月	相对湿度/%	有效数据/条
2001	4	48	30
2001	5	43	31
2001	6	46	30
2001	7	69	31
2001	8	81	31
2001	9	69	30
2001	10	56	31
2001	11	41	30
2001	12	45	31
2002	1	35	31
2002	2	33	28
2002	3	29	31
2002	4	34	30
2002	5	51	31
2002	6	60	30
2002	7	76	31
2002	8	78	31
2002	9	71	30
2002	10		
2002	11		
2002	12		
2003	1	29	31
2003	2	28	28
2003	3	35	31
2003	4	36	30
2003	5		31
2003	6	54	30
2003	7	74	31
2003	8	77	31
2003	9	68	30
2003	10	49	31
2003	11	33	30
2003	12	24	31

（续）

年	月	相对湿度/%	有效数据/条
2004	1	28	31
2004	2	28	29
2004	3	38	31
2004	4	48	30
2004	5	48	31
2004	6	64	30
2004	7	68	31
2004	8	72	31
2004	9	68	30
2004	10		
2004	11		
2004	12	28	31
2005	1	27	31
2005	2	26	28
2005	3	31	31
2005	4	45	30
2005	5	52	31
2005	6	61	30
2005	7	74	31
2005	8	71	31
2005	9	71	30
2005	10	52	31
2005	11	38	30
2005	12	33	31
2006	1	33	31
2006	2	34	28
2006	3	33	31
2006	4	43	30
2006	5		
2006	6		
2006	7		
2006	8		
2006	9		

（续）

年	月	相对湿度/%	有效数据/条
2006	10		
2006	11		
2006	12		
2007	1	24	31
2007	2	24	28
2007	3	32	31
2007	4		
2007	5		
2007	6		
2007	7		
2007	8		
2007	9		
2007	10		
2007	11		
2007	12		
2008	1	59	31
2008	2	50	29
2008	3		
2008	4	55	30
2008	5	50	31
2008	6	64	30
2008	7	76	31
2008	8	71	31
2008	9	63	30
2008	10	57	31
2008	11	51	30
2008	12	47	31
2009	1	23	31
2009	2	22	28
2009	3	29	31
2009	4	35	30
2009	5	41	31
2009	6	44	30

（续）

年	月	相对湿度/%	有效数据/条
2009	7	51	31
2009	8	65	31
2009	9	61	30
2009	10	53	31
2009	11	29	30
2009	12	32	31
2010	1	38	31
2010	2		
2010	3	39	31
2010	4	38	30
2010	5	46	31
2010	6	46	30
2010	7		
2010	8		
2010	9	72	30
2010	10	71	31
2010	11	44	30
2010	12	41	31
2011	1	32	31
2011	2	38	28
2011	3	39	31
2011	4	53	30
2011	5	55	31
2011	6	54	30
2011	7	62	31
2011	8	62	31
2011	9	65	30
2011	10	53	31
2011	11	49	30
2011	12	28	31
2012	1	30	31
2012	2	30	29
2012	3	38	31

（续）

年	月	相对湿度/%	有效数据/条
2012	4	54	30
2012	5	52	31
2012	6	61	30
2012	7	71	31
2012	8	72	31
2012	9	71	30
2012	10	55	31
2012	11	55	30
2012	12	53	31
2013	1	49	31
2013	2	58	28
2013	3	56	31
2013	4	56	30
2013	5	63	31
2013	6	66	30
2013	7	72	31
2013	8	70	31
2013	9	70	30
2013	10	67	31
2013	11	52	30
2013	12	49	31
2014	1	50	31
2014	2	42	28
2014	3	51	31
2014	4	56	30
2014	5	60	31
2014	6	61	30
2014	7	72	31
2014	8	73	31
2014	9	71	30
2014	10	62	31
2014	11	52	30
2014	12	52	31

（续）

年	月	相对湿度/%	有效数据/条
2015	1	45	31
2015	2	48	28
2015	3	45	31
2015	4	62	30
2015	5	57	31
2015	6	56	30
2015	7	57	31
2015	8	66	31
2015	9	65	30
2015	10	56	31
2015	11	48	30
2015	12	44	31

表 5-7　人工观测地表温度

年	月	地表温度/℃	有效数据/条
1993	1	1.2	31
1993	2	7.5	28
1993	3	10.9	31
1993	4	15.6	30
1993	5	17.6	31
1993	6	17.2	30
1993	7	25.5	31
1993	8	21.4	31
1993	9	20.5	30
1993	10	14.6	31
1993	11	7.1	30
1993	12	−0.3	31
1994	1	2.7	31
1994	2	8.5	28
1994	3	10.7	31
1994	4	17.0	30
1994	5	21.9	31
1994	6	25.1	30

（续）

年	月	地表温度/℃	有效数据/条
1994	7	26.0	31
1994	8	27.0	31
1994	9	20.9	30
1994	10	14.9	31
1994	11	7.0	30
1994	12	2.7	31
1995	1	4.2	31
1995	2	7.0	28
1995	3	15.8	31
1995	4	18.4	30
1995	5	27.2	31
1995	6	23.5	30
1995	7	24.1	31
1995	8	22.1	31
1995	9	18.8	30
1995	10	17.0	31
1995	11	8.4	30
1995	12	2.8	31
1996	1		
1996	2		
1996	3		
1996	4		
1996	5		
1996	6		
1996	7		
1996	8	20.4	31
1996	9	16.9	30
1996	10	12.9	31
1996	11	4.5	30
1996	12	−0.3	31
1997	1	0.7	31
1997	2	3.7	28
1997	3	9.2	31

（续）

年	月	地表温度/℃	有效数据/条
1997	4	15.3	30
1997	5	20.9	31
1997	6	24.3	30
1997	7	25.4	31
1997	8	21.2	31
1997	9	19.2	30
1997	10	13.2	31
1997	11	4.0	30
1997	12	−0.4	31
1998	1	−1.8	31
1998	2	3.0	28
1998	3	10.5	31
1998	4	14.2	30
1998	5	25.3	31
1998	6	24.6	30
1998	7	21.8	31
1998	8	19.6	31
1998	9	17.1	30
1998	10	12.7	31
1998	11	4.7	30
1998	12	0.9	31
1999	1	0.4	31
1999	2	3.0	28
1999	3	10.0	31
1999	4	15.3	30
1999	5	19.1	31
1999	6	19.5	30
1999	7	21.7	31
1999	8	21.0	31
1999	9	17.2	30
1999	10	13.3	31
1999	11	5.4	30
1999	12	−2.2	31

（续）

年	月	地表温度/℃	有效数据/条
2000	1	−2.3	31
2000	2	3.7	29
2000	3	8.5	31
2000	4	12.4	30
2000	5	18.4	31
2000	6	21.7	30
2000	7	23.7	31
2000	8	21.6	31
2000	9	17.8	30
2000	10	11.4	31
2000	11	4.4	30
2000	12	−0.2	31
2001	1	−0.1	31
2001	2	5.1	28
2001	3	8.6	31
2001	4	13.4	30
2001	5	21.7	31
2001	6	23.6	30
2001	7	20.9	31
2001	8	18.2	31
2001	9	19.4	30
2001	10	14.4	31
2001	11	6.4	30
2001	12	0.1	31
2002	1	−1.4	31
2002	2	4.6	28
2002	3	10.3	31
2002	4	19.3	30
2002	5	19.7	31
2002	6	22.7	30
2002	7	21.3	31
2002	8	19.2	31
2002	9	17.3	30

（续）

年	月	地表温度/℃	有效数据/条
2002	10		
2002	11		
2002	12		
2003	1	1.4	31
2003	2	1.7	28
2003	3	8.1	31
2003	4	14.7	30
2003	5	18.0	31
2003	6	25.0	30
2003	7	18.8	31
2003	8	17.8	31
2003	9	16.8	30
2003	10	11.9	31
2003	11	4.0	30
2003	12	−2.3	31
2004	1	0.0	31
2004	2	3.6	29
2004	3	7.6	31
2004	4	13.6	30
2004	5	19.6	31
2004	6	20.1	30
2004	7	22.3	31
2004	8	19.8	31
2004	9	18.5	30
2004	10	12.4	31
2004	11	3.7	30
2004	12	−0.6	31
2005	1	−0.3	31
2005	2	4.2	28
2005	3	9.3	31
2005	4	14.7	30
2005	5	19.3	31
2005	6	21.8	30

（续）

年	月	地表温度/℃	有效数据/条
2005	7	21.6	31
2005	8	20.6	31
2005	9	16.7	30
2005	10	11.1	31
2005	11	4.5	30
2005	12	1.5	31
2006	1	−0.1	31
2006	2	2.9	28
2006	3	8.8	31
2006	4	13.4	30
2006	5		
2006	6		
2006	7		
2006	8		
2006	9		
2006	10		
2006	11		
2006	12		
2007	1	2.8	31
2007	2	8.2	28
2007	3	14.5	31
2007	4		
2007	5		
2007	6		
2007	7		
2007	8		
2007	9		
2007	10		
2007	11		
2007	12		
2008	1	0.7	31
2008	2	3.3	29
2008	3		

（续）

年	月	地表温度/℃	有效数据/条
2008	4	15.3	30
2008	5	21.1	31
2008	6	20.1	30
2008	7	18.9	31
2008	8	20.8	31
2008	9	19.7	30
2008	10	10.4	31
2008	11	4.3	30
2008	12	−2.3	31
2009	1	4.4	31
2009	2	8.1	28
2009	3	20.7	31
2009	4	22.3	30
2009	5	25.6	31
2009	6	30.7	30
2009	7	30.3	31
2009	8	21.5	31
2009	9	21.2	30
2009	10	16.2	31
2009	11	10.2	30
2009	12	3.9	31
2010	1	0.5	31
2010	2		
2010	3	11.8	31
2010	4	17.8	30
2010	5	20.5	31
2010	6	25.2	30
2010	7		
2010	8		
2010	9	15.8	30
2010	10	11.3	31
2010	11	6.7	30
2010	12	−0.6	31

（续）

年	月	地表温度/℃	有效数据/条
2011	1	−0.1	31
2011	2	3.9	28
2011	3	9.4	31
2011	4	16.3	30
2011	5	21.0	31
2011	6	22.7	30
2011	7	19.9	31
2011	8	20.6	31
2011	9	18.8	30
2011	10	12.6	31
2011	11	4.2	30
2011	12	−0.2	31
2012	1	−2.3	31
2012	2	2.7	29
2012	3	9.2	31
2012	4	14.4	30
2012	5	22.2	31
2012	6	24.6	30
2012	7	20.1	31
2012	8	22.5	31
2012	9	20.1	30
2012	10	13.3	31
2012	11	3.6	30
2012	12	−0.1	31
2013	1	−1.2	31
2013	2	3.3	28
2013	3	7.6	31
2013	4	12.2	30
2013	5	17.6	31
2013	6	21.5	30
2013	7	19.4	31
2013	8	20.9	31
2013	9	16.7	30

（续）

年	月	地表温度/℃	有效数据/条
2013	10	11.3	31
2013	11	4.0	30
2013	12	−1.8	31
2014	1	−1.3	31
2014	2	3.5	28
2014	3	7.5	31
2014	4	15.0	30
2014	5	19.7	31
2014	6	24.3	30
2014	7	19.3	31
2014	8	18.5	31
2014	9	14.6	30
2014	10	8.0	31
2014	11	4.0	30
2014	12	4.0	31
2015	1	−0.6	31
2015	2	2.4	28
2015	3	10.4	31
2015	4	16.0	30
2015	5	20.1	31
2015	6	23.8	30
2015	7	23.3	31
2015	8	19.3	31
2015	9	18.4	30
2015	10	11.1	31
2015	11	6.0	30
2015	12	0.0	31

表5-8　人工观测降水量

年	月	月累计降水量/mm	有效数据/条
1993	8	135.5	31
1993	9	133.6	30
1993	10	3.2	31

（续）

年	月	月累计降水量/mm	有效数据/条
1993	11	0.0	30
1993	12	0.0	31
1994	1	0.0	31
1994	2	0.0	28
1994	3	2.5	31
1994	4	1.8	30
1994	5	5.1	31
1994	6	57.4	30
1994	7	64.1	31
1994	8	61.7	31
1994	9	81.2	30
1994	10	0.0	31
1994	11	7.7	30
1994	12	0.0	31
1995	1	0.0	31
1995	2	5.1	28
1995	3	0.0	31
1995	4	0.5	30
1995	5	8.4	31
1995	6	111.2	30
1995	7	202.9	31
1995	8	126.8	31
1995	9	108.6	30
1995	10	3.6	31
1995	11	0.0	30
1995	12	0.0	31
1996	1	0.0	31
1996	2	0.0	29
1996	3	1.2	31
1996	4	6.8	30
1996	5	61.0	31
1996	6	181.2	30
1996	7	168.9	31

（续）

年	月	月累计降水量/mm	有效数据/条
1996	8	74.7	31
1996	9	81.5	30
1996	10	0.9	31
1996	11	0.0	30
1996	12	0.0	31
1997	1	4.0	31
1997	2	3.5	28
1997	3	8.6	31
1997	4	16.7	30
1997	5	43.8	31
1997	6	112.5	30
1997	7	79.6	31
1997	8	43.5	31
1997	9	60.4	30
1997	10	8.6	31
1997	11	1.8	30
1997	12	0.0	31
1998	1	0.0	31
1998	2	1.5	28
1998	3	3.6	31
1998	4	40.1	30
1998	5	19.9	31
1998	6	76.1	30
1998	7	143.2	31
1998	8	175.4	31
1998	9	56.4	30
1998	10	22.8	31
1998	11	0.0	30
1998	12	0.0	31
1999	1	0.0	31
1999	2	3.0	28
1999	3	0.9	31
1999	4	4.2	30

（续）

年	月	月累计降水量/mm	有效数据/条
1999	5	13.5	31
1999	6	122.8	30
1999	7	124.0	31
1999	8	171.6	31
1999	9	59.7	30
1999	10		
1999	11		
1999	12		
2000	1	2.1	31
2000	2	0.0	29
2000	3	6.0	31
2000	4	6.7	30
2000	5	47.6	31
2000	6	89.4	30
2000	7	215.3	31
2000	8	164.2	31
2000	9	82.4	30
2000	10	0.0	31
2000	11	0.0	30
2000	12	0.0	31
2001	1	0.0	31
2001	2	0.1	28
2001	3	1.5	31
2001	4	11.9	30
2001	5	33.7	31
2001	6	168.9	30
2001	7	130.6	31
2001	8	102.7	31
2001	9	52.7	30
2001	10	19.5	31
2001	11	0.0	30
2001	12	0.0	31
2002	1	1.1	31

（续）

年	月	月累计降水量/mm	有效数据/条
2002	2	1.0	28
2002	3	3.2	31
2002	4	10.6	30
2002	5	43.6	31
2002	6	84.0	30
2002	7	193.4	31
2002	8	91.9	31
2002	9	90.3	30
2002	10	10.3	31
2002	11	0.0	30
2002	12	0.0	31
2003	1	3.0	31
2003	2	0.0	28
2003	3	7.8	31
2003	4	4.4	30
2003	5	37.0	31
2003	6	85.6	30
2004	1	1.3	31
2004	2	0.0	29
2004	3		
2004	4	34.6	30
2004	5	46.9	31
2004	6	96.7	30
2004	7	272.8	31
2004	8	74.1	31
2004	9	49.6	30
2004	10	15.8	31
2004	11	0.0	30
2004	12	0.0	31
2005	1		
2005	2		
2005	3	7.5	31
2005	4	15.4	30

（续）

年	月	月累计降水量/mm	有效数据/条
2005	5	25.4	31
2005	6	26.9	30
2005	7	119.9	31
2005	8	187.1	31
2005	9	85.1	30
2005	10	18.2	31
2005	11		
2005	12		
2006	1		
2006	2		
2006	3	0.6	31
2006	4	11.5	30
2006	5	84.8	31
2006	6	96.3	30
2006	7	84.0	31
2006	8	49.5	31
2006	9	57.5	30
2006	10	7.2	31
2006	11	3.0	30
2006	12	0.1	31
2007	1		
2007	2	0.5	28
2007	3		
2007	4	24.7	30
2007	5	11.7	31
2007	6	116.4	30
2007	7	137.6	31
2007	8	107.7	31
2007	9	79.7	30
2007	10	7.9	31
2007	11	0.8	30
2007	12	0.0	31
2008	1		

（续）

年	月	月累计降水量/mm	有效数据/条
2008	2	3.8	29
2008	3	4.9	31
2009	1		
2009	2	0.5	28
2009	3	7.0	31
2009	4		
2009	5	1.5	31
2009	6	53.4	30
2009	7	45.0	31
2009	8	160.3	31
2009	9	27.6	30
2009	10	5.5	31
2009	11		
2009	12		
2010	1		
2010	2		
2010	3		
2010	4	5.5	30
2010	5	16.8	31
2010	6	37.2	30
2010	11	15.8	30
2010	12		
2011	1		
2011	2		
2011	3	2.7	31
2011	4	9.1	30
2011	5	39.6	31
2011	6	85.6	30
2011	7	177.0	31
2011	8	75.2	31
2011	9	34.7	30
2011	10	5.1	31
2011	11	6.1	30

（续）

年	月	月累计降水量/mm	有效数据/条
2011	12		
2012	1	0.4	31
2012	2		
2012	3		
2012	4	12.8	30
2012	5	18.5	31
2012	6	88.5	30
2012	7	137.8	31
2012	8	47.9	31
2012	9	29.8	30
2012	10	4.0	31
2012	11		
2012	12		
2013	1		
2013	2		
2013	3	1.0	31
2013	4	33.5	30
2013	5	19.8	31
2013	6	149.4	30
2013	7	151.5	31
2013	8	29.4	31
2013	9	92.6	30
2013	10	40.1	31
2013	11	1.4	30
2013	12		
2014	1	1.9	31
2014	2		
2014	3	7.1	31
2014	4	27.3	30
2014	5	23.6	31
2014	6	58.0	30
2014	7	235.1	31
2014	8	194.2	31

（续）

年	月	月累计降水量/mm	有效数据/条
2014	9	68.4	30
2014	10	3.6	31
2014	11	1.7	30
2014	12		
2015	1	1.9	31
2015	2	7.0	28
2015	3	1.5	31
2015	4	4.4	30
2015	5	15.7	31
2015	6	74.5	30
2015	7	55.1	31
2015	8	126.9	31
2015	9	64.6	30
2015	10	0.3	31
2015	11		
2015	12	0.4	31

表 5－9　自动气象站观测气压

年	月	气压/hPa	有效数据/条
2005	3	648.4	31
2005	4		
2005	5	648.5	31
2005	6	647.8	30
2005	7	649.9	31
2005	8		
2005	9	653.1	30
2005	10	652	31
2005	11	648.4	30
2005	12	648.9	31
2006	1	647.5	31
2006	2	648.5	28
2006	3	647.2	31
2006	4	648.7	30

（续）

年	月	气压/hPa	有效数据/条
2006	5	650.5	31
2006	6	648.7	30
2006	7	650.1	31
2006	8	651.5	31
2006	9		
2006	10	653.7	31
2006	11	650.9	30
2006	12	649.8	31
2007	1	646.5	31
2007	2		
2007	3	647.1	31
2007	4	650.7	30
2007	5	649.5	31
2007	6	649.3	30
2007	7	649.3	31
2007	8	650.8	31
2007	9	651.4	30
2007	10	650.7	31
2007	11		
2007	12	648.2	31
2008	1	644.3	31
2008	2	643.8	29
2008	3	647.8	31
2008	4	648.2	30
2008	5	648.3	31
2008	6	649.5	30
2008	7	649.8	31
2008	8	650.8	31
2008	9	651.7	30
2008	10	653.0	31
2008	11	652.9	30
2008	12	650.8	31
2009	1	649.2	31

（续）

年	月	气压/hPa	有效数据/条
2009	2	646.6	28
2009	3	648.1	31
2009	4	648.2	30
2009	5	648.7	31
2009	6	647.8	30
2009	7	648.9	31
2009	8	651.5	31
2009	9	652.6	30
2009	10	650.7	31
2009	11	650.1	30
2009	12	648.6	31
2010	1	650.2	31
2010	2	646.1	28
2010	3	647.6	31
2010	4	649.5	30
2010	5	648.5	31
2010	6	648.2	30
2010	7	—	
2010	8	652.2	31
2010	9	652.2	30
2010	10	651.6	31
2010	11		
2010	12	647.7	31
2011	1	643.5	31
2011	2	646.9	28
2011	3	647.0	31
2011	4	649.2	30
2011	5	649.8	31
2011	6	—	
2011	7	—	
2011	8	651.7	31
2011	9	650.9	30
2011	10	651.8	31

（续）

年	月	气压/hPa	有效数据/条
2011	11	652.1	30
2011	12	647.0	31
2012	1	643.4	31
2012	2	644.3	29
2012	3	645.5	31
2012	4	648.0	30
2012	5	648.1	31
2012	6	646.7	30
2012	7	649.3	31
2012	8	651.2	31
2012	9	652.3	30
2012	10	651.0	31
2012	11	649.0	30
2012	12	647.6	31
2013	1	646.2	31
2013	2	648.8	28
2013	3	649.4	31
2013	4	648.4	30
2013	5	—	
2013	6	—	
2013	7	649.5	31
2013	8	651.6	31
2013	9	652.3	30
2013	10	653.4	31
2013	11	651.2	30
2013	12	647.9	31
2014	1	649.0	31
2014	2	643.3	28
2014	3	648.0	31
2014	4	649.4	30
2014	5	648.8	31
2014	6	648.0	30
2014	7	650.7	31

（续）

年	月	气压/hPa	有效数据/条
2014	8	651.2	31
2014	9	652.2	30
2014	10	653.4	31
2014	11	650.2	30
2014	12	649.6	31
2015	1	649.5	31
2015	2	648.8	28
2015	3	649.6	31
2015	4	649.0	30
2015	5	649.7	31
2015	6	648.8	30
2015	7	650.8	31
2015	8	651.7	31
2015	9	651.9	30
2015	10	653.4	31
2015	11	652.1	30
2015	12	647.5	31

表5-10 自动气象站观测平均风速

年	月	10 min平均风速/（m/s）	有效数据/条
2005	3	1.8	31
2005	4		
2005	5	1.5	31
2005	6	1.6	30
2005	7	1.3	31
2005	8		
2005	9	1.2	30
2005	10	1.2	31
2005	11	1.5	30
2005	12	1.3	31
2006	1	1.4	31
2006	2	1.7	28
2006	3	1.9	31

（续）

年	月	10 min 平均风速/（m/s）	有效数据/条
2006	4	1.8	30
2006	5	1.3	31
2006	6	1.3	30
2006	7	1.1	31
2006	8	1.4	31
2006	9		
2006	10	1.3	31
2006	11	1.4	30
2006	12	1.9	31
2007	1	1.7	31
2007	2		
2007	3	1.9	31
2007	4	1.6	30
2007	5	1.5	31
2007	6	1.5	30
2007	7	1.3	31
2007	8	1.2	31
2007	9	1.2	30
2007	10	1.4	31
2007	11		
2007	12	1.3	31
2008	1	1.8	31
2008	2	1.9	29
2008	3	1.7	31
2008	4	1.7	30
2008	5	1.4	31
2008	6	1.4	30
2008	7	1.1	31
2008	8	1.2	31
2008	9	1.2	30
2008	10	1.2	31
2008	11	1.4	30
2008	12	1.4	31

（续）

年	月	10 min 平均风速/（m/s）	有效数据/条
2009	1	1.5	31
2009	2	1.9	28
2009	3	1.7	31
2009	4	1.6	30
2009	5	1.5	31
2009	6	1.6	30
2009	7	1.3	31
2009	8	1.2	31
2009	9	1.1	30
2009	10	1.2	31
2009	11	1.4	30
2009	12	1.4	31
2010	1	1.4	31
2010	2	1.8	28
2010	3	1.6	31
2010	4	1.8	30
2010	5	1.4	31
2010	6	1.4	30
2010	7	—	
2010	8	1.0	31
2010	9	1.1	30
2010	10	1.1	31
2010	11		
2010	12		
2011	1	—	
2011	2	—	
2011	3	—	
2011	4	1.8	30
2011	5	1.3	31
2011	6	—	
2011	7	—	
2011	8	1.1	31
2011	9	1.0	30

（续）

年	月	10 min 平均风速/（m/s）	有效数据/条
2011	10	1.1	31
2011	11	1.4	30
2011	12	1.1	31
2012	1	1.4	31
2012	2	1.8	29
2012	3	1.8	31
2012	4	1.6	30
2012	5	1.4	31
2012	6	1.3	30
2012	7	1.0	31
2012	8	1.0	31
2012	9	1.1	30
2012	10	1.2	31
2012	11	1.3	30
2012	12	1.4	31
2013	1	1.4	31
2013	2	1.6	28
2013	3	1.4	31
2013	4	1.5	30
2013	5	—	
2013	6	—	
2013	7	1.0	31
2013	8	1.0	31
2013	9	1.0	30
2013	10	1.0	31
2013	11	1.3	30
2013	12	1.2	31
2014	1	1.2	31
2014	2	1.9	28
2014	3	1.6	31
2014	4	1.6	30
2014	5	1.2	31
2014	6	1.2	30

（续）

年	月	10 min 平均风速/（m/s）	有效数据/条
2014	7	0.9	31
2014	8	0.9	31
2014	9	1.0	30
2014	10	1.1	31
2014	11	1.1	30
2014	12	1.1	31
2015	1	1.3	31
2015	2	1.4	28
2015	3	1.7	31
2015	4	1.5	30
2015	5	1.2	31
2015	6	1.1	30
2015	7	1.0	31
2015	8	0.9	31
2015	9	0.9	30
2015	10	1.0	31
2015	11	1.1	30
2015	12	1.2	31

表 5-11　自动气象站观测气温

年	月	气温/℃	有效数据/条
2005	3	6.0	31
2005	4		
2005	5	10.2	31
2005	6	16.2	30
2005	7	16.4	31
2005	8		
2005	9	13.7	30
2005	10	9.0	31
2005	11	3.3	30
2005	12	−0.6	31
2006	1	1.1	31
2006	2	3.5	28

（续）

年	月	气温/℃	有效数据/条
2006	3	5.4	31
2006	4	7.6	30
2006	5	11.7	31
2006	6	16.8	30
2006	7	16.8	31
2006	8	16.0	31
2006	9		
2006	10	7.9	31
2006	11	2.9	30
2006	12	0.1	31
2007	1	0.9	31
2007	2		
2007	3	6.4	31
2007	4	8.7	30
2007	5	14.9	31
2007	6	15.1	30
2007	7	16.3	31
2007	8	15.3	31
2007	9	13.3	30
2007	10	11.0	31
2007	11		
2007	12	−0.4	31
2008	1	0.2	31
2008	2	0.6	29
2008	3	5.0	31
2008	4	9.5	30
2008	5	12.6	31
2008	6	14.8	30
2008	7	15.0	31
2008	8	14.1	31
2008	9	13.2	30
2008	10	8.2	31
2008	11	3.3	30

（续）

年	月	气温/℃	有效数据/条
2008	12	0.5	31
2009	1	0.2	31
2009	2	2.6	28
2009	3	5.0	31
2009	4	10.5	30
2009	5	13.2	31
2009	6	17.8	30
2009	7	18.8	31
2009	8	15.5	31
2009	9	13.9	30
2009	10	10.4	31
2009	11	4.7	30
2009	12	−0.3	31
2010	1	−1.4	31
2010	2	2.0	28
2010	3	6.8	31
2010	4	10.7	30
2010	5	13.5	31
2010	6	17.7	30
2010	7	—	
2010	8	15.5	31
2010	9	13.4	30
2010	10	9.6	31
2010	11		
2010	12	−0.8	31
2011	1	−0.6	31
2011	2	1.6	28
2011	3	5.4	31
2011	4	9.1	30
2011	5	12.6	31
2011	6	—	
2011	7	—	
2011	8	15.0	31

（续）

年	月	气温/℃	有效数据/条
2011	9	14.6	30
2011	10	9.3	31
2011	11	2.8	30
2011	12	0.8	31
2012	1	−2.1	31
2012	2	2.5	29
2012	3	5.6	31
2012	4	8.4	30
2012	5	14.3	31
2012	6	17.2	30
2012	7	15.9	31
2012	8	15.5	31
2012	9	14.2	30
2012	10	9.2	31
2012	11	2.8	30
2012	12	0.6	31
2013	1	−1.3	31
2013	2	1.9	28
2013	3	5.4	31
2013	4	8.3	30
2013	5	—	
2013	6	—	
2013	7	15.9	31
2013	8	14.8	31
2013	9	12.6	30
2013	10	8.4	31
2013	11	3.5	30
2013	12	−0.9	31
2014	1	−1.0	31
2014	2	2.8	28
2014	3	5.3	31
2014	4	8.5	30
2014	5	13.5	31

（续）

年	月	气温/℃	有效数据/条
2014	6	17.1	30
2014	7	15.5	31
2014	8	14.4	31
2014	9	13.1	30
2014	10	8.2	31
2014	11	4.3	30
2014	12	0.7	31
2015	1	−1.8	31
2015	2	0.2	28
2015	3	6.6	31
2015	4	8.7	30
2015	5	12.6	31
2015	6	16.8	30
2015	7	16.1	31
2015	8	14.9	31
2015	9	14.9	30
2015	10	9.1	31
2015	11	4.2	30
2015	12	0.4	31

表 5-12　自动气象站观测相对湿度

年	月	相对湿度/%	有效数据/条
2005	3	33	31
2005	4		
2005	5	53	31
2005	6	48	30
2005	7	59	31
2005	8		
2005	9	61	30
2005	10	50	31
2005	11	28	30
2005	12	27	31
2006	1	20	31

（续）

年	月	相对湿度/%	有效数据/条
2006	2	22	28
2006	3	28	31
2006	4	38	30
2006	5	50	31
2006	6	52	30
2006	7	59	31
2006	8	55	31
2006	9		
2006	10	47	31
2006	11	39	30
2006	12	25	31
2007	1	17	31
2007	2		
2007	3	22	31
2007	4	37	30
2007	5	34	31
2007	6	47	30
2007	7	61	31
2007	8	65	31
2007	9	63	30
2007	10	41	31
2007	11		
2007	12	27	31
2008	1	22	31
2008	2	24	29
2008	3	34	31
2008	4	35	30
2008	5	51	31
2008	6	58	30
2008	7	67	31
2008	8	70	31
2008	9	63	30
2008	10	45	31

（续）

年	月	相对湿度/%	有效数据/条
2008	11	38	30
2008	12	29	31
2009	1	25	31
2009	2	24	28
2009	3	34	31
2009	4	32	30
2009	5	36	31
2009	6	41	30
2009	7	50	31
2009	8	66	31
2009	9	58	30
2009	10	37	31
2009	11	26	30
2009	12	26	31
2010	1	23	31
2010	2	19	28
2010	3	25	31
2010	4	27	30
2010	5	40	31
2010	6	43	30
2010	7	—	
2010	8	69	31
2010	9	68	30
2010	10	49	31
2010	11		
2010	12	25	31
2011	1	18	31
2011	2	19	28
2011	3	21	31
2011	4	33	30
2011	5	44	31
2011	6	—	
2011	7	—	

（续）

年	月	相对湿度/%	有效数据/条
2011	8	60	31
2011	9	56	30
2011	10	38	31
2011	11	39	30
2011	12	24	31
2012	1	25	31
2012	2	19	29
2012	3	25	31
2012	4	41	30
2012	5	34	31
2012	6	49	30
2012	7	67	31
2012	8	63	31
2012	9	54	30
2012	10	34	31
2012	11	24	30
2012	12	21	31
2013	1	16	31
2013	2	25	28
2013	3	30	31
2013	4	43	30
2013	5	—	
2013	6	—	
2013	7	68	31
2013	8	61	31
2013	9	64	30
2013	10	54	31
2013	11	31	30
2013	12	26	31
2014	1	29	31
2014	2	19	28
2014	3	30	31
2014	4	37	30

（续）

年	月	相对湿度/%	有效数据/条
2014	5	41	31
2014	6	46	30
2014	7	68	31
2014	8	71	31
2014	9	65	30
2014	10	46	31
2014	11	29	30
2014	12	28	31
2015	1	29	31
2015	2	28	28
2015	3	23	31
2015	4	40	30
2015	5	43	31
2015	6	48	30
2015	7	50	31
2015	8	64	31
2015	9	60	30
2015	10	41	31
2015	11	31	30
2015	12	27	31

表 5-13　自动气象站观测地表温度

年	月	地表温度/℃	有效数据/条
2005	3	9.9	31
2005	4		
2005	5	14.7	31
2005	6	20.2	30
2005	7	21.8	31
2005	8		
2005	9	18.4	30
2005	10	14.0	31
2005	11	6.6	30
2005	12	0.3	31

（续）

年	月	地表温度/℃	有效数据/条
2006	1	0.8	31
2006	2	4.5	28
2006	3	7.6	31
2006	4	12.1	30
2006	5	17.4	31
2006	6	21.5	30
2006	7	22.4	31
2006	8	23.4	31
2006	9		
2006	10	13.9	31
2006	11	6.1	30
2006	12	0.8	31
2007	1	1.9	31
2007	2		
2007	3	12.8	31
2007	4	15.9	30
2007	5	24.3	31
2007	6		
2007	7	22.6	31
2007	8	20.7	31
2007	9	17.1	30
2007	10	14.6	31
2007	11		
2007	12	−2.5	31
2008	1	−1.4	31
2008	2	3.2	29
2008	3	11.3	31
2008	4	18.0	30
2008	5	20.3	31
2008	6	22.4	30
2008	7	19.8	31
2008	8	17.3	31
2008	9	15.4	30

（续）

年	月	地表温度/℃	有效数据/条
2008	10	10.2	31
2008	11	3.1	30
2008	12	−0.4	31
2009	1	−0.5	31
2009	2	3.1	28
2009	3	7.7	31
2009	4	13.4	30
2009	5	17.1	31
2009	6	21.9	30
2009	7	23.2	31
2009	8	18.4	31
2009	9	16.2	30
2009	10	11.7	31
2009	11	5.4	30
2009	12	0.5	31
2010	1	−0.6	31
2010	2	3.3	28
2010	3	10.0	31
2010	4	15.8	30
2010	5	19.9	31
2010	6	21.9	30
2010	7	—	
2010	8	19.0	31
2010	9	16.3	30
2010	10	12.7	31
2010	11		
2010	12	1.4	31
2011	1	0.8	31
2011	2	4.0	28
2011	3	7.9	31
2011	4	12.9	30
2011	5	17.4	31
2011	6	—	

（续）

年	月	地表温度/℃	有效数据/条
2011	7	—	
2011	8	19.7	31
2011	9	18.6	30
2011	10	14.0	31
2011	11	6.7	30
2011	12	2.0	31
2012	1	0.1	31
2012	2	3.8	29
2012	3	9.2	31
2012	4	13.6	30
2012	5	20.0	31
2012	6	22.5	30
2012	7	20.0	31
2012	8	20.3	31
2012	9	19.1	30
2012	10	13.9	31
2012	11	5.0	30
2012	12	0.8	31
2013	1	−0.5	31
2013	2	4.3	28
2013	3	9.9	31
2013	4	14.0	30
2013	5	—	
2013	6	—	
2013	7	19.8	31
2013	8	18.8	31
2013	9	16.7	30
2013	10	11.4	31
2013	11	5.0	30
2013	12	0.2	31
2014	1	0.0	31
2014	2	4.1	28
2014	3	9.5	31

（续）

年	月	地表温度/℃	有效数据/条
2014	4	13.4	30
2014	5	17.6	31
2014	6	23.2	30
2014	7	19.9	31
2014	8	18.4	31
2014	9	16.2	30
2014	10	11.3	31
2014	11	5.6	30
2014	12	0.8	31
2015	1	−0.3	31
2015	2	1.9	28
2015	3	9.0	31
2015	4	13.9	30
2015	5	17.2	31
2015	6	20.8	30
2015	7	20.5	31
2015	8	19.4	31
2015	9	18.1	30
2015	10	13.9	31
2015	11	6.9	30
2015	12	1.9	31

表5-14 自动气象站观测土壤温度（5 cm）

年	月	土壤温度（5 cm）/℃	有效数据/条
2005	3	7.9	31
2005	4		
2005	5	13.6	31
2005	6	17.7	30
2005	7	19.1	31
2005	8		
2005	9	16.8	30
2005	10	11.8	31
2005	11	5.3	30

（续）

年	月	土壤温度（5 cm）/℃	有效数据/条
2005	12	1.0	31
2006	1	0.3	31
2006	2	3.0	28
2006	3	6.8	31
2006	4	10.0	30
2006	5	14.5	31
2006	6	18.8	30
2006	7	19.9	31
2006	8	19.5	31
2006	9		
2006	10	11.6	31
2006	11	5.6	30
2006	12	1.6	31
2007	1	1.8	31
2007	2		
2007	3	11.5	31
2007	4	15.0	30
2007	5	21.1	31
2007	6		
2007	7	21.2	31
2007	8	19.7	31
2007	9	16.5	30
2007	10	13.7	31
2007	11		
2007	12	0.4	31
2008	1	0.6	31
2008	2	3.8	29
2008	3	9.7	31
2008	4	15.1	30
2008	5	17.6	31
2008	6	20.3	30
2008	7	19.3	31
2008	8	17.7	31

（续）

年	月	土壤温度（5 cm）/℃	有效数据/条
2008	9	15.9	30
2008	10	10.8	31
2008	11	4.1	30
2008	12	0.7	31
2009	1	0.3	31
2009	2	3.3	28
2009	3	7.4	31
2009	4	12.7	30
2009	5	16.1	31
2009	6	20.4	30
2009	7	21.9	31
2009	8	17.8	31
2009	9	15.5	30
2009	10	11.0	31
2009	11	5.4	30
2009	12	0.9	31
2010	1	−0.5	31
2010	2	2.8	28
2010	3	9.0	31
2010	4	15.4	30
2010	5	19.5	31
2010	6	21.7	30
2010	7	—	
2010	8	20.1	31
2010	9	16.8	30
2010	10	13.0	31
2010	11		
2010	12	1.3	31
2011	1	0.7	31
2011	2	4.0	28
2011	3	8.1	31
2011	4	13.4	30
2011	5	17.5	31

（续）

年	月	土壤温度（5 cm）/℃	有效数据/条
2011	6	—	
2011	7	—	
2011	8	20.0	31
2011	9	18.8	30
2011	10	14.2	31
2011	11	6.8	30
2011	12	2.1	31
2012	1	0.3	31
2012	2	4.3	29
2012	3	9.9	31
2012	4	14.5	30
2012	5	20.7	31
2012	6	22.9	30
2012	7	20.2	31
2012	8	20.6	31
2012	9	19.5	30
2012	10	14.5	31
2012	11	5.3	30
2012	12	1.0	31
2013	1	−0.2	31
2013	2	5.1	28
2013	3	10.9	31
2013	4	14.7	30
2013	5	—	
2013	6	—	
2013	7	20.2	31
2013	8	19.2	31
2013	9	16.8	30
2013	10	11.4	31
2013	11	4.7	30
2013	12	0.0	31
2014	1	−0.2	31
2014	2	4.0	28

（续）

年	月	土壤温度（5 cm）/℃	有效数据/条
2014	3	9.8	31
2014	4	13.6	30
2014	5	17.7	31
2014	6	23.4	30
2014	7	19.9	31
2014	8	18.3	31
2014	9	16.1	30
2014	10	10.8	31
2014	11	5.3	30
2014	12	0.6	31
2015	1	−0.5	31
2015	2	1.6	28
2015	3	8.8	31
2015	4	13.7	30
2015	5	16.8	31
2015	6	20.4	30
2015	7	20.3	31
2015	8	19.5	31
2015	9	18.1	30
2015	10	13.8	31
2015	11	6.7	30
2015	12	1.8	31

表 5－15　自动气象站观测土壤温度（10 cm）

年	月	土壤温度（10 cm）/℃	有效数据/条
2005	3	7.7	31
2005	4		
2005	5	13.5	31
2005	6	17.7	30
2005	7	19.0	31
2005	8		
2005	9	16.8	30
2005	10	12.0	31

（续）

年	月	土壤温度（10 cm）/℃	有效数据/条
2005	11	5.7	30
2005	12	1.1	31
2006	1	0.4	31
2006	2	3.0	28
2006	3	6.7	31
2006	4	10.0	30
2006	5	14.5	31
2006	6	18.8	30
2006	7	19.8	31
2006	8	19.6	31
2006	9		
2006	10	11.9	31
2006	11	6.1	30
2006	12	2.0	31
2007	1	2.1	31
2007	2		
2007	3	11.1	31
2007	4	14.6	30
2007	5	20.6	31
2007	6		
2007	7	21.0	31
2007	8	19.5	31
2007	9	16.4	30
2007	10	13.8	31
2007	11		
2007	12	0.9	31
2008	1	1.0	31
2008	2	3.9	29
2008	3	9.5	31
2008	4	14.5	30
2008	5	17.2	31
2008	6	20.0	30
2008	7	19.1	31

（续）

年	月	土壤温度（10 cm）/℃	有效数据/条
2008	8	17.5	31
2008	9	15.8	30
2008	10	11.0	31
2008	11	4.3	30
2008	12	0.9	31
2009	1	0.4	31
2009	2	3.3	28
2009	3	7.3	31
2009	4	12.4	30
2009	5	15.8	31
2009	6	19.9	30
2009	7	21.5	31
2009	8	17.7	31
2009	9	15.6	30
2009	10	11.1	31
2009	11	5.8	30
2009	12	1.3	31
2010	1	−0.1	31
2010	2	2.9	28
2010	3	8.8	31
2010	4	14.8	30
2010	5	18.8	31
2010	6	21.4	30
2010	7	—	
2010	8	19.9	31
2010	9	16.7	30
2010	10	13.0	31
2010	11		
2010	12	1.5	31
2011	1	0.8	31
2011	2	3.9	28
2011	3	7.9	31
2011	4	13.2	30

（续）

年	月	土壤温度（10 cm）/℃	有效数据/条
2011	5	17.3	31
2011	6	—	
2011	7	—	
2011	8	19.7	31
2011	9	18.7	30
2011	10	14.2	31
2011	11	7.0	30
2011	12	2.4	31
2012	1	0.6	31
2012	2	4.2	29
2012	3	9.6	31
2012	4	14.0	30
2012	5	20.1	31
2012	6	22.6	30
2012	7	20.0	31
2012	8	20.4	31
2012	9	19.3	30
2012	10	14.4	31
2012	11	5.5	30
2012	12	1.2	31
2013	1	0.0	31
2013	2	4.9	28
2013	3	10.5	31
2013	4	14.5	30
2013	5	—	
2013	6	—	
2013	7	20.0	31
2013	8	19.0	31
2013	9	16.7	30
2013	10	11.4	31
2013	11	4.8	30
2013	12	0.2	31
2014	1	−0.1	31

（续）

年	月	土壤温度（10 cm）/℃	有效数据/条
2014	2	4.0	28
2014	3	9.6	31
2014	4	13.4	30
2014	5	17.3	31
2014	6	22.9	30
2014	7	19.7	31
2014	8	18.2	31
2014	9	16.1	30
2014	10	10.9	31
2014	11	5.4	30
2014	12	0.8	31
2015	1	−0.4	31
2015	2	1.6	28
2015	3	8.7	31
2015	4	13.5	30
2015	5	16.5	31
2015	6	20.2	30
2015	7	20.0	31
2015	8	19.3	31
2015	9	18.0	30
2015	10	13.8	31
2015	11	6.9	30
2015	12	2.1	31

表5-16　自动气象站观测土壤温度（15 cm）

年	月	土壤温度（15 cm）/℃	有效数据/条
2005	3	7.8	31
2005	4		
2005	5	13.7	31
2005	6	18.0	30
2005	7	19.1	31
2005	8		
2005	9	17.1	30

（续）

年	月	土壤温度（15 cm）/℃	有效数据/条
2005	10	12.6	31
2005	11	6.6	30
2005	12	1.8	31
2006	1	1.0	31
2006	2	3.3	28
2006	3	7.0	31
2006	4	10.4	30
2006	5	14.7	31
2006	6	19.0	30
2006	7	20.0	31
2006	8	19.9	31
2006	9		
2006	10	12.7	31
2006	11	7.0	30
2006	12	3.0	31
2007	1	2.8	31
2007	2		
2007	3	10.9	31
2007	4	14.6	30
2007	5	20.3	31
2007	6		
2007	7	21.1	31
2007	8	19.6	31
2007	9	16.8	30
2007	10	14.4	31
2007	11		
2007	12	2.3	31
2008	1	2.1	31
2008	2	4.7	29
2008	3	9.8	31
2008	4	14.6	30
2008	5	17.8	31
2008	6	20.3	30

（续）

年	月	土壤温度（15 cm）/℃	有效数据/条
2008	7	19.4	31
2008	8	18.1	31
2008	9	16.9	30
2008	10	12.8	31
2008	11	6.7	30
2008	12	3.3	31
2009	1	2.6	31
2009	2	5.1	28
2009	3	8.8	31
2009	4	13.6	30
2009	5	16.7	31
2009	6	21.5	30
2009	7	23.1	31
2009	8	19.1	31
2009	9	18.4	30
2009	10	13.4	31
2009	11	8.2	30
2009	12	3.7	31
2010	1	1.9	31
2010	2	4.6	28
2010	3	10.0	31
2010	4	16.7	30
2010	5	19.8	31
2010	6	21.6	30
2010	7	—	
2010	8	20.2	31
2010	9	17.7	30
2010	10	14.3	31
2010	11		
2010	12	3.0	31
2011	1	2.0	31
2011	2	4.8	28
2011	3	8.6	31

（续）

年	月	土壤温度（15 cm）/℃	有效数据/条
2011	4	13.7	30
2011	5	18.1	31
2011	6	—	
2011	7	—	
2011	8	20.6	31
2011	9	19.6	30
2011	10	15.5	31
2011	11	8.9	30
2011	12	4.3	31
2012	1	2.2	31
2012	2	5.4	29
2012	3	10.3	31
2012	4	14.6	30
2012	5	20.4	31
2012	6	22.6	30
2012	7	20.4	31
2012	8	20.9	31
2012	9	20.2	30
2012	10	15.6	31
2012	11	7.5	30
2012	12	3.2	31
2013	1	2.1	31
2013	2	6.2	28
2013	3	11.4	31
2013	4	15.5	30
2013	5	—	
2013	6	—	
2013	7	20.5	31
2013	8	19.5	31
2013	9	17.4	30
2013	10	12.5	31
2013	11	6.2	30
2013	12	1.6	31

（续）

年	月	土壤温度（15 cm）/℃	有效数据/条
2014	1	1.1	31
2014	2	5.0	28
2014	3	10.2	31
2014	4	14.0	30
2014	5	17.7	31
2014	6	23.1	30
2014	7	20.4	31
2014	8	18.9	31
2014	9	16.9	30
2014	10	11.9	31
2014	11	6.7	30
2014	12	2.3	31
2015	1	0.9	31
2015	2	2.7	28
2015	3	9.4	31
2015	4	14.2	30
2015	5	17.1	31
2015	6	20.7	30
2015	7	20.6	31
2015	8	20.1	31
2015	9	18.7	30
2015	10	14.8	31
2015	11	8.2	30
2015	12	4.1	31

表 5-17　自动气象站观测土壤温度（20 cm）

年	月	土壤温度（20 cm）/℃	有效数据/条
2005	3	7.5	31
2005	4		
2005	5	13.5	31
2005	6	17.8	30
2005	7	18.8	31
2005	8		

（续）

年	月	土壤温度（20 cm）/℃	有效数据/条
2005	9	17.0	30
2005	10	12.8	31
2005	11	6.8	30
2005	12	2.0	31
2006	1	1.0	31
2006	2	3.1	28
2006	3	6.8	31
2006	4	10.1	30
2006	5	14.3	31
2006	6	18.6	30
2006	7	19.6	31
2006	8	19.6	31
2006	9		
2006	10	12.8	31
2006	11	7.3	30
2006	12	3.3	31
2007	1	2.9	31
2007	2		
2007	3	10.2	31
2007	4	13.7	30
2007	5	19.4	31
2007	6		
2007	7	20.5	31
2007	8	19.1	31
2007	9	16.4	30
2007	10	14.2	31
2007	11		
2007	12	2.3	31
2008	1	1.9	31
2008	2	4.3	29
2008	3	9.1	31
2008	4	13.7	30
2008	5	16.5	31

（续）

年	月	土壤温度（20 cm）/℃	有效数据/条
2008	6	19.3	30
2008	7	18.6	31
2008	8	17.4	31
2008	9	15.9	30
2008	10	11.7	31
2008	11	5.4	30
2008	12	2.0	31
2009	1	1.2	31
2009	2	3.7	28
2009	3	7.4	31
2009	4	12.0	30
2009	5	15.3	31
2009	6	19.0	30
2009	7	20.7	31
2009	8	17.6	31
2009	9	15.8	30
2009	10	12.0	31
2009	11	7.1	30
2009	12	3.0	31
2010	1	1.4	31
2010	2	3.7	28
2010	3	8.5	31
2010	4	13.5	30
2010	5	17.2	31
2010	6	20.2	30
2010	7	—	
2010	8	19.4	31
2010	9	16.7	30
2010	10	13.7	31
2010	11		
2010	12	0.3	31
2011	1	—	
2011	2	0.0	28

（续）

年	月	土壤温度（20 cm）/℃	有效数据/条
2011	3	4.5	31
2011	4	12.6	30
2011	5	16.6	31
2011	6	—	
2011	7	—	
2011	8	19.4	31
2011	9	18.5	30
2011	10	14.6	31
2011	11	8.9	30
2011	12	4.3	31
2012	1	2.0	31
2012	2	5.1	29
2012	3	9.7	31
2012	4	13.5	30
2012	5	18.8	31
2012	6	21.6	30
2012	7	19.7	31
2012	8	19.9	31
2012	9	18.8	30
2012	10	14.7	31
2012	11	7.0	30
2012	12	3.2	31
2013	1	1.7	31
2013	2	5.4	28
2013	3	10.0	31
2013	4	13.6	30
2013	5	—	
2013	6	—	
2013	7	19.7	31
2013	8	18.6	31
2013	9	16.7	30
2013	10	11.9	31
2013	11	5.8	30

（续）

年	月	土壤温度（20 cm）/℃	有效数据/条
2013	12	1.5	31
2014	1	1.0	31
2014	2	4.6	28
2014	3	9.7	31
2014	4	13.2	30
2014	5	16.6	31
2014	6	21.7	30
2014	7	19.5	31
2014	8	18.0	31
2014	9	16.2	30
2014	10	11.7	31
2014	11	6.7	30
2014	12	2.2	31
2015	1	0.8	31
2015	2	2.2	28
2015	3	8.6	31
2015	4	13.3	30
2015	5	16.4	31
2015	6	20.1	30
2015	7	19.6	31
2015	8	19.2	31
2015	9	18.3	30
2015	10	14.6	31
2015	11	8.3	30
2015	12	3.8	31

表5-18　自动气象站观测土壤温度（40 cm）

年	月	土壤温度（40 cm）/℃	有效数据/条
2005	3	7.3	31
2005	4		
2005	5	13.1	31
2005	6	17.2	30
2005	7	18.2	31

（续）

年	月	土壤温度（40 cm）/℃	有效数据/条
2005	8		
2005	9	17.0	30
2005	10	13.5	31
2005	11	8.1	30
2005	12	3.4	31
2006	1	2.1	31
2006	2	3.4	28
2006	3	6.8	31
2006	4	9.9	30
2006	5	13.6	31
2006	6	17.7	30
2006	7	18.8	31
2006	8	18.9	31
2006	9		
2006	10	13.5	31
2006	11	8.8	30
2006	12	5.1	31
2007	1	4.2	31
2007	2		
2007	3	9.5	31
2007	4	12.8	30
2007	5	17.3	31
2007	6		
2007	7	19.4	31
2007	8	18.4	31
2007	9	16.4	30
2007	10	14.5	31
2007	11		
2007	12	4.2	31
2008	1	3.2	31
2008	2	5.0	29
2008	3	8.7	31
2008	4	12.8	30

（续）

年	月	土壤温度（40 cm）/℃	有效数据/条
2008	5	15.4	31
2008	6	18.0	30
2008	7	17.9	31
2008	8	17.2	31
2008	9	16.1	30
2008	10	12.7	31
2008	11	7.1	30
2008	12	3.8	31
2009	1	2.6	31
2009	2	4.4	28
2009	3	7.5	31
2009	4	11.4	30
2009	5	14.6	31
2009	6	17.6	30
2009	7	19.3	31
2009	8	17.4	31
2009	9	16.0	30
2009	10	12.9	31
2009	11	8.6	30
2009	12	4.8	31
2010	1	3.0	31
2010	2	4.6	28
2010	3	8.4	31
2010	4	12.7	30
2010	5	15.9	31
2010	6	18.7	30
2010	7	—	
2010	8	18.8	31
2010	9	16.7	30
2010	10	14.5	31
2010	11		
2010	12	4.9	31
2011	1	3.1	31

（续）

年	月	土壤温度（40 cm）/℃	有效数据/条
2011	2	4.9	28
2011	3	7.7	31
2011	4	11.7	30
2011	5	15.2	31
2011	6	—	
2011	7	—	
2011	8	18.8	31
2011	9	18.3	30
2011	10	15.1	31
2011	11	9.7	30
2011	12	5.7	31
2012	1	3.4	31
2012	2	5.1	29
2012	3	8.9	31
2012	4	12.2	30
2012	5	16.9	31
2012	6	20.1	30
2012	7	18.9	31
2012	8	19.1	31
2012	9	18.1	30
2012	10	15.1	31
2012	11	8.7	30
2012	12	4.8	31
2013	1	3.3	31
2013	2	5.4	28
2013	3	9.1	31
2013	4	12.5	30
2013	5	—	
2013	6	—	
2013	7	18.9	31
2013	8	18.0	31
2013	9	16.7	30
2013	10	12.7	31

（续）

年	月	土壤温度（40 cm）/℃	有效数据/条
2013	11	7.3	30
2013	12	3.2	31
2014	1	2.0	31
2014	2	4.6	28
2014	3	8.8	31
2014	4	12.3	30
2014	5	15.2	31
2014	6	19.5	30
2014	7	18.6	31
2014	8	17.6	31
2014	9	16.1	30
2014	10	12.0	31
2014	11	7.7	30
2014	12	3.5	31
2015	1	1.9	31
2015	2	2.7	28
2015	3	7.9	31
2015	4	12.4	30
2015	5	14.8	31
2015	6	18.0	30
2015	7	18.1	31
2015	8	18.2	31
2015	9	17.3	30
2015	10	14.4	31
2015	11	9.2	30
2015	12	5.2	31

表 5-19 自动气象站观测土壤温度（100 cm）

年	月	土壤温度（100 cm）/℃	有效数据/条
2005	3	7.0	31
2005	4		
2005	5	12.0	31
2005	6	15.2	30

（续）

年	月	土壤温度（100 cm）/℃	有效数据/条
2005	7	16.6	31
2005	8		
2005	9	16.6	30
2005	10	14.3	31
2005	11	10.2	30
2005	12	6.1	31
2006	1	4.4	31
2006	2	4.6	28
2006	3	6.9	31
2006	4	9.3	30
2006	5	11.9	31
2006	6	15.3	30
2006	7	16.7	31
2006	8	17.2	31
2006	9		
2006	10	14.2	31
2006	11	11.1	30
2006	12	8.1	31
2007	1	6.6	31
2007	2		
2007	3	8.7	31
2007	4	11.3	30
2007	5	13.8	31
2007	6		
2007	7	16.6	31
2007	8	16.5	31
2007	9	15.8	30
2007	10	14.7	31
2007	11		
2007	12	7.4	31
2008	1	5.7	31
2008	2	6.3	29
2008	3	8.3	31

（续）

年	月	土壤温度（100 cm）/℃	有效数据/条
2008	4	11.1	30
2008	5	13.1	31
2008	6	15.0	30
2008	7	15.8	31
2008	8	16.4	31
2008	9	16.1	30
2008	10	14.0	31
2008	11	9.7	30
2008	12	6.6	31
2009	1	5.1	31
2009	2	5.7	28
2009	3	7.7	31
2009	4	10.2	30
2009	5	13.0	31
2009	6	14.8	30
2009	7	16.2	31
2009	8	15.8	31
2009	9	15.5	30
2009	10	13.9	31
2009	11	10.9	30
2009	12	8.0	31
2010	1	6.0	31
2010	2	6.2	28
2010	3	8.3	31
2010	4	11.1	30
2010	5	13.5	31
2010	6	15.5	30
2010	7	—	
2010	8	17.4	31
2010	9	16.4	30
2010	10	15.0	31
2010	11		
2010	12	7.9	31

（续）

年	月	土壤温度（100 cm）/℃	有效数据/条
2011	1	5.5	31
2011	2	5.8	28
2011	3	7.5	31
2011	4	10.2	30
2011	5	12.6	31
2011	6	—	
2011	7	—	
2011	8	17.3	31
2011	9	17.2	30
2011	10	15.2	31
2011	11	11.6	30
2011	12	8.4	31
2012	1	6.0	31
2012	2	6.1	29
2012	3	8.3	31
2012	4	10.7	30
2012	5	13.6	31
2012	6	16.6	30
2012	7	16.4	31
2012	8	17.1	31
2012	9	16.4	30
2012	10	15.1	31
2012	11	11.4	30
2012	12	8.2	31
2013	1	6.5	31
2013	2	6.6	28
2013	3	8.5	31
2013	4	10.7	30
2013	5	—	
2013	6	—	
2013	7	16.7	31
2013	8	16.5	31
2013	9	15.9	30

（续）

年	月	土壤温度（100 cm）/℃	有效数据/条
2013	10	13.4	31
2013	11	9.5	30
2013	12	6.1	31
2014	1	4.3	31
2014	2	5.3	28
2014	3	8.0	31
2014	4	10.8	30
2014	5	12.8	31
2014	6	15.4	30
2014	7	16.1	31
2014	8	16.3	31
2014	9	15.4	30
2014	10	12.7	31
2014	11	9.6	30
2014	12	6.2	31
2015	1	4.4	31
2015	2	4.2	28
2015	3	7.3	31
2015	4	10.8	30
2015	5	12.7	31
2015	6	15.0	30
2015	7	15.4	31
2015	8	15.9	31
2015	9	15.6	30
2015	10	14.3	31
2015	11	11.0	30
2015	12	7.9	31

表 5－20　自动气象站观测降水量

年	月	月累计降水量/mm	有效数据/条
2005	1	0.0	31
2005	2	0.0	28
2005	3	3.0	31

（续）

年	月	月累计降水量/mm	有效数据/条
2005	4	14.8	30
2005	5	27.2	31
2005	6	84.4	30
2005	7	117.8	31
2005	8	80.6	31
2005	9	4.6	30
2005	10	18.2	31
2005	11	0.0	30
2005	12	0.0	31
2006	1	0.0	31
2006	2	0.0	28
2006	3	0.2	31
2006	4	10.2	30
2006	5	84.2	31
2006	6	95.0	30
2006	7	493.0	31
2006	8	48.6	31
2006	9		
2006	10	10.0	31
2006	11	3.4	30
2006	12	0.0	31
2007	1	0.0	31
2007	2		
2007	3	2.2	31
2007	4	24.8	30
2007	5	8.2	31
2007	6	81.2	30
2007	7	140.8	31
2007	8	113.8	31
2007	9	67.8	30
2007	10	0.8	31
2007	11	0.0	30
2007	12	0.0	31

（续）

年	月	月累计降水量/mm	有效数据/条
2008	1	0.0	31
2008	2	3.6	29
2008	3	6.8	31
2008	4	11.8	30
2008	5	66.8	31
2008	6	90.8	30
2008	7	199.8	31
2008	8	141.6	31
2008	9	54.4	30
2008	10	15.6	31
2008	11	11.0	30
2008	12	0.0	31
2009	1	0.0	31
2009	2	1.8	28
2009	3	8.0	31
2009	4	6.2	30
2009	5	2.6	31
2009	6	53.8	30
2009	7	31.6	31
2009	8	123.6	31
2009	9	32.2	30
2009	10	6.2	31
2009	11	0.0	30
2009	12	0.0	31
2010	1	0.0	31
2010	2	0.0	28
2010	3	13.0	31
2010	4	7.0	30
2010	5	18.6	31
2010	6	17.2	30
2010	7	3.4	31
2010	8	119.6	31
2010	9	99.0	30

（续）

年	月	月累计降水量/mm	有效数据/条
2010	10	15.8	31
2010	11		
2010	12		
2011	1	0.0	31
2011	2	0.0	28
2011	3	2.8	31
2011	4	9.4	30
2011	5	44.0	31
2011	6	46.6	30
2011	7	47.8	31
2011	8	77.8	31
2011	9	38.4	30
2011	10	5.0	31
2011	11	6.6	30
2011	12	0.0	31
2012	1	0.6	31
2012	2	0.0	29
2012	3	2.8	31
2012	4	12.6	30
2012	5	20.2	31
2012	6	84.8	30
2012	7	148.6	31
2012	8	56.8	31
2012	9	25.6	30
2012	10	0.4	31
2012	11	0.0	30
2012	12	0.0	31
2013	1	0.0	31
2013	2	0.0	28
2013	3	1.4	31
2013	4	33.6	30
2013	5	0.6	31
2013	6	8.0	30

（续）

年	月	月累计降水量/mm	有效数据/条
2013	7	63.8	31
2013	8	98.4	31
2013	9	113.2	30
2013	10	45.0	31
2013	11	1.4	30
2013	12	0.0	31
2014	1	2.0	31
2014	2	0.0	28
2014	3	7.4	31
2014	4	29.8	30
2014	5	27.6	31
2014	6	59.2	30
2014	7	232.8	31
2014	8	213.0	31
2014	9	65.6	30
2014	10	3.0	31
2014	11	2.0	30
2014	12	0.0	31
2015	1	0.6	31
2015	2	7.4	28
2015	3	1.6	31
2015	4	13.4	30
2015	5	19.0	31
2015	6	75.2	30
2015	7	59.8	31
2015	8	128.2	31
2015	9	71.8	30
2015	10	0.8	31
2015	11	0.0	30
2015	12	0.4	31

表 5-21 自动气象站观测日累计总辐射

年	月	日累计总辐射/（MJ/m²）	有效数据/条
2004	10	460	31
2004	11	385	30
2004	12		
2005	1	342	31
2005	2	294	28
2005	3	496	31
2005	4	526	30
2005	5	637	31
2005	6	748	30
2005	7	741	31
2005	8		
2005	9	702	30
2005	10	580	31
2005	11	535	30
2005	12	482	31
2006	1	500	31
2006	2	509	28
2006	3	654	31
2006	4	670	30
2006	5	768	31
2006	6	810	30
2006	7	768	31
2006	8	730	31
2006	9	659	30
2006	10	613	31
2006	11	479	30
2006	12	468	31
2007	1	514	31
2007	2	510	28
2007	3	702	31
2007	4	698	30
2007	5	835	31
2007	6	709	30

（续）

年	月	日累计总辐射/（MJ/m^2）	有效数据/条
2007	7	677	31
2007	8	714	31
2007	9	594	30
2007	10	626	31
2007	11	439	30
2007	12	458	31
2008	1	410	31
2008	2	555	29
2008	3	630	31
2008	4	717	30
2008	5	769	31
2008	6	737	30
2008	7	740	31
2008	8	625	31
2008	9	638	30
2008	10	606	31
2008	11	517	30
2008	12	473	31
2009	1	483	31
2009	2	510	28
2009	3	627	31
2009	4	745	30
2009	5	749	31
2009	6	815	30
2009	7	755	31
2009	8	730	31
2009	9	667	30
2009	10	655	31
2009	11	518	30
2009	12	450	31
2010	1	497	31
2010	2	516	28
2010	3	647	31

（续）

年	月	日累计总辐射/（MJ/m²）	有效数据/条
2010	4	713	30
2010	5	784	31
2010	6	817	30
2010	7	—	
2010	8	637	31
2010	9	584	30
2010	10	571	31
2010	11		
2010	12	512	31
2011	1	485	31
2011	2	557	28
2011	3	636	31
2011	4	720	30
2011	5	784	31
2011	6	787	30
2011	7	—	
2011	8	770	31
2011	9	667	30
2011	10	649	31
2011	11	520	30
2011	12	521	31
2012	1	523	31
2012	2	523	29
2012	3	682	31
2012	4	679	30
2012	5	848	31
2012	6	779	30
2012	7	701	31
2012	8	709	31
2012	9	684	30
2012	10	663	31
2012	11	553	30
2012	12	503	31
2013	1	541	31

（续）

年	月	日累计总辐射/（MJ/m^2）	有效数据/条
2013	2	548	28
2013	3	613	31
2013	4	652	30
2013	5	730	31
2013	6	770	30
2013	7	707	31
2013	8	759	31
2013	9	651	30
2013	10	594	31
2013	11	552	30
2013	12	498	31
2014	1	514	31
2014	2	530	28
2014	3	643	31
2014	4	688	30
2014	5	774	31
2014	6	780	30
2014	7	682	31
2014	8	690	31
2014	9	627	30
2014	10	623	31
2014	11	545	30
2014	12	481	31
2015	1	481	31
2015	2	544	28
2015	3	683	31
2015	4	650	30
2015	5	773	31
2015	6	803	30
2015	7	784	31
2015	8	673	31
2015	9	702	30
2015	10	621	31
2015	11	543	30
2015	12	483	31

第 6 章

生物观测数据集

受水热条件的限制，西藏的农田主要分布在以“一江两河”（雅鲁藏布江、拉萨河和年楚河）为主的河谷地区，种植作物主要以喜凉的青稞、冬小麦、油菜为主。2003 年，拉萨站按照 CERN 长期监测规范，选取拉萨河谷农区的典型种植制度，以冬小麦→青稞→油菜轮作为主要种植模式，拉萨分别布设了综合观测场 1 处、辅助观测场 2 处和站区调查点 2 处。生物观测数据主要以每年作物收获后采集的生物指标以及生育期动态观测数据为主，本次整理的数据主要包括：①复种指数与作物轮作体系数据集，②主要作物灌溉制度数据集，③作物生育动态数据集，④作物耕作层根生物量数据集，⑤作物收获期性状数据集，⑥作物产量数据集，⑦作物元素含量与能值数据集。

①至⑥以上数据观测频率为每年 1 次，起止时间 2005—2015 年。

⑦作物元素含量与能值数据集，作物全碳、全氮、全磷、全钾观测频率为 2 次/5 年，微量元素为 10 年 1 次，数据观测时间 2005—2015 年。

6.1 复种指数与作物轮作体系

6.1.1 概述

本数据集为拉萨站农田复种指数与作物轮作体系观测数据，指标包括农田类型、复种指数、轮作体系和当年作物。观测时间为 2004—2015 年。受热量条件限制，西藏农田复种指数大都为 100%，轮作模式以青稞、小麦和油菜为主。6 处观测场包括 1 个综合观测场、2 个辅助观测场以及 3 个站区调查点，具体见表 6-1。

表 6-1 拉萨站复种指数与作物轮作体系采样地一览表

观测场名称	观测场代码	采样地名称	采样地代码	备注
拉萨站综合观测场	LSAZH01	拉萨站综合观测场水土生联合长期观测采样地	LSAZH01ABC _ 01	
拉萨站施肥试验辅助观测场	LSAFZ01	拉萨站农田土壤要素辅助长期观测采样地（CK、羊粪、化肥、羊粪+化肥）	LSAFZ01ABC _ 01（CK） LSAFZ01ABC _ 02（羊粪） LSAFZ01ABC _ 03（化肥） LSAFZ01ABC _ 04（羊粪+化肥）	
拉萨站轮作模式长期试验观测场	LSASY01	拉萨站轮作模式土壤生物长期观测采样地	LSASY01ABC _ 01 LSASY01ABC _ 02 LSASY01ABC _ 03	
拉萨站站区调查点（达孜区德庆镇）	LSAZQ01	拉萨站站区调查点（达孜区德庆镇土壤生物长期采样地）	LSAZQ01AB0 _ 01	2005—2015 年，因修路占用被废弃

（续）

观测场名称	观测场代码	采样地名称	采样地代码	备注
拉萨站站区调查点（达孜区邦堆乡）	LSAZQ02	拉萨站站区调查点（达孜区邦堆乡土壤生物长期采样地）	LSAZQ02AB0_01	2005—2011 年，因修建蔬菜大棚被废弃
拉萨站站区调查点（达孜区德庆镇）	LSAZQ04	拉萨站站区调查点（达孜区德庆镇新仓村土壤生物长期采样地）	LSAZQ04AB0_01	2014—2017 年，因修路占用被废弃

6.1.2 数据处理方法

本次整理的数据包括复种指数和轮作体系，每年记录当年种植作物，并进行核对。

6.1.3 数据

拉萨站复种指数和轮作体系数据见表 6-2。

表 6-2 复种指数与作物轮作体系

年	样地代码	农田类型	复种指数/%	轮作体系	当年作物
2004	LSAZH01ABC_01	水浇地	100	冬小麦→青稞→油菜	冬小麦
2004	LSAZQ01AB0_01	水浇地	100	冬小麦→青稞	冬小麦
2004	LSAZQ02AB0_01	水浇地	100	青稞→冬小麦→马铃薯	冬小麦
2005	LSAZH01ABC_01	水浇地	100	冬小麦→青稞→油菜	冬小麦
2005	LSAZQ01AB0_01	水浇地	100	冬小麦→青稞	冬小麦
2005	LSAZQ02AB0_01	水浇地	100	青稞→冬小麦→马铃薯	马铃薯
2005	LSAFZ01ABC_01	水浇地	100	冬小麦→青稞→油菜	冬小麦
2005	LSAFZ01ABC_02	水浇地	100	冬小麦→青稞→油菜	冬小麦
2005	LSASY01ABC_01	水浇地	100	冬小麦→青稞	青稞
2005	LSASY01ABC_02	水浇地	100	油菜→玉米→冬小麦	油菜
2005	LSASY01ABC_03	水浇地	100	冬小麦→油菜→玉米	玉米
2006	LSAZH01ABC_01	水浇地	100	冬小麦→青稞→油菜	春青稞
2006	LSAZQ01AB0_01	水浇地	100	冬小麦→青稞	冬小麦
2006	LSAZQ02AB0_01	水浇地	100	青稞→冬小麦→马铃薯	冬小麦
2006	LSAFZ01ABC_01	水浇地	100	冬小麦→青稞→油菜	春青稞
2006	LSAFZ01ABC_02	水浇地	100	冬小麦→青稞→油菜	春青稞
2006	LSASY01ABC_01	水浇地	100	油菜→玉米→冬小麦	冬小麦
2006	LSASY01ABC_02	水浇地	100	油菜→玉米→冬小麦	油菜
2006	LSASY01ABC_03	水浇地	100	油菜→玉米→冬小麦	玉米
2007	LSAZH01ABC_01	水浇地	100	冬小麦→春青稞→油菜	春青稞
2007	LSAZQ01AB0_01	水浇地	100	冬小麦→冬小麦	冬小麦
2007	LSAZQ02AB0_01	水浇地	100	马铃薯→冬小麦→冬小麦	冬小麦

（续）

年	样地代码	农田类型	复种指数/%	轮作体系	当年作物
2007	LSAFZ01ABC_01	水浇地	100	冬小麦→春青稞→油菜	春青稞
2007	LSAFZ01ABC_02	水浇地	100	冬小麦→春青稞→油菜	春青稞
2007	LSAFZ01ABC_03	水浇地	100	冬小麦→春青稞→油菜	春青稞
2007	LSASY01ABC_01	水浇地	100	油菜→玉米→春青稞	春青稞
2007	LSASY01ABC_02	水浇地	100	油菜→玉米→春青稞	玉米
2007	LSASY01ABC_03	水浇地	100	油菜→玉米→春青稞	油菜
2008	LSAZH01ABC_01	水浇地	100	冬小麦→春青稞→油菜	油菜
2008	LSAFZ01ABC_01	水浇地	100	冬小麦→春青稞→油菜	油菜
2008	LSAFZ01ABC_02	水浇地	100	冬小麦→春青稞→油菜	油菜
2008	LSAFZ01ABC_03	水浇地	100	冬小麦→春青稞→油菜	油菜
2008	LSAFZ01AB0_04	水浇地	100	冬小麦→春青稞→油菜	油菜
2008	LSAZQ01AB0_01	水浇地	100	冬小麦→冬小麦	冬小麦
2008	LSAZQ02AB0_01	水浇地	100	马铃薯→冬小麦→冬小麦	马铃薯
2008	LSASY01ABC_01	水浇地	100	油菜→玉米→春青稞	玉米
2008	LSASY01ABC_02	水浇地	100	油菜→玉米→春青稞	油菜
2008	LSASY01ABC_03	水浇地	100	油菜→玉米→春青稞	春青稞
2009	LSAZH01ABC_01	水浇地	100	冬小麦→冬小麦	冬小麦
2009	LSAFZ01ABC_01	水浇地	100	冬小麦→冬小麦	冬小麦
2009	LSAFZ01ABC_02	水浇地	100	冬小麦→冬小麦	冬小麦
2009	LSAFZ01ABC_03	水浇地	100	冬小麦→冬小麦	冬小麦
2009	LSAFZ01AB0_04	水浇地	100	冬小麦→冬小麦	冬小麦
2009	LSAZQ01AB0_01	水浇地	100	冬小麦→冬小麦	冬小麦
2009	LSAZQ02AB0_01	水浇地	100	马铃薯→冬小麦→冬小麦	冬小麦
2009	LSASY01ABC_01	水浇地	100	油菜→玉米→春青稞	油菜
2009	LSASY01ABC_02	水浇地	100	油菜→玉米→春青稞	春青稞
2009	LSASY01ABC_03	水浇地	100	油菜→春青稞→牧草	紫花苜蓿
2010	LSAZH01ABC_01	水浇地	100	冬小麦→冬小麦	冬小麦
2010	LSAFZ01ABC_01	水浇地	100	冬小麦→冬小麦	冬小麦
2010	LSAFZ01ABC_02	水浇地	100	冬小麦→冬小麦	冬小麦
2010	LSAFZ01ABC_03	水浇地	100	冬小麦→冬小麦	冬小麦
2010	LSAFZ01AB0_04	水浇地	100	冬小麦→冬小麦	冬小麦
2010	LSAZQ01AB0_01	水浇地	100	冬小麦→冬小麦	冬小麦
2010	LSAZQ02AB0_01	水浇地	100	冬小麦→冬小麦	冬小麦

（续）

年	样地代码	农田类型	复种指数/%	轮作体系	当年作物
2010	LSASY01ABC_01	水浇地	100	春青稞→油菜	油菜
2010	LSASY01ABC_02	水浇地	100	油菜→春青稞	春青稞
2010	LSASY01ABC_03	水浇地	100	紫花苜蓿→紫花苜蓿（玉米）	紫花苜蓿（玉米）
2011	LSAZH01ABC_01	水浇地	100	冬小麦→冬小麦→冬小麦	冬小麦
2011	LSAFZ01ABC_01	水浇地	100	冬小麦→冬小麦→冬小麦	冬小麦
2011	LSAFZ01ABC_02	水浇地	100	冬小麦→冬小麦→冬小麦	冬小麦
2011	LSAFZ01ABC_03	水浇地	100	冬小麦→冬小麦→冬小麦	冬小麦
2011	LSAFZ01AB0_04	水浇地	100	冬小麦→冬小麦→冬小麦	冬小麦
2011	LSAZQ01AB0_01	水浇地	100	冬小麦→冬小麦→油菜	油菜
2011	LSAZQ02AB0_01	水浇地	100	冬小麦→冬小麦→马铃薯	马铃薯
2011	LSASY01ABC_01	水浇地	100	春青稞→油菜→春青稞	春青稞
2011	LSASY01ABC_02	水浇地	100	油菜→春青稞→玉米	玉米
2011	LSASY01ABC_03	水浇地	100	紫花苜蓿→玉米→油菜	油菜
2012	LSAZH01ABC_01	水浇地	100	冬小麦→冬小麦→冬小麦	冬小麦
2012	LSAFZ01ABC_01	水浇地	100	冬小麦→冬小麦→冬小麦	冬小麦
2012	LSAFZ01ABC_02	水浇地	100	冬小麦→冬小麦→冬小麦	冬小麦
2012	LSAFZ01ABC_03	水浇地	100	冬小麦→冬小麦→冬小麦	冬小麦
2012	LSAFZ01AB0_04	水浇地	100	冬小麦→冬小麦→冬小麦	冬小麦
2012	LSAZQ01AB0_01	水浇地	100	冬小麦→冬小麦→冬小麦	冬小麦
2012	LSASY01ABC_01	水浇地	100	油菜→春青稞→玉米	玉米
2012	LSASY01ABC_02	水浇地	100	春青稞→玉米→油菜	油菜
2012	LSASY01ABC_03	水浇地	100	玉米→油菜→青稞	春青稞
2013	LSAZH01ABC_01	水浇地	100	冬小麦→冬小麦	冬小麦
2013	LSAFZ01ABC_01	水浇地	100	冬小麦→冬小麦	冬小麦
2013	LSAFZ01ABC_02	水浇地	100	冬小麦→冬小麦	冬小麦
2013	LSAFZ01ABC_03	水浇地	100	冬小麦→冬小麦	冬小麦
2013	LSAFZ01AB0_04	水浇地	100	冬小麦→冬小麦	冬小麦
2013	LSASY01ABC_01	水浇地	100	玉米→春青稞	春青稞
2013	LSASY01ABC_02	水浇地	100	油菜→玉米	甜玉米
2013	LSASY01ABC_03	水浇地	100	青稞→油菜	油菜
2013	LSAZQ01AB0_01	水浇地	100	冬小麦→冬小麦	冬小麦
2014	LSAZH01ABC_01	水浇地	100	冬小麦→油菜	油菜
2014	LSAFZ01ABC_01	水浇地	100	冬小麦→春青稞	春青稞

（续）

年	样地代码	农田类型	复种指数/%	轮作体系	当年作物
2014	LSAFZ01ABC _ 02	水浇地	100	冬小麦→春青稞	春青稞
2014	LSAFZ01ABC _ 03	水浇地	100	冬小麦→春青稞	春青稞
2014	LSAFZ01AB0 _ 04	水浇地	100	冬小麦→春青稞	春青稞
2014	LSASY01ABC _ 01	水浇地	100	春青稞→油菜	油菜
2014	LSASY01ABC _ 02	水浇地	100	玉米→春青稞	春青稞
2014	LSASY01ABC _ 03	水浇地	100	油菜→玉米	玉米
2014	LSAZQ01AB0 _ 01	水浇地	100	冬小麦→油菜	油菜
2014	LSAZQ01AB0 _ 01	水浇地	100	冬小麦→马铃薯	马铃薯
2014	LSAZQ04AB0 _ 01	水浇地	100	冬小麦→冬小麦	冬小麦
2015	LSAZH01ABC _ 01	水浇地	100	油菜→冬小麦	冬小麦
2015	LSAFZ01ABC _ 01	水浇地	100	冬小麦→春青稞→春青稞	春青稞
2015	LSAFZ01ABC _ 02	水浇地	100	冬小麦→春青稞→春青稞	春青稞
2015	LSAFZ01ABC _ 03	水浇地	100	冬小麦→春青稞→春青稞	春青稞
2015	LSAFZ01AB0 _ 04	水浇地	100	冬小麦→春青稞→春青稞	春青稞
2015	LSAZQ01AB0 _ 01	水浇地	100	油菜→冬小麦	冬小麦
2015	LSAZQ04AB0 _ 01	水浇地	100	冬小麦→冬小麦	冬小麦
2015	LSASY01ABC _ 01	水浇地	100	油菜→春青稞→玉米	玉米
2015	LSASY01ABC _ 02	水浇地	100	玉米→油菜→春青稞	春青稞
2015	LSASY01ABC _ 03	水浇地	100	春青稞→玉米→油菜	油菜

6.2 作物灌溉制度

6.2.1 概述

本数据集为拉萨站作物灌溉制度观测数据，观测指标包括作物名称、灌溉时间、作物生育时间、灌溉水源、灌溉方式以及灌溉量。观测时间为 2003—2015 年，观测作物主要包括青稞、冬小麦和油菜。观测场地包括 6 处，即 1 个综合观测场、2 个辅助观测场以及 3 个站区调查点，具体见表 6 - 3。

表 6 - 3 拉萨站作物灌溉制度采样地一览表

观测场名称	观测场代码	采样地名称	采样地代码	备注
拉萨站综合观测场	LSAZH01	拉萨站综合观测场水土生联合长期观测采样地	LSAZH01ABC _ 01	
拉萨站施肥试验辅助观测场	LSAFZ01	拉萨站农田土壤要素辅助长期观测采样地（CK、羊粪、化肥、羊粪＋化肥）	LSAFZ01ABC _ 01（CK） LSAFZ01ABC _ 02（羊粪） LSAFZ01ABC _ 03（化肥） LSAFZ01ABC _ 04（羊粪＋化肥）	

（续）

观测场名称	观测场代码	采样地名称	采样地代码	备注
拉萨站轮作模式长期试验观测场	LSASY01	拉萨站轮作模式土壤生物长期观测采样地	LSASY01ABC _ 01 LSASY01ABC _ 02 LSASY01ABC _ 03	
拉萨站站区调查点（达孜区德庆镇）	LSAZQ01	拉萨站站区调查点（达孜区德庆镇土壤生物长期采样地）	LSAZQ01AB0 _ 01	2005—2015 年，因修路占用被废弃
拉萨站站区调查点（达孜区邦堆乡）	LSAZQ02	拉萨站站区调查点（达孜区邦堆乡土壤生物长期采样地）	LSAZQ02AB0 _ 01	2005—2011 年，因修建蔬菜大棚被废弃
拉萨站站区调查点（达孜区德庆镇）	LSAZQ04	拉萨站站区调查点（达孜区德庆镇新仓村土壤生物长期采样地）	LSAZQ04AB0 _ 01	2014—2017 年，因修路占用被废弃

6.2.2 数据处理方法

本次整理的数据为逐年每次灌溉时间记录，此次对数据进行了核对、整理。

6.2.3 数据

拉萨站作物灌溉制度数据见表 6-4。

表 6-4 作物灌溉制度

年	样地代码	作物名称	灌溉时间/（年-月-日）	作物生育时间	灌溉水源	灌溉方式	灌溉量/mm
2003	LSAZH01ABC _ 01	冬小麦	2003-10-17	播种后	拉萨河水	大田漫灌	96.0
2003	LSAZH01ABC _ 01	冬小麦	2003-12-04	越冬前	拉萨河水	大田漫灌	96.0
2004	LSAZH01ABC _ 01	冬小麦	2004-03-22	返青	拉萨河水	大田漫灌	96.0
2004	LSAZH01ABC _ 01	冬小麦	2004-05-05	拔节	拉萨河水	大田漫灌	96.0
2004	LSAZH01ABC _ 01	冬小麦	2004-05-15	扬花	拉萨河水	大田漫灌	96.0
2004	LSAZH01ABC _ 01	冬小麦	2004-06-06	成熟前	拉萨河水	大田漫灌	96.0
2004	LSAZQ01AB0 _ 01	冬小麦	分 6 次灌溉	播种后/上冻前/返青/拔节/扬花/成熟前	拉萨河水	大田漫灌	96.0
2004	LSAZQ02AB0 _ 01	冬小麦	分 6 次灌溉	播种后/上冻前/返青/拔节/扬花/成熟前	拉萨河水	大田漫灌	96.0
2004	LSAZH01ABC _ 01	冬小麦	2004-10-12	播种后	拉萨河水	畦灌	96.0
2004	LSAZH01ABC _ 01	冬小麦	2004-11-21	越冬前	拉萨河水	畦灌	96.0
2005	LSAZH01ABC _ 01	冬小麦	2005-03-10	返青	拉萨河水	畦灌	96.0
2005	LSAZH01ABC _ 01	冬小麦	2005-04-13	分蘖	拉萨河水	畦灌	96.0
2005	LSAZH01ABC _ 01	冬小麦	2005-05-07	拔节	拉萨河水	畦灌	96.0
2005	LSAZH01ABC _ 01	冬小麦	2005-05-29	挑旗	拉萨河水	畦灌	96.0
2005	LSAZH01ABC _ 01	冬小麦	2005-07-07	扬花	拉萨河水	畦灌	96.0

（续）

年	样地代码	作物名称	灌溉时间/（年-月-日）	作物生育时间	灌溉水源	灌溉方式	灌溉量/mm
2005	LSAZQ01AB0_01	冬小麦	2005-04-10	分蘖	拉萨河水	畦灌	96.0
2005	LSAZQ01AB0_01	冬小麦	2005-04-15	分蘖	拉萨河水	畦灌	96.0
2005	LSAZQ01AB0_01	冬小麦	2005-05-27	挑旗	拉萨河水	畦灌	96.0
2005	LSAZQ01AB0_01	冬小麦	2005-06-15	抽穗	拉萨河水	畦灌	96.0
2005	LSAZQ01AB0_01	冬小麦	2005-07-16	乳熟	拉萨河水	畦灌	96.0
2005	LSAZQ02AB0_01	马铃薯	2005-05-16		拉萨河水	畦灌	96.0
2005	LSAZQ02AB0_01	马铃薯	2005-06-27		拉萨河水	畦灌	96.0
2004	LSAFZ01ABC_01	冬小麦	2004-10-12	播种后	拉萨河水	畦灌	96.0
2004	LSAFZ01ABC_01	冬小麦	2004-11-21	越冬前	拉萨河水	畦灌	96.0
2005	LSAFZ01ABC_01	冬小麦	2005-03-10	返青	拉萨河水	畦灌	96.0
2005	LSAFZ01ABC_01	冬小麦	2005-04-13	分蘖	拉萨河水	畦灌	96.0
2005	LSAFZ01ABC_01	冬小麦	2005-05-07	拔节	拉萨河水	畦灌	96.0
2005	LSAFZ01ABC_01	冬小麦	2005-05-29	挑旗	拉萨河水	畦灌	96.0
2005	LSAFZ01ABC_01	冬小麦	2005-07-07	扬花	拉萨河水	畦灌	96.0
2004	LSAFZ01ABC_02	冬小麦	2004-10-12	播种后	拉萨河水	畦灌	96.0
2004	LSAFZ01ABC_02	冬小麦	2004-11-21	越冬前	拉萨河水	畦灌	96.0
2005	LSAFZ01ABC_02	冬小麦	2005-03-10	返青	拉萨河水	畦灌	96.0
2005	LSAFZ01ABC_02	冬小麦	2005-04-13	分蘖	拉萨河水	畦灌	96.0
2005	LSAFZ01ABC_02	冬小麦	2005-05-07	拔节	拉萨河水	畦灌	96.0
2005	LSAFZ01ABC_02	冬小麦	2005-05-29	挑旗	拉萨河水	畦灌	96.0
2005	LSAFZ01ABC_02	冬小麦	2005-07-07	扬花	拉萨河水	畦灌	96.0
2005	LSASY01ABC_01	春青稞	2005-05-07	播种后	拉萨河水	畦灌	96.0
2005	LSASY01ABC_01	春青稞	2005-05-29	分蘖	拉萨河水	畦灌	96.0
2005	LSASY01ABC_01	春青稞	2005-07-07	抽穗	拉萨河水	畦灌	96.0
2005	LSASY01ABC_02	油菜	2005-04-15	播种后	拉萨河水	畦灌	96.0
2005	LSASY01ABC_02	油菜	2005-06-20	蕾苔	拉萨河水	畦灌	96.0
2005	LSASY01ABC_02	油菜	2005-07-10	花期	拉萨河水	畦灌	96.0
2005	LSASY01ABC_03	玉米	2005-04-15	播种后	拉萨河水	畦灌	96.0
2005	LSASY01ABC_03	玉米	2005-06-20	拔节	拉萨河水	畦灌	96.0
2005	LSASY01ABC_03	玉米	2005-07-10	抽雄	拉萨河水	畦灌	96.0
2006	LSAZH01ABC_01	春青稞	2006-04-30	播种后	拉萨河水	畦灌	96.0
2006	LSAZH01ABC_01	春青稞	2006-06-16	拔节	拉萨河水	畦灌	96.0

（续）

年	样地代码	作物名称	灌溉时间/（年-月-日）	作物生育时间	灌溉水源	灌溉方式	灌溉量/mm
2006	LSAZH01ABC_01	春青稞	2006-07-18	扬花	拉萨河水	畦灌	96.0
2006	LSAZQ01AB0_01	冬小麦	2005-10-20	播种后	拉萨河水	漫灌	96.0
2006	LSAZQ01AB0_01	冬小麦	2006-03-14	返青	拉萨河水	漫灌	96.0
2006	LSAZQ01AB0_01	冬小麦	2006-04-25	起身	拉萨河水	漫灌	96.0
2006	LSAZQ01AB0_01	冬小麦	2006-05-03	起身	拉萨河水	漫灌	96.0
2006	LSAZQ01AB0_01	冬小麦	2006-06-12	抽穗	拉萨河水	漫灌	96.0
2006	LSAZQ01AB0_01	冬小麦	2006-07-03	开花	拉萨河水	漫灌	96.0
2006	LSAZQ02AB0_01	冬小麦	2005-10-16	播种后	拉萨河水	漫灌	96.0
2006	LSAZQ02AB0_01	冬小麦	2006-03-29	返青	拉萨河水	漫灌	96.0
2006	LSAZQ02AB0_01	冬小麦	2006-04-05	起身	拉萨河水	漫灌	96.0
2006	LSAZQ02AB0_01	冬小麦	2006-04-20	起身	拉萨河水	漫灌	96.0
2006	LSAZQ02AB0_01	冬小麦	2006-05-03	起身	拉萨河水	漫灌	96.0
2006	LSAZQ02AB0_01	冬小麦	2006-06-07	孕穗	拉萨河水	漫灌	96.0
2006	LSAZQ02AB0_01	冬小麦	2006-07-01	开花	拉萨河水	漫灌	96.0
2006	LSAFZ01ABC_01	春青稞	2006-04-30	播种后	拉萨河水	畦灌	96.0
2006	LSAFZ01ABC_01	春青稞	2006-06-16	拔节	拉萨河水	畦灌	96.0
2006	LSAFZ01ABC_01	春青稞	2006-07-18	扬花	拉萨河水	畦灌	96.0
2006	LSAFZ01ABC_02	春青稞	2006-04-30	播种后	拉萨河水	畦灌	96.0
2006	LSAFZ01ABC_02	春青稞	2006-06-16	拔节	拉萨河水	畦灌	96.0
2006	LSAFZ01ABC_02	春青稞	2006-07-18	扬花	拉萨河水	畦灌	96.0
2006	LSASY01ABC_01	冬小麦	2005-10-12	播种后	拉萨河水	畦灌	96.0
2006	LSASY01ABC_01	冬小麦	2005-11-26	分蘖	拉萨河水	畦灌	96.0
2006	LSASY01ABC_01	冬小麦	2006-03-03	返青	拉萨河水	畦灌	96.0
2006	LSASY01ABC_01	冬小麦	2006-04-10	返青	拉萨河水	畦灌	96.0
2006	LSASY01ABC_01	冬小麦	2006-05-05	拔节	拉萨河水	畦灌	96.0
2006	LSASY01ABC_01	冬小麦	2006-06-05	孕穗	拉萨河水	畦灌	96.0
2006	LSASY01ABC_01	冬小麦	2006-07-04	开花	拉萨河水	畦灌	96.0
2006	LSASY01ABC_01	冬小麦	2006-07-18	蜡熟	拉萨河水	畦灌	96.0
2006	LSASY01ABC_02	油菜	2006-04-30	播种后	拉萨河水	畦灌	96.0
2006	LSASY01ABC_02	油菜	2006-06-05	苗期	拉萨河水	畦灌	96.0
2006	LSASY01ABC_02	油菜	2006-06-17	蕾苔期	拉萨河水	畦灌	96.0
2006	LSASY01ABC_02	油菜	2006-07-12	花期	拉萨河水	畦灌	96.0

（续）

年	样地代码	作物名称	灌溉时间/（年-月-日）	作物生育时间	灌溉水源	灌溉方式	灌溉量/mm
2006	LSASY01ABC_02	油菜	2006-08-06	夹角期	拉萨河水	畦灌	96.0
2006	LSASY01ABC_02	油菜	2006-09-18	成熟期	拉萨河水	畦灌	96.0
2006	LSASY01ABC_03	玉米	2006-04-19	播种后	拉萨河水	畦灌	96.0
2006	LSASY01ABC_03	玉米	2006-06-05	五叶	拉萨河水	畦灌	96.0
2006	LSASY01ABC_03	玉米	2006-06-15	拔节	拉萨河水	畦灌	96.0
2006	LSASY01ABC_03	玉米	2006-07-18	抽雄	拉萨河水	畦灌	96.0
2007	LSAZH01ABC_01	春青稞	2007-05-10	播种	拉萨河水	畦灌	96.0
2007	LSAZH01ABC_01	春青稞	2007-06-04	分蘖	拉萨河水	畦灌	96.0
2007	LSAZH01ABC_01	春青稞	2007-06-21	拔节	拉萨河水	畦灌	96.0
2007	LSAZH01ABC_01	春青稞	2007-07-10	抽穗	拉萨河水	畦灌	96.0
2007	LSAFZ01ABC_01	春青稞	2007-05-10	播种	拉萨河水	畦灌	96.0
2007	LSAFZ01ABC_01	春青稞	2007-06-04	分蘖	拉萨河水	畦灌	96.0
2007	LSAFZ01ABC_01	春青稞	2007-06-21	拔节	拉萨河水	畦灌	96.0
2007	LSAFZ01ABC_01	春青稞	2007-07-10	抽穗	拉萨河水	畦灌	96.0
2007	LSAFZ01ABC_02	春青稞	2007-05-10	播种	拉萨河水	畦灌	96.0
2007	LSAFZ01ABC_02	春青稞	2007-06-04	分蘖	拉萨河水	畦灌	96.0
2007	LSAFZ01ABC_02	春青稞	2007-06-21	拔节	拉萨河水	畦灌	96.0
2007	LSAFZ01ABC_02	春青稞	2007-07-10	抽穗	拉萨河水	畦灌	96.0
2007	LSAFZ01ABC_03	春青稞	2007-05-10	播种	拉萨河水	畦灌	96.0
2007	LSAFZ01ABC_03	春青稞	2007-06-04	分蘖	拉萨河水	畦灌	96.0
2007	LSAFZ01ABC_03	春青稞	2007-06-21	拔节	拉萨河水	畦灌	96.0
2007	LSAFZ01ABC_03	春青稞	2007-07-10	抽穗	拉萨河水	畦灌	96.0
2007	LSASY01ABC_01	春青稞	2007-04-14	播种	拉萨河水	畦灌	96.0
2007	LSASY01ABC_01	春青稞	2007-05-18	分蘖	拉萨河水	畦灌	96.0
2007	LSASY01ABC_01	春青稞	2007-06-06	拔节	拉萨河水	畦灌	96.0
2007	LSASY01ABC_01	春青稞	2007-06-14	抽穗前	拉萨河水	畦灌	96.0
2007	LSASY01ABC_01	春青稞	2007-07-01	抽穗	拉萨河水	畦灌	96.0
2007	LSASY01ABC_02	玉米	2007-04-16	播种	拉萨河水	畦灌	96.0
2007	LSASY01ABC_02	玉米	2007-05-18	拔节	拉萨河水	畦灌	96.0
2007	LSASY01ABC_02	玉米	2007-06-06	抽雄前	拉萨河水	畦灌	96.0
2007	LSASY01ABC_02	玉米	2007-06-29	吐丝前	拉萨河水	畦灌	96.0
2007	LSASY01ABC_03	油菜	2007-04-15	播种	拉萨河水	畦灌	96.0

（续）

年	样地代码	作物名称	灌溉时间/（年-月-日）	作物生育时间	灌溉水源	灌溉方式	灌溉量/mm
2007	LSASY01ABC_03	油菜	2007-05-18	出苗后	拉萨河水	畦灌	96.0
2007	LSASY01ABC_03	油菜	2007-06-06	蕾苔前	拉萨河水	畦灌	96.0
2007	LSASY01ABC_03	油菜	2007-06-29	花期	拉萨河水	畦灌	96.0
2007	LSAZQ01AB0_01	冬小麦	2006-10-02	播种	山涧河水	畦灌	96.0
2007	LSAZQ01AB0_01	冬小麦	2007-03-19	返青	山涧河水	畦灌	96.0
2007	LSAZQ01AB0_01	冬小麦	2007-03-24	起身	山涧河水	畦灌	96.0
2007	LSAZQ01AB0_01	冬小麦	2007-04-20	拔节前	山涧河水	畦灌	96.0
2007	LSAZQ01AB0_01	冬小麦	2007-05-09	拔节	山涧河水	畦灌	96.0
2007	LSAZQ01AB0_01	冬小麦	2007-06-04	孕穗	山涧河水	畦灌	96.0
2007	LSAZQ02AB0_01	冬小麦	2006-10-07	播种	拉萨河水	畦灌	96.0
2007	LSAZQ02AB0_01	冬小麦	2007-03-02	返青	拉萨河水	畦灌	96.0
2007	LSAZQ02AB0_01	冬小麦	2007-03-21	起身	拉萨河水	畦灌	96.0
2007	LSAZQ02AB0_01	冬小麦	2007-04-09	拔节前	拉萨河水	畦灌	96.0
2007	LSAZQ02AB0_01	冬小麦	2007-05-18	孕穗	拉萨河水	畦灌	96.0
2007	LSAZQ02AB0_01	冬小麦	2007-06-19	抽穗	拉萨河水	畦灌	96.0
2008	LSAZH01ABC_01	油菜	2008-04-18	播种	拉萨河水	畦灌	96.0
2008	LSAZH01ABC_01	油菜	2008-05-31	蕾苔前期	拉萨河水	畦灌	96.0
2008	LSAZH01ABC_01	油菜	2008-06-15	花期	拉萨河水	畦灌	96.0
2008	LSAFZ01ABC_01	油菜	2008-04-25	播种	拉萨河水	畦灌	96.0
2008	LSAFZ01ABC_01	油菜	2008-05-31	蕾苔前期	拉萨河水	畦灌	96.0
2008	LSAFZ01ABC_01	油菜	2008-06-15	花期	拉萨河水	畦灌	96.0
2008	LSAFZ01ABC_02	油菜	2008-04-25	播种	拉萨河水	畦灌	96.0
2008	LSAFZ01ABC_02	油菜	2008-05-31	蕾苔前期	拉萨河水	畦灌	96.0
2008	LSAFZ01ABC_02	油菜	2008-06-15	花期	拉萨河水	畦灌	96.0
2008	LSAFZ01ABC_03	油菜	2008-04-25	播种	拉萨河水	畦灌	96.0
2008	LSAFZ01ABC_03	油菜	2008-05-31	蕾苔前期	拉萨河水	畦灌	96.0
2008	LSAFZ01ABC_03	油菜	2008-06-15	花期	拉萨河水	畦灌	96.0
2008	LSAFZ01AB0_04	油菜	2008-04-25	播种	拉萨河水	畦灌	96.0
2008	LSAFZ01AB0_04	油菜	2008-05-31	蕾苔前期	拉萨河水	畦灌	96.0
2008	LSAFZ01AB0_04	油菜	2008-06-15	花期	拉萨河水	畦灌	96.0
2008	LSAZQ01AB0_01	冬小麦	2008-03-18	返青	拉萨河水	畦灌	96.0
2008	LSAZQ01AB0_01	冬小麦	2008-04-07	返青	拉萨河水	畦灌	96.0

（续）

年	样地代码	作物名称	灌溉时间/（年-月-日）	作物生育时间	灌溉水源	灌溉方式	灌溉量/mm
2008	LSAZQ01AB0_01	冬小麦	2008-06-15	孕穗	拉萨河水	畦灌	96.0
2008	LSAZQ01AB0_01	冬小麦	2008-06-25	灌浆	拉萨河水	畦灌	96.0
2008	LSAZQ02AB0_01	马铃薯	2008-04-06	苗期	拉萨河水	畦灌	96.0
2008	LSAZQ02AB0_01	马铃薯	2008-05-05	开花	拉萨河水	畦灌	96.0
2008	LSAZQ02AB0_01	马铃薯	2008-05-20	开花	拉萨河水	畦灌	96.0
2008	LSASY01ABC_01	玉米	2008-04-18	播种	拉萨河水	畦灌	96.0
2008	LSASY01ABC_01	玉米	2008-06-10	拔节前	拉萨河水	畦灌	96.0
2008	LSASY01ABC_01	玉米	2008-07-10	吐丝	拉萨河水	畦灌	96.0
2008	LSASY01ABC_02	油菜	2008-04-18	播种	拉萨河水	畦灌	96.0
2008	LSASY01ABC_02	油菜	2008-05-31	蕾苔前期	拉萨河水	畦灌	96.0
2008	LSASY01ABC_02	油菜	2008-06-15	花期	拉萨河水	畦灌	96.0
2008	LSASY01ABC_03	春青稞	2008-04-19	播种	拉萨河水	畦灌	96.0
2008	LSASY01ABC_03	春青稞	2008-05-25	拔节	拉萨河水	畦灌	96.0
2008	LSASY01ABC_03	春青稞	2008-06-15	孕穗	拉萨河水	畦灌	96.0
2009	LSAZH01ABC_01	冬小麦	2008-10-12	播种后	拉萨河水	畦灌	96.0
2009	LSAZH01ABC_01	冬小麦	2008-12-05	越冬前	拉萨河水	畦灌	96.0
2009	LSAZH01ABC_01	冬小麦	2009-03-09	返青	拉萨河水	畦灌	96.0
2009	LSAZH01ABC_01	冬小麦	2009-04-14	起身	拉萨河水	畦灌	96.0
2009	LSAZH01ABC_01	冬小麦	2009-04-29	拔节	拉萨河水	畦灌	96.0
2009	LSAZH01ABC_01	冬小麦	2009-05-16	拔节	拉萨河水	畦灌	96.0
2009	LSAZH01ABC_01	冬小麦	2009-06-12	抽穗	拉萨河水	畦灌	96.0
2009	LSAZH01ABC_01	冬小麦	2009-06-21	灌浆	拉萨河水	畦灌	96.0
2009	LSAFZ01ABC_01	冬小麦	2008-10-12	播种后	拉萨河水	畦灌	96.0
2009	LSAFZ01ABC_01	冬小麦	2008-12-04	越冬前	拉萨河水	畦灌	96.0
2009	LSAFZ01ABC_01	冬小麦	2009-03-09	返青	拉萨河水	畦灌	96.0
2009	LSAFZ01ABC_01	冬小麦	2009-04-14	起身	拉萨河水	畦灌	96.0
2009	LSAFZ01ABC_01	冬小麦	2009-05-16	拔节	拉萨河水	畦灌	96.0
2009	LSAFZ01ABC_01	冬小麦	2009-06-13	抽穗	拉萨河水	畦灌	96.0
2009	LSAFZ01ABC_01	冬小麦	2009-06-20	灌浆	拉萨河水	畦灌	96.0
2009	LSAFZ01ABC_02	冬小麦	2008-10-12	播种后	拉萨河水	畦灌	96.0
2009	LSAFZ01ABC_02	冬小麦	2008-12-04	越冬前	拉萨河水	畦灌	96.0
2009	LSAFZ01ABC_02	冬小麦	2009-03-09	返青	拉萨河水	畦灌	96.0

（续）

年	样地代码	作物名称	灌溉时间/（年-月-日）	作物生育时间	灌溉水源	灌溉方式	灌溉量/mm
2009	LSAFZ01ABC_02	冬小麦	2009-04-14	起身	拉萨河水	畦灌	96.0
2009	LSAFZ01ABC_02	冬小麦	2009-05-16	拔节	拉萨河水	畦灌	96.0
2009	LSAFZ01ABC_02	冬小麦	2009-06-13	抽穗	拉萨河水	畦灌	96.0
2009	LSAFZ01ABC_02	冬小麦	2009-06-20	灌浆	拉萨河水	畦灌	96.0
2009	LSAFZ01ABC_03	冬小麦	2008-10-12	播种后	拉萨河水	畦灌	96.0
2009	LSAFZ01ABC_03	冬小麦	2008-12-04	越冬前	拉萨河水	畦灌	96.0
2009	LSAFZ01ABC_03	冬小麦	2009-03-09	返青	拉萨河水	畦灌	96.0
2009	LSAFZ01ABC_03	冬小麦	2009-04-14	起身	拉萨河水	畦灌	96.0
2009	LSAFZ01ABC_03	冬小麦	2009-05-16	拔节	拉萨河水	畦灌	96.0
2009	LSAFZ01ABC_03	冬小麦	2009-06-13	抽穗	拉萨河水	畦灌	96.0
2009	LSAFZ01ABC_03	冬小麦	2009-06-20	灌浆	拉萨河水	畦灌	96.0
2009	LSAFZ01ABC_04	冬小麦	2008-10-12	播种后	拉萨河水	畦灌	96.0
2009	LSAFZ01ABC_04	冬小麦	2008-12-04	越冬前	拉萨河水	畦灌	96.0
2009	LSAFZ01ABC_04	冬小麦	2009-03-09	返青	拉萨河水	畦灌	96.0
2009	LSAFZ01ABC_04	冬小麦	2009-04-14	起身	拉萨河水	畦灌	96.0
2009	LSAFZ01ABC_04	冬小麦	2009-05-16	拔节	拉萨河水	畦灌	96.0
2009	LSAFZ01ABC_04	冬小麦	2009-06-13	抽穗	拉萨河水	畦灌	96.0
2009	LSAFZ01ABC_04	冬小麦	2009-06-20	灌浆	拉萨河水	畦灌	96.0
2009	LSAZQ01AB0_01	冬小麦	2009-03-15	返青	拉萨河水	畦灌	96.0
2009	LSAZQ01AB0_01	冬小麦	2009-05-06	拔节	拉萨河水	畦灌	96.0
2009	LSAZQ01AB0_01	冬小麦	2009-06-08	孕穗	拉萨河水	畦灌	96.0
2009	LSAZQ02AB0_01	冬小麦	2009-03-12	返青	拉萨河水	畦灌	96.0
2009	LSAZQ02AB0_01	冬小麦	2009-04-08	起身	拉萨河水	畦灌	96.0
2009	LSAZQ02AB0_01	冬小麦	2009-04-22	拔节	拉萨河水	畦灌	96.0
2009	LSAZQ02AB0_01	冬小麦	2009-06-07	孕穗	拉萨河水	畦灌	96.0
2009	LSAZQ02AB0_01	冬小麦	2009-06-13	抽穗	拉萨河水	畦灌	96.0
2009	LSAZQ02AB0_01	冬小麦	2009-06-28	灌浆	拉萨河水	畦灌	96.0
2009	LSAZQ02AB0_01	冬小麦	2009-07-05	灌浆	拉萨河水	畦灌	96.0
2009	LSASY01ABC_01	油菜	2009-04-14	播种	拉萨河水	畦灌	96.0
2009	LSASY01ABC_01	油菜	2009-04-26	出苗	拉萨河水	畦灌	96.0
2009	LSASY01ABC_01	油菜	2009-05-17	苗期	拉萨河水	畦灌	96.0
2009	LSASY01ABC_01	油菜	2009-06-10	蕾苔前期	拉萨河水	畦灌	96.0

（续）

年	样地代码	作物名称	灌溉时间/（年-月-日）	作物生育时间	灌溉水源	灌溉方式	灌溉量/mm
2009	LSASY01ABC_01	油菜	2009-06-20	蕾苔期	拉萨河水	畦灌	96.0
2009	LSASY01ABC_01	油菜	2009-07-08	花期	拉萨河水	畦灌	96.0
2009	LSASY01ABC_01	油菜	2009-07-25	结果	拉萨河水	畦灌	96.0
2009	LSASY01ABC_02	春青稞	2009-04-12	播种	拉萨河水	畦灌	96.0
2009	LSASY01ABC_02	春青稞	2009-04-26	出苗	拉萨河水	畦灌	96.0
2009	LSASY01ABC_02	春青稞	2009-05-17	分蘖	拉萨河水	畦灌	96.0
2009	LSASY01ABC_02	春青稞	2009-06-10	拔节	拉萨河水	畦灌	96.0
2009	LSASY01ABC_02	春青稞	2009-06-19	孕穗	拉萨河水	畦灌	96.0
2009	LSASY01ABC_02	春青稞	2009-07-08	扬花	拉萨河水	畦灌	96.0
2009	LSASY01ABC_02	春青稞	2009-07-25	乳熟	拉萨河水	畦灌	96.0
2009	LSASY01ABC_03	紫花苜蓿	2009-04-06	播种	拉萨河水	畦灌	96.0
2009	LSASY01ABC_03	紫花苜蓿	2009-04-30	苗期	拉萨河水	畦灌	96.0
2009	LSASY01ABC_03	紫花苜蓿	2009-05-20	分蘖	拉萨河水	畦灌	96.0
2009	LSASY01ABC_03	紫花苜蓿	2009-06-14	生长	拉萨河水	畦灌	96.0
2009	LSASY01ABC_03	紫花苜蓿	2009-06-22	生长	拉萨河水	畦灌	96.0
2009	LSASY01ABC_03	紫花苜蓿	2009-07-11	现蕾	拉萨河水	畦灌	96.0
2009	LSASY01ABC_03	紫花苜蓿	2009-07-26	开花	拉萨河水	畦灌	96.0
2010	LSAZH01ABC_01	冬小麦	2009-10-18	播种后	拉萨河水	畦灌	96.0
2010	LSAZH01ABC_01	冬小麦	2009-11-30	越冬前	拉萨河水	畦灌	96.0
2010	LSAZH01ABC_01	冬小麦	2010-03-05	返青	拉萨河水	畦灌	96.0
2010	LSAZH01ABC_01	冬小麦	2010-04-10	起身	拉萨河水	畦灌	96.0
2010	LSAZH01ABC_01	冬小麦	2010-05-07	拔节	拉萨河水	畦灌	96.0
2010	LSAZH01ABC_01	冬小麦	2010-06-01	抽穗	拉萨河水	畦灌	96.0
2010	LSAZH01ABC_01	冬小麦	2010-06-22	灌浆	拉萨河水	畦灌	96.0
2010	LSAZH01ABC_01	冬小麦	2010-07-02	灌浆	拉萨河水	畦灌	96.0
2010	LSAFZ01ABC_01	冬小麦	2009-10-18	播种后	拉萨河水	畦灌	96.0
2010	LSAFZ01ABC_01	冬小麦	2009-11-30	越冬前	拉萨河水	畦灌	96.0
2010	LSAFZ01ABC_01	冬小麦	2010-03-15	返青	拉萨河水	畦灌	96.0
2010	LSAFZ01ABC_01	冬小麦	2010-04-10	起身	拉萨河水	畦灌	96.0
2010	LSAFZ01ABC_01	冬小麦	2010-05-07	拔节	拉萨河水	畦灌	96.0
2010	LSAFZ01ABC_01	冬小麦	2010-05-20	抽穗	拉萨河水	畦灌	96.0
2010	LSAFZ01ABC_01	冬小麦	2010-06-11	灌浆	拉萨河水	畦灌	96.0

（续）

年	样地代码	作物名称	灌溉时间/（年-月-日）	作物生育时间	灌溉水源	灌溉方式	灌溉量/mm
2010	LSAFZ01ABC_01	冬小麦	2010-07-02	灌浆	拉萨河水	畦灌	96.0
2010	LSAFZ01ABC_02	冬小麦	2009-10-18	播种后	拉萨河水	畦灌	96.0
2010	LSAFZ01ABC_02	冬小麦	2009-11-30	越冬前	拉萨河水	畦灌	96.0
2010	LSAFZ01ABC_02	冬小麦	2010-03-15	返青	拉萨河水	畦灌	96.0
2010	LSAFZ01ABC_02	冬小麦	2010-04-10	起身	拉萨河水	畦灌	96.0
2010	LSAFZ01ABC_02	冬小麦	2010-05-07	拔节	拉萨河水	畦灌	96.0
2010	LSAFZ01ABC_02	冬小麦	2010-05-20	抽穗	拉萨河水	畦灌	96.0
2010	LSAFZ01ABC_02	冬小麦	2010-06-11	灌浆	拉萨河水	畦灌	96.0
2010	LSAFZ01ABC_02	冬小麦	2010-07-02	灌浆	拉萨河水	畦灌	96.0
2010	LSAFZ01ABC_03	冬小麦	2009-10-18	播种后	拉萨河水	畦灌	96.0
2010	LSAFZ01ABC_03	冬小麦	2009-11-30	越冬前	拉萨河水	畦灌	96.0
2010	LSAFZ01ABC_03	冬小麦	2010-03-15	返青	拉萨河水	畦灌	96.0
2010	LSAFZ01ABC_03	冬小麦	2010-04-10	起身	拉萨河水	畦灌	96.0
2010	LSAFZ01ABC_03	冬小麦	2010-05-07	拔节	拉萨河水	畦灌	96.0
2010	LSAFZ01ABC_03	冬小麦	2010-05-20	抽穗	拉萨河水	畦灌	96.0
2010	LSAFZ01ABC_03	冬小麦	2010-06-11	灌浆	拉萨河水	畦灌	96.0
2010	LSAFZ01ABC_03	冬小麦	2010-07-02	灌浆	拉萨河水	畦灌	96.0
2010	LSAFZ01ABC_04	冬小麦	2009-10-18	播种后	拉萨河水	畦灌	96.0
2010	LSAFZ01ABC_04	冬小麦	2009-11-30	越冬前	拉萨河水	畦灌	96.0
2010	LSAFZ01ABC_04	冬小麦	2010-03-15	返青	拉萨河水	畦灌	96.0
2010	LSAFZ01ABC_04	冬小麦	2010-04-10	起身	拉萨河水	畦灌	96.0
2010	LSAFZ01ABC_04	冬小麦	2010-05-07	拔节	拉萨河水	畦灌	96.0
2010	LSAFZ01ABC_04	冬小麦	2010-05-20	抽穗	拉萨河水	畦灌	96.0
2010	LSAFZ01ABC_04	冬小麦	2010-06-11	灌浆	拉萨河水	畦灌	96.0
2010	LSAFZ01ABC_04	冬小麦	2010-07-02	灌浆	拉萨河水	畦灌	96.0
2010	LSAZQ01AB0_01	冬小麦	2009-10-10	播种	拉萨河水	畦灌	96.0
2010	LSAZQ01AB0_01	冬小麦	2010-03-10	返青	拉萨河水	畦灌	96.0
2010	LSAZQ01AB0_01	冬小麦	2010-05-13	拔节	拉萨河水	畦灌	96.0
2010	LSAZQ01AB0_01	冬小麦	2010-06-05	孕穗	拉萨河水	畦灌	96.0
2010	LSAZQ02AB0_01	冬小麦	2009-10-15	播种	拉萨河水	畦灌	96.0
2010	LSAZQ02AB0_01	冬小麦	2009-03-18	返青	拉萨河水	畦灌	96.0
2010	LSAZQ02AB0_01	冬小麦	2009-04-10	起身	拉萨河水	畦灌	96.0

（续）

年	样地代码	作物名称	灌溉时间/（年-月-日）	作物生育时间	灌溉水源	灌溉方式	灌溉量/mm
2010	LSAZQ02AB0_01	冬小麦	2009-04-23	拔节	拉萨河水	畦灌	96.0
2010	LSAZQ02AB0_01	冬小麦	2009-06-07	孕穗	拉萨河水	畦灌	96.0
2010	LSAZQ02AB0_01	冬小麦	2009-06-13	抽穗	拉萨河水	畦灌	96.0
2010	LSAZQ02AB0_01	冬小麦	2009-06-28	灌浆	拉萨河水	畦灌	96.0
2010	LSAZQ02AB0_01	冬小麦	2009-07-05	灌浆	拉萨河水	畦灌	96.0
2010	LSASY01ABC_01	油菜	2010-04-14	播种	拉萨河水	畦灌	96.0
2010	LSASY01ABC_01	油菜	2010-05-08	苗期	拉萨河水	畦灌	96.0
2010	LSASY01ABC_01	油菜	2010-05-20	苗期	拉萨河水	畦灌	96.0
2010	LSASY01ABC_01	油菜	2010-06-21	蕾苔期	拉萨河水	畦灌	96.0
2010	LSASY01ABC_01	油菜	2010-07-01	花期	拉萨河水	畦灌	96.0
2010	LSASY01ABC_02	春青稞	2010-04-14	播种	拉萨河水	畦灌	96.0
2010	LSASY01ABC_02	春青稞	2010-05-08	分蘖	拉萨河水	畦灌	96.0
2010	LSASY01ABC_02	春青稞	2010-05-22	分蘖	拉萨河水	畦灌	96.0
2010	LSASY01ABC_02	春青稞	2010-06-10	拔节	拉萨河水	畦灌	96.0
2010	LSASY01ABC_02	春青稞	2010-06-21	孕穗	拉萨河水	畦灌	96.0
2010	LSASY01ABC_02	春青稞	2010-07-01	扬花	拉萨河水	畦灌	96.0
2010	LSASY01ABC_03	玉米	2010-04-14	播种	拉萨河水	畦灌	96.0
2010	LSASY01ABC_03	玉米	2010-05-18	拔节	拉萨河水	畦灌	96.0
2010	LSASY01ABC_03	玉米	2010-06-05	拔节	拉萨河水	畦灌	96.0
2010	LSASY01ABC_03	玉米	2010-06-13	抽雄	拉萨河水	畦灌	96.0
2010	LSASY01ABC_03	玉米	2010-06-29	吐丝	拉萨河水	畦灌	96.0
2011	LSAZH01ABC_01	冬小麦	2010-10-13	播种	拉萨河水	畦灌	96.0
2011	LSAZH01ABC_01	冬小麦	2010-11-11	越冬前	拉萨河水	畦灌	96.0
2011	LSAZH01ABC_01	冬小麦	2011-04-29	拔节	拉萨河水	畦灌	96.0
2011	LSAZH01ABC_01	冬小麦	2011-05-18	拔节	拉萨河水	畦灌	96.0
2011	LSAZH01ABC_01	冬小麦	2011-06-03	抽穗	拉萨河水	畦灌	96.0
2011	LSAZH01ABC_01	冬小麦	2011-06-19	扬花	拉萨河水	畦灌	96.0
2011	LSAZH01ABC_01	冬小麦	2011-07-05	灌浆	拉萨河水	畦灌	96.0
2011	LSAFZ01ABC_01	冬小麦	2010-10-14	播种	拉萨河水	畦灌	96.0
2011	LSAFZ01ABC_01	冬小麦	2010-11-11	越冬前	拉萨河水	畦灌	96.0
2011	LSAFZ01ABC_01	冬小麦	2011-05-05	拔节	拉萨河水	畦灌	96.0
2011	LSAFZ01ABC_01	冬小麦	2011-05-18	拔节	拉萨河水	畦灌	96.0

（续）

年	样地代码	作物名称	灌溉时间/（年-月-日）	作物生育时间	灌溉水源	灌溉方式	灌溉量/mm
2011	LSAFZ01ABC_01	冬小麦	2011-06-03	抽穗	拉萨河水	畦灌	96.0
2011	LSAFZ01ABC_01	冬小麦	2011-06-19	扬花	拉萨河水	畦灌	96.0
2011	LSAFZ01ABC_01	冬小麦	2011-07-05	灌浆	拉萨河水	畦灌	96.0
2011	LSAFZ01ABC_02	冬小麦	2010-10-14	播种	拉萨河水	畦灌	96.0
2011	LSAFZ01ABC_02	冬小麦	2010-11-11	越冬前	拉萨河水	畦灌	96.0
2011	LSAFZ01ABC_02	冬小麦	2011-05-05	拔节	拉萨河水	畦灌	96.0
2011	LSAFZ01ABC_02	冬小麦	2011-05-18	拔节	拉萨河水	畦灌	96.0
2011	LSAFZ01ABC_02	冬小麦	2011-06-03	抽穗	拉萨河水	畦灌	96.0
2011	LSAFZ01ABC_02	冬小麦	2011-06-19	扬花	拉萨河水	畦灌	96.0
2011	LSAFZ01ABC_02	冬小麦	2011-07-05	灌浆	拉萨河水	畦灌	96.0
2011	LSAFZ01ABC_03	冬小麦	2010-10-14	播种	拉萨河水	畦灌	96.0
2011	LSAFZ01ABC_03	冬小麦	2010-11-11	越冬前	拉萨河水	畦灌	96.0
2011	LSAFZ01ABC_03	冬小麦	2011-05-05	拔节	拉萨河水	畦灌	96.0
2011	LSAFZ01ABC_03	冬小麦	2011-05-18	拔节	拉萨河水	畦灌	96.0
2011	LSAFZ01ABC_03	冬小麦	2011-06-03	抽穗	拉萨河水	畦灌	96.0
2011	LSAFZ01ABC_03	冬小麦	2011-06-19	扬花	拉萨河水	畦灌	96.0
2011	LSAFZ01ABC_03	冬小麦	2011-07-05	灌浆	拉萨河水	畦灌	96.0
2011	LSAFZ01ABC_04	冬小麦	2010-10-14	播种	拉萨河水	畦灌	96.0
2011	LSAFZ01ABC_04	冬小麦	2010-11-11	越冬前	拉萨河水	畦灌	96.0
2011	LSAFZ01ABC_04	冬小麦	2011-05-05	拔节	拉萨河水	畦灌	96.0
2011	LSAFZ01ABC_04	冬小麦	2011-05-18	拔节	拉萨河水	畦灌	96.0
2011	LSAFZ01ABC_04	冬小麦	2011-06-03	抽穗	拉萨河水	畦灌	96.0
2011	LSAFZ01ABC_04	冬小麦	2011-06-19	扬花	拉萨河水	畦灌	96.0
2011	LSAFZ01ABC_04	冬小麦	2011-07-05	灌浆	拉萨河水	畦灌	96.0
2011	LSASY01ABC_01	春青稞	2011-04-22	播种	拉萨河水	畦灌	96.0
2011	LSASY01ABC_01	春青稞	2011-05-14	出苗	拉萨河水	畦灌	96.0
2011	LSASY01ABC_01	春青稞	2011-06-01	拔节	拉萨河水	畦灌	96.0
2011	LSASY01ABC_01	春青稞	2011-06-19	孕穗	拉萨河水	畦灌	96.0
2011	LSASY01ABC_01	春青稞	2011-07-04	抽穗	拉萨河水	畦灌	96.0
2011	LSASY01ABC_02	玉米	2011-05-04	播种	拉萨河水	畦灌	96.0
2011	LSASY01ABC_02	玉米	2011-05-14	出苗	拉萨河水	畦灌	96.0
2011	LSASY01ABC_02	玉米	2011-06-01	三叶	拉萨河水	畦灌	96.0

（续）

年	样地代码	作物名称	灌溉时间/（年-月-日）	作物生育时间	灌溉水源	灌溉方式	灌溉量/mm
2011	LSASY01ABC_02	玉米	2011-06-19	五叶	拉萨河水	畦灌	96.0
2011	LSASY01ABC_02	玉米	2011-07-04	挑旗	拉萨河水	畦灌	96.0
2011	LSASY01ABC_03	油菜	2011-04-22	播种	拉萨河水	畦灌	96.0
2011	LSASY01ABC_03	油菜	2011-05-14	出苗	拉萨河水	畦灌	96.0
2011	LSASY01ABC_03	油菜	2011-06-01	蕾薹前期	拉萨河水	畦灌	96.0
2011	LSASY01ABC_03	油菜	2011-07-04	花期	拉萨河水	畦灌	96.0
2011	LSAZQ01AB0_01	油菜	2011-04-06	播种	拉萨河水	畦灌	96.0
2011	LSAZQ01AB0_01	油菜	2011-04-25	出苗	拉萨河水	畦灌	96.0
2011	LSAZQ01AB0_01	油菜	2011-05-17	苗期	拉萨河水	畦灌	96.0
2011	LSAZQ01AB0_01	油菜	2011-06-02	蕾薹前期	拉萨河水	畦灌	96.0
2011	LSAZQ01AB0_01	油菜	2011-06-20	花期	拉萨河水	畦灌	96.0
2011	LSAZQ02AB0_01	马铃薯	2011-04-13	播种	拉萨河水	畦灌	96.0
2011	LSAZQ02AB0_01	马铃薯	2011-04-29	出苗	拉萨河水	畦灌	96.0
2011	LSAZQ02AB0_01	马铃薯	2011-05-15		拉萨河水	畦灌	96.0
2011	LSAZQ02AB0_01	马铃薯	2011-06-01		拉萨河水	畦灌	96.0
2011	LSAZQ02AB0_01	马铃薯	2011-06-19		拉萨河水	畦灌	96.0
2012	LSAZH01ABC_01	冬小麦	2011-10-16	播种	河水	畦灌	96.0
2012	LSAZH01ABC_01	冬小麦	2011-11-19	越冬前	河水	畦灌	96.0
2012	LSAZH01ABC_01	冬小麦	2012-02-28	返青前	河水	畦灌	96.0
2012	LSAZH01ABC_01	冬小麦	2012-03-22	返青前	河水	畦灌	96.0
2012	LSAZH01ABC_01	冬小麦	2012-04-11	返青前	河水	畦灌	96.0
2012	LSAZH01ABC_01	冬小麦	2012-05-04	拔节	河水	畦灌	96.0
2012	LSAZH01ABC_01	冬小麦	2012-05-26	拔节	河水	畦灌	96.0
2012	LSAZH01ABC_01	冬小麦	2012-06-11	抽穗	河水	畦灌	96.0
2012	LSAZH01ABC_01	冬小麦	2012-06-20	扬花	河水	畦灌	96.0
2012	LSAZH01ABC_01	冬小麦	2012-07-11	乳熟	河水	畦灌	96.0
2012	LSAFZ01ABC_01	冬小麦	2011-10-18	播种	河水	畦灌	96.0
2012	LSAFZ01ABC_01	冬小麦	2011-11-21	越冬前	河水	畦灌	96.0
2012	LSAFZ01ABC_01	冬小麦	2012-02-29	返青前	河水	畦灌	96.0
2012	LSAFZ01ABC_01	冬小麦	2012-03-22	返青前	河水	畦灌	96.0
2012	LSAFZ01ABC_01	冬小麦	2012-04-11	返青前	河水	畦灌	96.0
2012	LSAFZ01ABC_01	冬小麦	2012-05-04	拔节	河水	畦灌	96.0

（续）

年	样地代码	作物名称	灌溉时间/（年-月-日）	作物生育时间	灌溉水源	灌溉方式	灌溉量/mm
2012	LSAFZ01ABC_01	冬小麦	2012-05-26	拔节	河水	畦灌	96.0
2012	LSAFZ01ABC_01	冬小麦	2012-06-12	抽穗	河水	畦灌	96.0
2012	LSAFZ01ABC_01	冬小麦	2012-06-20	扬花	河水	畦灌	96.0
2012	LSAFZ01ABC_01	冬小麦	2012-07-11	乳熟	河水	畦灌	96.0
2012	LSAFZ01ABC_02	冬小麦	2011-10-18	播种	河水	畦灌	96.0
2012	LSAFZ01ABC_02	冬小麦	2011-11-20	越冬前	河水	畦灌	96.0
2012	LSAFZ01ABC_02	冬小麦	2012-02-29	返青前	河水	畦灌	96.0
2012	LSAFZ01ABC_02	冬小麦	2012-03-22	返青前	河水	畦灌	96.0
2012	LSAFZ01ABC_02	冬小麦	2012-04-11	返青前	河水	畦灌	96.0
2012	LSAFZ01ABC_02	冬小麦	2012-05-04	拔节	河水	畦灌	96.0
2012	LSAFZ01ABC_02	冬小麦	2012-05-25	拔节	河水	畦灌	96.0
2012	LSAFZ01ABC_02	冬小麦	2012-06-12	抽穗	河水	畦灌	96.0
2012	LSAFZ01ABC_02	冬小麦	2012-06-20	扬花	河水	畦灌	96.0
2012	LSAFZ01ABC_02	冬小麦	2012-07-11	乳熟	河水	畦灌	96.0
2012	LSAFZ01ABC_03	冬小麦	2011-10-18	播种	河水	畦灌	96.0
2012	LSAFZ01ABC_03	冬小麦	2011-11-20	越冬前	河水	畦灌	96.0
2012	LSAFZ01ABC_03	冬小麦	2012-02-29	返青前	河水	畦灌	96.0
2012	LSAFZ01ABC_03	冬小麦	2012-03-22	返青前	河水	畦灌	96.0
2012	LSAFZ01ABC_03	冬小麦	2012-04-11	返青前	河水	畦灌	96.0
2012	LSAFZ01ABC_03	冬小麦	2012-05-04	拔节	河水	畦灌	96.0
2012	LSAFZ01ABC_03	冬小麦	2012-05-25	拔节	河水	畦灌	96.0
2012	LSAFZ01ABC_03	冬小麦	2012-06-12	抽穗	河水	畦灌	96.0
2012	LSAFZ01ABC_03	冬小麦	2012-06-20	扬花	河水	畦灌	96.0
2012	LSAFZ01ABC_03	冬小麦	2012-07-11	乳熟	河水	畦灌	96.0
2012	LSAFZ01ABC_04	冬小麦	2011-10-18	播种	河水	畦灌	96.0
2012	LSAFZ01ABC_04	冬小麦	2011-11-20	越冬前	河水	畦灌	96.0
2012	LSAFZ01ABC_04	冬小麦	2012-02-29	返青前	河水	畦灌	96.0
2012	LSAFZ01ABC_04	冬小麦	2012-03-22	返青前	河水	畦灌	96.0
2012	LSAFZ01ABC_04	冬小麦	2012-04-11	返青前	河水	畦灌	96.0
2012	LSAFZ01ABC_04	冬小麦	2012-05-04	拔节	河水	畦灌	96.0
2012	LSAFZ01ABC_04	冬小麦	2012-05-25	拔节	河水	畦灌	96.0
2012	LSAFZ01ABC_04	冬小麦	2012-06-12	抽穗	河水	畦灌	96.0

（续）

年	样地代码	作物名称	灌溉时间/（年-月-日）	作物生育时间	灌溉水源	灌溉方式	灌溉量/mm
2012	LSAFZ01ABC_04	冬小麦	2012-06-20	扬花	河水	畦灌	96.0
2012	LSAFZ01ABC_04	冬小麦	2012-07-11	乳熟	河水	畦灌	96.0
2012	LSASY01ABC_01	玉米	2012-04-26	播种	河水	畦灌	96.0
2012	LSASY01ABC_01	玉米	2012-05-17	出苗	河水	畦灌	96.0
2012	LSASY01ABC_01	玉米	2012-05-27	拔节	河水	畦灌	96.0
2012	LSASY01ABC_01	玉米	2012-06-16	抽雄	河水	畦灌	96.0
2012	LSASY01ABC_01	玉米	2012-06-27	抽雄	河水	畦灌	96.0
2012	LSASY01ABC_01	玉米	2012-07-11	吐丝	河水	畦灌	96.0
2012	LSASY01ABC_01	玉米	2012-08-06	成熟	河水	畦灌	96.0
2012	LSASY01ABC_02	油菜	2012-04-26	播种	河水	畦灌	96.0
2012	LSASY01ABC_02	油菜	2012-05-19	出苗	河水	畦灌	96.0
2012	LSASY01ABC_02	油菜	2012-05-28	拔节	河水	畦灌	96.0
2012	LSASY01ABC_02	油菜	2012-06-13	拔节	河水	畦灌	96.0
2012	LSASY01ABC_02	油菜	2012-06-20	蕾薹	河水	畦灌	96.0
2012	LSASY01ABC_02	油菜	2012-07-14	开花	河水	畦灌	96.0
2012	LSASY01ABC_02	油菜	2012-08-06	成熟	河水	畦灌	96.0
2012	LSASY01ABC_03	青稞	2012-04-17	播种	河水	畦灌	96.0
2012	LSASY01ABC_03	青稞	2012-05-09	出苗	河水	畦灌	96.0
2012	LSASY01ABC_03	青稞	2012-05-18	分蘖	河水	畦灌	96.0
2012	LSASY01ABC_03	青稞	2012-05-29	拔节	河水	畦灌	96.0
2012	LSASY01ABC_03	青稞	2012-06-15	孕穗	河水	畦灌	96.0
2012	LSASY01ABC_03	青稞	2012-06-24	扬花	河水	畦灌	96.0
2012	LSASY01ABC_03	青稞	2012-07-10	乳熟	河水	畦灌	96.0
2012	LSAZQ01AB0_01	冬小麦	2012-02-08	返青前	河水	畦灌	96.0
2012	LSAZQ01AB0_01	冬小麦	2012-03-01	返青前	河水	畦灌	96.0
2012	LSAZQ01AB0_01	冬小麦	2012-04-06	返青	河水	畦灌	96.0
2012	LSAZQ01AB0_01	冬小麦	2012-04-15	返青	河水	畦灌	96.0
2012	LSAZQ01AB0_01	冬小麦	2012-04-30	拔节	河水	畦灌	96.0
2012	LSAZQ01AB0_01	冬小麦	2012-05-06	拔节	河水	畦灌	96.0
2012	LSAZQ01AB0_01	冬小麦	2012-05-15	拔节	河水	畦灌	96.0
2012	LSAZQ01AB0_01	冬小麦	2012-05-27	抽穗	河水	畦灌	96.0
2012	LSAZQ01AB0_01	冬小麦	2012-06-05	抽穗	河水	畦灌	96.0

（续）

年	样地代码	作物名称	灌溉时间/（年-月-日）	作物生育时间	灌溉水源	灌溉方式	灌溉量/mm
2012	LSAZQ01AB0_01	冬小麦	2012-06-20	抽穗	河水	畦灌	96.0
2012	LSAZQ01AB0_01	冬小麦	2012-07-05	乳熟	河水	畦灌	96.0
2012	LSAZQ01AB0_01	冬小麦	2012-07-20	乳熟	河水	畦灌	96.0
2012	LSAZQ01AB0_01	冬小麦	2012-08-07	成熟	河水	畦灌	96.0
2012	LSAZQ03AB0_01	冬小麦	2012-03-07	返青前	河水	畦灌	96.0
2012	LSAZQ03AB0_01	冬小麦	2012-04-01	返青	河水	畦灌	96.0
2012	LSAZQ03AB0_01	冬小麦	2012-04-15	返青	河水	畦灌	96.0
2012	LSAZQ03AB0_01	冬小麦	2012-05-03	拔节	河水	畦灌	96.0
2012	LSAZQ03AB0_01	冬小麦	2012-05-08	拔节	河水	畦灌	96.0
2012	LSAZQ03AB0_01	冬小麦	2012-05-15	拔节	河水	畦灌	96.0
2012	LSAZQ03AB0_01	冬小麦	2012-05-25	抽穗	河水	畦灌	96.0
2012	LSAZQ03AB0_01	冬小麦	2012-06-07	抽穗	河水	畦灌	96.0
2012	LSAZQ03AB0_01	冬小麦	2012-06-15	抽穗	河水	畦灌	96.0
2012	LSAZQ03AB0_01	冬小麦	2012-07-20	乳熟	河水	畦灌	96.0
2012	LSAZQ03AB0_01	冬小麦	2012-08-01	成熟	河水	畦灌	96.0
2013	LSAZH01ABC_01	冬小麦	2012-10-04	播种	河水	畦灌	96.0
2013	LSAZH01ABC_01	冬小麦	2013-02-18	返青	河水	畦灌	96.0
2013	LSAZH01ABC_01	冬小麦	2013-04-18	拔节	河水	畦灌	96.0
2013	LSAZH01ABC_01	冬小麦	2013-05-04	拔节	河水	畦灌	96.0
2013	LSAZH01ABC_01	冬小麦	2013-06-03	孕穗	河水	畦灌	96.0
2013	LSAZH01ABC_01	冬小麦	2013-06-12	抽穗	河水	畦灌	96.0
2013	LSAFZ01ABC_01	冬小麦	2012-10-04	播种	河水	畦灌	96.0
2013	LSAFZ01ABC_01	冬小麦	2013-02-18	返青	河水	畦灌	96.0
2013	LSAFZ01ABC_01	冬小麦	2013-04-18	拔节	河水	畦灌	96.0
2013	LSAFZ01ABC_01	冬小麦	2013-05-20	拔节	河水	畦灌	96.0
2013	LSAFZ01ABC_01	冬小麦	2013-06-03	孕穗	河水	畦灌	96.0
2013	LSAFZ01ABC_01	冬小麦	2013-06-12	抽穗	河水	畦灌	96.0
2013	LSAFZ01ABC_02	冬小麦	2012-10-04	播种	河水	畦灌	96.0
2013	LSAFZ01ABC_02	冬小麦	2013-02-18	返青	河水	畦灌	96.0
2013	LSAFZ01ABC_02	冬小麦	2013-04-18	拔节	河水	畦灌	96.0
2013	LSAFZ01ABC_02	冬小麦	2013-05-20	拔节	河水	畦灌	96.0
2013	LSAFZ01ABC_02	冬小麦	2013-06-03	孕穗	河水	畦灌	96.0

（续）

年	样地代码	作物名称	灌溉时间/（年-月-日）	作物生育时间	灌溉水源	灌溉方式	灌溉量/mm
2013	LSAFZ01ABC _ 02	冬小麦	2013-06-12	抽穗	河水	畦灌	96.0
2013	LSAFZ01ABC _ 03	冬小麦	2012-10-04	播种	河水	畦灌	96.0
2013	LSAFZ01ABC _ 03	冬小麦	2013-02-18	返青	河水	畦灌	96.0
2013	LSAFZ01ABC _ 03	冬小麦	2013-04-18	拔节	河水	畦灌	96.0
2013	LSAFZ01ABC _ 03	冬小麦	2013-05-20	拔节	河水	畦灌	96.0
2013	LSAFZ01ABC _ 03	冬小麦	2013-06-03	孕穗	河水	畦灌	96.0
2013	LSAFZ01ABC _ 03	冬小麦	2013-06-12	抽穗	河水	畦灌	96.0
2013	LSAFZ01ABC _ 04	冬小麦	2012-10-04	播种	河水	畦灌	96.0
2013	LSAFZ01ABC _ 04	冬小麦	2013-02-18	返青	河水	畦灌	96.0
2013	LSAFZ01ABC _ 04	冬小麦	2013-04-18	拔节	河水	畦灌	96.0
2013	LSAFZ01ABC _ 04	冬小麦	2013-05-17	拔节	河水	畦灌	96.0
2013	LSAFZ01ABC _ 04	冬小麦	2013-06-03	孕穗	河水	畦灌	96.0
2013	LSAFZ01ABC _ 04	冬小麦	2013-06-12	抽穗	河水	畦灌	96.0
2013	LSASY01ABC _ 01	春青稞	2013-04-15	播种	河水	畦灌	96.0
2013	LSASY01ABC _ 01	春青稞	2013-05-14	分蘖	河水	畦灌	96.0
2013	LSASY01ABC _ 01	春青稞	2013-05-28	拔节	河水	畦灌	96.0
2013	LSASY01ABC _ 01	春青稞	2013-06-02	拔节	河水	畦灌	96.0
2013	LSASY01ABC _ 01	春青稞	2013-06-12	孕穗	河水	畦灌	96.0
2013	LSASY01ABC _ 01	春青稞	2013-06-15	孕穗	河水	畦灌	96.0
2013	LSASY01ABC _ 02	甜玉米	2013-04-30	播种	河水	畦灌	96.0
2013	LSASY01ABC _ 02	甜玉米	2013-05-14	五叶	河水	畦灌	96.0
2013	LSASY01ABC _ 02	甜玉米	2013-05-30	拔节	河水	畦灌	96.0
2013	LSASY01ABC _ 02	甜玉米	2013-06-15	拔节	河水	畦灌	96.0
2013	LSASY01ABC _ 02	甜玉米	2013-08-12	吐丝	河水	畦灌	96.0
2013	LSASY01ABC _ 03	油菜	2013-04-25	播种	河水	畦灌	96.0
2013	LSASY01ABC _ 03	油菜	2013-05-14	出苗	河水	畦灌	96.0
2013	LSASY01ABC _ 03	油菜	2013-05-28	蕾薹	河水	畦灌	96.0
2013	LSASY01ABC _ 03	油菜	2013-06-13	花期	河水	畦灌	96.0
2013	LSAZQ01AB0 _ 01	冬小麦	2012-12-15	越冬前	河水	畦灌	96.0
2013	LSAZQ01AB0 _ 01	冬小麦	2013-03-10	返青	河水	畦灌	96.0
2013	LSAZQ01AB0 _ 01	冬小麦	2013-04-02	拔节	河水	畦灌	96.0
2013	LSAZQ01AB0 _ 01	冬小麦	2013-04-16	拔节	河水	畦灌	96.0

（续）

年	样地代码	作物名称	灌溉时间/(年-月-日)	作物生育时间	灌溉水源	灌溉方式	灌溉量/mm
2013	LSAZQ01AB0_01	冬小麦	2013-05-10	拔节	河水	畦灌	96.0
2013	LSAZQ01AB0_01	冬小麦	2013-05-30	抽穗	河水	畦灌	96.0
2013	LSAZQ01AB0_01	冬小麦	2013-06-20	抽穗	河水	畦灌	96.0
2013	LSAZQ01AB0_01	冬小麦	2013-07-04	抽穗	河水	畦灌	96.0
2013	LSAZQ01AB0_01	冬小麦	2013-07-15	抽穗	河水	畦灌	96.0
2014	LSAZH01ABC_01	油菜	2014-04-18	播种时	河水	畦灌	96.0
2014	LSAZH01ABC_01	油菜	2014-05-18	苗期	河水	畦灌	96.0
2014	LSAZH01ABC_01	油菜	2014-05-26	蕾薹	河水	畦灌	96.0
2014	LSAZH01ABC_01	油菜	2014-06-06	开花	河水	畦灌	96.0
2014	LSAZH01ABC_01	油菜	2014-06-16	开花	河水	畦灌	96.0
2014	LSAFZ01ABC_01	春青稞	2014-04-16	播种	河水	畦灌	96.0
2014	LSAFZ01ABC_01	春青稞	2014-05-18	三叶	河水	畦灌	96.0
2014	LSAFZ01ABC_01	春青稞	2014-05-26	分蘖	河水	畦灌	96.0
2014	LSAFZ01ABC_01	春青稞	2014-06-05	拔节	河水	畦灌	96.0
2014	LSAFZ01ABC_01	春青稞	2014-06-18	抽穗	河水	畦灌	96.0
2014	LSAFZ01ABC_02	春青稞	2014-04-16	播种	河水	畦灌	96.0
2014	LSAFZ01ABC_02	春青稞	2014-05-18	三叶	河水	畦灌	96.0
2014	LSAFZ01ABC_02	春青稞	2014-05-26	分蘖	河水	畦灌	96.0
2014	LSAFZ01ABC_02	春青稞	2014-06-05	拔节	河水	畦灌	96.0
2014	LSAFZ01ABC_02	春青稞	2014-06-18	抽穗	河水	畦灌	96.0
2014	LSAFZ01ABC_03	春青稞	2014-04-16	播种	河水	畦灌	96.0
2014	LSAFZ01ABC_03	春青稞	2014-05-18	三叶	河水	畦灌	96.0
2014	LSAFZ01ABC_03	春青稞	2014-05-26	分蘖	河水	畦灌	96.0
2014	LSAFZ01ABC_03	春青稞	2014-06-05	拔节	河水	畦灌	96.0
2014	LSAFZ01ABC_03	春青稞	2014-06-18	抽穗	河水	畦灌	96.0
2014	LSAFZ01ABC_04	春青稞	2014-04-16	播种	河水	畦灌	96.0
2014	LSAFZ01ABC_04	春青稞	2014-05-18	三叶	河水	畦灌	96.0
2014	LSAFZ01ABC_04	春青稞	2014-05-26	分蘖	河水	畦灌	96.0
2014	LSAFZ01ABC_04	春青稞	2014-06-05	拔节	河水	畦灌	96.0
2014	LSAFZ01ABC_04	春青稞	2014-06-18	抽穗	河水	畦灌	96.0
2014	LSASY01ABC_01	油菜	2014-04-17	播种	河水	畦灌	96.0
2014	LSASY01ABC_01	油菜	2014-05-14	苗期	河水	畦灌	96.0

（续）

年	样地代码	作物名称	灌溉时间/（年-月-日）	作物生育时间	灌溉水源	灌溉方式	灌溉量/mm
2014	LSASY01ABC _ 01	油菜	2014 - 05 - 24	蕾薹	河水	畦灌	96.0
2014	LSASY01ABC _ 01	油菜	2014 - 06 - 05	开花	河水	畦灌	96.0
2014	LSASY01ABC _ 01	油菜	2014 - 06 - 21	开花	河水	畦灌	96.0
2014	LSASY01ABC _ 02	春青稞	2014 - 04 - 16	播种时	河水	畦灌	96.0
2014	LSASY01ABC _ 02	春青稞	2014 - 05 - 15	三叶	河水	畦灌	96.0
2014	LSASY01ABC _ 02	春青稞	2014 - 05 - 24	分蘖	河水	畦灌	96.0
2014	LSASY01ABC _ 02	春青稞	2014 - 06 - 05	拔节	河水	畦灌	96.0
2014	LSASY01ABC _ 02	春青稞	2014 - 06 - 20	抽穗	河水	畦灌	96.0
2014	LSASY01ABC _ 03	玉米	2014 - 05 - 03	播种	河水	畦灌	96.0
2014	LSASY01ABC _ 03	玉米	2014 - 05 - 19	出苗	河水	畦灌	96.0
2014	LSASY01ABC _ 03	玉米	2014 - 06 - 05	拔节	河水	畦灌	96.0
2014	LSASY01ABC _ 03	玉米	2014 - 06 - 20	拔节	河水	畦灌	96.0
2014	LSAZQ01AB0 _ 01	油菜	2014 - 04 - 09	播种	河水	畦灌	96.0
2014	LSAZQ01AB0 _ 01	油菜	2014 - 05 - 10	苗期	河水	畦灌	96.0
2014	LSAZQ01AB0 _ 01	油菜	2014 - 05 - 16	苗期	河水	畦灌	96.0
2014	LSAZQ01AB0 _ 01	油菜	2014 - 05 - 28	蕾薹	河水	畦灌	96.0
2014	LSAZQ01AB0 _ 01	油菜	2014 - 06 - 07	开花	河水	畦灌	96.0
2014	LSAZQ01AB0 _ 01	油菜	2014 - 07 - 04	开花	河水	畦灌	96.0
2014	LSAZQ01AB0 _ 01	马铃薯	2014 - 04 - 09	播种	河水	畦灌	96.0
2014	LSAZQ01AB0 _ 01	马铃薯	2014 - 05 - 10	苗期	河水	畦灌	96.0
2014	LSAZQ01AB0 _ 01	马铃薯	2014 - 05 - 16	苗期	河水	畦灌	96.0
2014	LSAZQ01AB0 _ 01	马铃薯	2014 - 05 - 28	块茎形成	河水	畦灌	96.0
2014	LSAZQ01AB0 _ 01	马铃薯	2014 - 06 - 07	块茎形成	河水	畦灌	96.0
2014	LSAZQ01AB0 _ 01	马铃薯	2014 - 07 - 04	块茎增长	河水	畦灌	96.0
2014	LSAZQ04AB0 _ 01	冬小麦	2013 - 10 - 12	播种前	河水	畦灌	96.0
2014	LSAZQ04AB0 _ 01	冬小麦	2013 - 12 - 08	越冬前	河水	畦灌	96.0
2014	LSAZQ04AB0 _ 01	冬小麦	2014 - 02 - 16	越冬	河水	畦灌	96.0
2014	LSAZQ04AB0 _ 01	冬小麦	2014 - 04 - 06	返青	河水	畦灌	96.0
2014	LSAZQ04AB0 _ 01	冬小麦	2014 - 05 - 17	拔节	河水	畦灌	96.0
2014	LSAZQ04AB0 _ 01	冬小麦	2014 - 06 - 22	孕穗	河水	畦灌	96.0
2014	LSAZQ04AB0 _ 01	冬小麦	2014 - 07 - 24	抽穗	河水	畦灌	96.0
2015	LSAZH01ABC _ 01	冬小麦	2014 - 10 - 16	播种	河水	畦灌	96.0

（续）

年	样地代码	作物名称	灌溉时间/（年-月-日）	作物生育时间	灌溉水源	灌溉方式	灌溉量/mm
2015	LSAZH01ABC_01	冬小麦	2015-03-25	返青	河水	畦灌	96.0
2015	LSAZH01ABC_01	冬小麦	2015-04-15	起身	河水	畦灌	96.0
2015	LSAZH01ABC_01	冬小麦	2015-04-26	拔节	河水	畦灌	96.0
2015	LSAZH01ABC_01	冬小麦	2015-05-09	拔节	河水	畦灌	96.0
2015	LSAZH01ABC_01	冬小麦	2015-06-05	孕穗	河水	畦灌	96.0
2015	LSAZH01ABC_01	冬小麦	2015-06-20	抽穗	河水	畦灌	96.0
2015	LSAZH01ABC_01	冬小麦	2015-07-18	蜡熟	河水	畦灌	96.0
2015	LSAFZ01ABC_01	春青稞	2015-04-06	播种	河水	畦灌	96.0
2015	LSAFZ01ABC_01	春青稞	2015-04-16	出苗	河水	畦灌	96.0
2015	LSAFZ01ABC_01	春青稞	2015-05-09	分蘖	河水	畦灌	96.0
2015	LSAFZ01ABC_01	春青稞	2015-05-30	拔节	河水	畦灌	96.0
2015	LSAFZ01ABC_01	春青稞	2015-07-17	蜡熟	河水	畦灌	96.0
2015	LSAFZ01ABC_02	春青稞	2015-04-06	播种	河水	畦灌	96.0
2015	LSAFZ01ABC_02	春青稞	2015-04-16	出苗	河水	畦灌	96.0
2015	LSAFZ01ABC_02	春青稞	2015-05-09	分蘖	河水	畦灌	96.0
2015	LSAFZ01ABC_02	春青稞	2015-05-30	拔节	河水	畦灌	96.0
2015	LSAFZ01ABC_02	春青稞	2015-07-17	蜡熟	河水	畦灌	96.0
2015	LSAFZ01ABC_03	春青稞	2015-04-06	播种	河水	畦灌	96.0
2015	LSAFZ01ABC_03	春青稞	2015-04-16	出苗	河水	畦灌	96.0
2015	LSAFZ01ABC_03	春青稞	2015-05-09	分蘖	河水	畦灌	96.0
2015	LSAFZ01ABC_03	春青稞	2015-05-30	拔节	河水	畦灌	96.0
2015	LSAFZ01ABC_03	春青稞	2015-07-17	蜡熟	河水	畦灌	96.0
2015	LSAFZ01ABC_04	春青稞	2015-04-06	播种	河水	畦灌	96.0
2015	LSAFZ01ABC_04	春青稞	2015-04-16	出苗	河水	畦灌	96.0
2015	LSAFZ01ABC_04	春青稞	2015-05-09	分蘖	河水	畦灌	96.0
2015	LSAFZ01ABC_04	春青稞	2015-05-30	拔节	河水	畦灌	96.0
2015	LSAFZ01ABC_04	春青稞	2015-07-17	蜡熟	河水	畦灌	96.0
2015	LSASY01ABC_01	玉米	2015-04-06	播种	河水	畦灌	96.0
2015	LSASY01ABC_01	玉米	2015-04-26	出苗	河水	畦灌	96.0
2015	LSASY01ABC_01	玉米	2015-05-07	五叶	河水	畦灌	96.0
2015	LSASY01ABC_01	玉米	2015-06-05	拔节	河水	畦灌	96.0
2015	LSASY01ABC_01	玉米	2015-07-18	抽雄	河水	畦灌	96.0

（续）

年	样地代码	作物名称	灌溉时间/（年-月-日）	作物生育时间	灌溉水源	灌溉方式	灌溉量/mm
2015	LSASY01ABC_02	春青稞	2015-04-08	播种	河水	畦灌	96.0
2015	LSASY01ABC_02	春青稞	2015-04-26	出苗	河水	畦灌	96.0
2015	LSASY01ABC_02	春青稞	2015-05-07	分蘖	河水	畦灌	96.0
2015	LSASY01ABC_02	春青稞	2015-06-05	拔节	河水	畦灌	96.0
2015	LSASY01ABC_02	春青稞	2015-07-18	抽穗	河水	畦灌	96.0
2015	LSASY01ABC_03	油菜	2015-04-08	播种	河水	畦灌	96.0
2015	LSASY01ABC_03	油菜	2015-04-26	出苗	河水	畦灌	96.0
2015	LSASY01ABC_03	油菜	2015-05-07	出苗	河水	畦灌	96.0
2015	LSASY01ABC_03	油菜	2015-06-05	蕾薹	河水	畦灌	96.0
2015	LSASY01ABC_03	油菜	2015-07-18	开花	河水	畦灌	96.0
2015	LSAZQ01AB0_01	冬小麦	2014-11-02	出苗	河水	畦灌	96.0
2015	LSAZQ01AB0_01	冬小麦	2015-03-11	分蘖	河水	畦灌	96.0
2015	LSAZQ01AB0_01	冬小麦	2015-04-02	返青	河水	畦灌	96.0
2015	LSAZQ01AB0_01	冬小麦	2015-04-12	起身	河水	畦灌	96.0
2015	LSAZQ01AB0_01	冬小麦	2015-05-06	拔节	河水	畦灌	96.0
2015	LSAZQ01AB0_01	冬小麦	2015-05-18	拔节	河水	畦灌	96.0
2015	LSAZQ01AB0_01	冬小麦	2015-05-22	孕穗	河水	畦灌	96.0
2015	LSAZQ01AB0_01	冬小麦	2015-06-01	孕穗	河水	畦灌	96.0
2015	LSAZQ01AB0_01	冬小麦	2015-06-19	抽穗	河水	畦灌	96.0
2015	LSAZQ01AB0_01	冬小麦	2015-07-03	乳熟	河水	畦灌	96.0
2015	LSAZQ01AB0_01	冬小麦	2015-07-15	蜡熟	河水	畦灌	96.0
2015	LSAZQ04AB0_01	冬小麦	2014-11-04	出苗	河水	畦灌	96.0
2015	LSAZQ04AB0_01	冬小麦	2015-04-14	返青	河水	畦灌	96.0
2015	LSAZQ04AB0_01	冬小麦	2015-05-08	拔节	河水	畦灌	96.0
2015	LSAZQ04AB0_01	冬小麦	2015-05-20	孕穗	河水	畦灌	96.0
2015	LSAZQ04AB0_01	冬小麦	2015-06-21	抽穗	河水	畦灌	96.0
2015	LSAZQ04AB0_01	冬小麦	2015-07-17	蜡熟	河水	畦灌	96.0

6.3 作物生育期动态

6.3.1 概述

本数据集为拉萨站主要作物生育期动态观测数据，观测时间为 2003—2015 年，观测作物主要包括青稞、冬小麦、油菜和甜玉米。观测指标为各作物生育期时间，其中冬青稞和冬小麦包括播种期、出苗期、三叶期、分蘖期、返青期、拔节期、抽穗期、蜡熟期、收获期；春青稞包括播种期、出苗期、三叶期、分蘖期、拔节期、抽穗期、蜡熟期、收获期；玉米包括播种期、出苗期、五叶期、拔节期、抽雄期、吐丝期、成熟期、收获期；油菜包括播种期、出苗期、蕾苔期、花期、成熟期、收获期。观测场地包括 3 处，即 1 个综合观测场、2 个辅助观测场，其中辅助观测场 LSAFZ01 包括 4 个不同施肥处理，分别是空白对照、羊粪、化肥、羊粪+化肥，具体见表 6-5。

表 6-5　拉萨站作物生育期动态采样地一览表

观测场名称	观测场代码	采样地名称	采样地代码	备注
拉萨站综合观测场	LSAZH01	拉萨站综合观测场水土生联合长期观测采样地	LSAZH01ABC_01	
拉萨站施肥试验辅助观测场	LSAFZ01	拉萨站农田土壤要素辅助长期观测采样地（CK、羊粪、化肥、羊粪+化肥）	LSAFZ01ABC_01（CK） LSAFZ01ABC_02（羊粪） LSAFZ01ABC_03（化肥） LSAFZ01ABC_04（羊粪+化肥）	
拉萨站轮作模式长期试验观测场	LSASY01	拉萨站轮作模式土壤生物长期观测采样地	LSASY01ABC_01 LSASY01ABC_02 LSASY01ABC_03	

6.3.2 数据处理方法

本次整理的数据为每年不同生育期时进行记录，并进行核对。

6.3.3 数据

拉萨站作物生育期动态数据见表 6-6。

表 6-6 作物生育期动态

年	样地代码	作物名称	播种期/（年/月/日）	出苗期/（年/月/日）	三叶期/（年/月/日）	分蘖期/（年/月/日）	返青期/（年/月/日）	拔节期/（年/月/日）	抽穗期/（年/月/日）	蜡熟期/（年/月/日）	收获期/（年/月/日）
2004	LSAZH01ABC_01	冬小麦	2003/10/16	2003/10/31	2003/11/18	2003/12/05	2004/03/18	2004/04/28	2004/06/14	2004/08/08	2004/09/06
2005	LSAZH01ABC_01	冬小麦	2004/10/08	2004/10/26	2004/11/22	2004/12/02	2005/03/08	2005/04/26	2005/06/18	2005/07/25	2005/08/15
2006	LSAZH01ABC_01	春青稞	2006/04/28	2006/05/08	2006/05/18	2006/05/24		2006/06/14	2006/07/02	2006/07/26	2006/08/12
2007	LSAZH01ABC_01	春青稞	2007/05/09	2007/05/16	2007/05/28	2007/06/09		2007/06/16	2007/07/10	2007/08/15	2007/08/28
2007	LSASY01ABC_01	春青稞	2007/04/14	2007/04/24	2007/05/07	2007/05/15		2007/05/25	2007/06/25	2007/07/31	2007/08/13
2007	LSASY02ABC_01	玉米/东农	2007/04/16	2007/04/29	2007/05/05			2007/05/15	2007/06/20	2007/08/10	2007/09/03
2008	LSAZH01ABC_01	冬小麦	2007/10/22	2007/11/07	2007/11/23	2007/11/30	2008/03/28	2008/05/08	2008/06/18	2008/08/07	2008/08/17
2008	LSASY01ABC_03	春青稞	2008/04/19	2008/04/27	2008/05/08	2008/05/12		2008/05/25	2008/06/20	2008/7/28	2008/08/15
2008	LSASY01ABC_01	玉米/东农	2008/04/18	2008/04/27	2008/05/18			2008/06/20	2008/06/29	2008/08/15	2008/09/15
2009	LSAZH01ABC_01	冬小麦	2008/10/11	2008/10/28	2008/11/15	2008/11/20	2009/03/10	2009/04/29	2009/06/15	2009/07/28	2009/08/25
2009	LSAFZ01ABC_01	冬小麦	2008/10/12	2008/10/30	2008/11/17	2008/11/25	2009/03/10	2009/04/29	2009/06/13	2009/07/24	2009/08/09
2009	LSAFZ01ABC_02	冬小麦	2008/10/12	2008/10/30	2008/11/17	2008/11/25	2009/03/10	2009/04/29	2009/06/13	2009/07/29	2009/08/09
2009	LSAFZ01ABC_03	冬小麦	2008/10/12	2008/10/30	2008/11/17	2008/11/25	2009/03/10	2009/04/29	2009/06/13	2009/07/25	2009/08/09
2009	LSAFZ01ABC_04	冬小麦	2008/10/12	2008/10/30	2008/11/17	2008/11/25	2009/03/10	2009/04/29	2009/06/13	2009/07/26	2009/08/09
2009	LSASY01ABC_02	春青稞	2009/04/11	2009/04/19	2009/04/30	2009/05/07		2009/06/05	2009/07/01	2009/07/30	2009/08/13
2009	LSASY01ABC_03	紫花苜蓿	2009/04/06	2009/04/19							
2010	LSAZH01ABC_01	冬小麦	2009/10/17	2009/11/03	2009/11/22	2009/12/05	2010/03/16	2010/04/22	2010/06/16	2010/07/23	2010/08/13
2010	LSAFZ01ABC_01	冬小麦	2009/10/16	2009/11/03	2009/11/22	2009/12/05	2010/03/16	2010/04/22	2010/06/16	2010/07/20	2010/08/08
2010	LSAFZ01ABC_02	冬小麦	2009/10/16	2009/11/03	2009/11/22	2009/12/05	2010/03/16	2010/04/22	2010/06/15	2010/07/18	2010/08/02
2010	LSAFZ01ABC_03	冬小麦	2009/10/16	2009/11/03	2009/11/22	2009/12/05	2010/03/16	2010/04/22	2010/06/15	2010/07/22	2010/08/04
2010	LSAFZ01ABC_04	冬小麦	2009/10/16	2009/11/03	2009/11/22	2009/12/05	2010/03/16	2010/04/22	2010/06/16	2010/07/22	2010/08/06
2009	LSASY01ABC_02	春青稞	2010/04/13	2010/04/22	2010/05/02	2010/05/07		2010/06/10	2010/06/20	2010/07/21	2010/08/08

（续）

年	样地代码	作物名称	播种期/（年/月/日）	出苗期/（年/月/日）	三叶期/（年/月/日）	分蘖期/（年/月/日）	返青期/（年/月/日）	拔节期/（年/月/日）	抽穗期/（年/月/日）	蜡熟期/（年/月/日）	收获期/（年/月/日）
2010	LSASY01ABC_03	玉米/东农	2010/04/13	2010/04/21	2010/04/30			2010/05/30	2010/06/23	2010/07/30	2010/08/05
2011	LSAZH01ABC_01	冬小麦	2010/10/12	2010/10/21	2010/10/29	2010/11/08	2011/03/15	2011/04/07	2011/06/03	2011/08/01	2011/08/19
2011	LSAFZ01ABC_01	冬小麦	2010/10/12	2010/10/21	2010/10/29	2010/11/08	2011/03/15	2011/04/07	2011/06/03	2011/08/01	2011/08/19
2011	LSAFZ01ABC_02	冬小麦	2010/10/12	2010/10/21	2010/10/29	2010/11/08	2011/03/15	2011/04/07	2011/06/03	2011/08/01	2011/08/19
2011	LSAFZ01ABC_03	冬小麦	2010/10/12	2010/10/21	2010/10/29	2010/11/08	2011/03/15	2011/04/07	2011/06/03	2011/08/01	2011/08/19
2011	LSAFZ01ABC_04	冬小麦	2010/10/12	2010/10/21	2010/10/29	2010/11/08	2011/03/15	2011/04/07	2011/06/03	2011/08/01	2011/08/19
2011	LSASY01ABC_01	春青稞	2011/04/22	2011/05/05	2011/05/13	2011/05/23		2011/06/02	2011/06/22	2011/08/08	2011/08/19
2011	LSASY01ABC_02	玉米/东农早甜	2011/05/04	2011/05/13	2011/06/15			2011/06/24	2011/07/06	2011/09/01	
2012	LSAZH01ABC_01	冬小麦	2011/10/15	2011/10/25	2011/11/18	2012/12/12	2012/03/08	2012/05/12	2012/06/15	2012/08/08	2012/08/19
2012	LSAFZ01ABC_01	冬小麦	2011/10/17	2011/10/27	2011/11/21	2012/12/12	2012/03/08	2012/05/12	2012/06/15	2012/08/08	2012/08/19
2012	LSAFZ01ABC_02	冬小麦	2011/10/17	2011/10/27	2011/11/21	2012/12/12	2012/03/08	2012/05/12	2012/06/15	2012/08/08	2012/08/19
2012	LSAFZ01ABC_03	冬小麦	2011/10/17	2011/10/27	2011/11/21	2012/12/12	2012/03/08	2012/05/12	2012/06/15	2012/08/08	2012/08/19
2012	LSAFZ01ABC_04	冬小麦	2011/10/17	2011/10/27	2011/11/21	2012/12/12	2012/03/08	2012/05/12	2012/06/15	2012/08/08	2012/08/19
2012	LSASY01ABC_03	春青稞	2012/04/16	2012/04/28	2012/05/02	2012/05/24		2012/06/12	2012/06/28	2012/08/02	2012/08/19
2012	LSASY01ABC_01	甜玉米垦粘 1 号	2012/04/26	2012/05/08	2012/05/23			2012/05/28	2012/07/01		
2013	LSAZH01ABC_01	冬小麦	2012/10/04	2012/10/15	2012/11/09	2012/12/01	2013/02/26	2013/04/15	2013/06/09	2013/07/15	2013/08/08
2013	LSAFZ01ABC_01	冬小麦	2012/10/04	2012/10/15	2012/11/09	2012/12/01	2013/02/26	2013/04/15	2013/06/09	2013/07/15	2013/08/08
2013	LSAFZ01ABC_02	冬小麦	2012/10/04	2012/10/15	2012/11/09	2012/12/01	2013/02/26	2013/04/15	2013/06/09	2013/07/15	2013/08/08
2013	LSAFZ01ABC_03	冬小麦	2012/10/04	2012/10/15	2012/11/09	2012/12/01	2013/02/26	2013/04/15	2013/06/09	2013/07/15	2013/08/08
2013	LSAFZ01ABC_04	冬小麦	2012/10/04	2012/10/15	2012/11/09	2012/12/01	2013/02/26	2013/04/15	2013/06/09	2013/07/15	2013/08/08

（续）

年	样地代码	作物名称	播种期/（年/月/日）	出苗期/（年/月/日）	三叶期/（年/月/日）	分蘖期/（年/月/日）	返青期/（年/月/日）	拔节期/（年/月/日）	抽穗期/（年/月/日）	蜡熟期/（年/月/日）	收获期/（年/月/日）
2013	LSASY01ABC _ 01	春青稞 3086	2013/04/15	2013/04/23	2013/05/06	2013/05/11		2013/05/25	2013/06/18	2013/07/25	2013/08/08
2013	LSASY01ABC _ 02	甜玉米	2013/04/28	2013/05/08	2013/05/14			2013/05/25	2013/07/25	2013/09/15	2013/09/25
2014	LSAFZ01ABC _ 01	春青稞	2014/04/15	2014/04/24	2014/05/10	2014/05/22		2014/06/01	2014/06/27	2014/07/23	2014/08/02
2014	LSAFZ01AB0 _ 02	春青稞	2014/04/15	2014/04/24	2014/05/07	2014/05/16		2014/05/24	2014/06/20	2014/07/27	2014/08/02
2014	LSAFZ01ABC _ 03	春青稞	2014/04/15	2014/04/24	2014/05/07	2014/05/16		2014/05/26	2014/06/16	2014/07/27	2014/08/02
2014	LSAFZ01ABC _ 04	春青稞	2014/04/15	2014/04/24	2014/05/04	2014/05/14		2014/05/20	2014/06/18	2014/07/27	2014/08/02
2014	LSASY01ABC _ 02	春青稞	2014/04/16	2014/04/25	2014/05/07	2014/05/18		2014/05/26	2014/06/26	2014/07/27	2014/08/13
2014	LSASY01ABC _ 03	玉米/中糯 301	2014/05/03	2014/05/13	2014/05/21			2014/05/31	2014/08/03		
2015	LSAZH01ABC _ 01	冬小麦	2014/10/16	2014/10/30	2014/11/18	2014/12/08	2015/03/20	2015/04/26	2015/06/12	2015/07/10	2015/08/20
2015	LSAFZ01ABC _ 01	春青稞	2015/04/06	2015/04/16	2015/04/28	2015/05/10		2015/05/26	2015/06/26	2015/07/16	2015/08/03
2015	LSAFZ01ABC _ 02	春青稞	2015/04/06	2015/04/16	2015/04/28	2015/05/08		2015/05/20	2015/06/18	2015/07/10	2015/08/03
2015	LSAFZ01ABC _ 03	春青稞	2015/04/06	2015/04/16	2015/04/28	2015/05/08		2015/05/20	2015/06/18	2015/07/10	2015/08/03
2015	LSAFZ01ABC _ 04	春青稞	2015/04/06	2015/04/16	2015/04/28	2015/05/06		2015/05/18	2015/06/14	2015/07/12	2015/08/03
2015	LSASY01ABC _ 01	玉米/中糯 301	2015/04/06	2015/04/16	2015/04/30			2015/05/18	2015/07/16		
2015	LSASY01ABC _ 02	春青稞	2015/04/08	2015/04/18	2015/04/30	2015/05/08		2015/05/20	2015/06/22	2015/07/22	2015/08/11

6.4　作物耕作层根生物量

6.4.1　概述

本数据集为拉萨站作物耕作层根生物量观测数据，指标主要包括样方面积、根干重以及占总根干重比例。观测时间为 2004—2015 年，观测作物主要包括青稞、冬小麦、油菜。观测指标为 0～20 cm 耕作层根系生物量；主要在作物收获期进行观测，部分年份在生长期也进行了测定。观测场地主要为综合观测场，具体见表 6-7。

表 6-7　拉萨站作物耕作层根生物量采样地一览表

观测场名称	观测场代码	采样地名称	采样地代码	备注
拉萨站综合观测场	LSAZH01	拉萨站综合观测场水土生联合长期观测采样地	LSAZH01ABC_01	

6.4.2　数据处理方法

本次整理的数据为拉萨站综合观测场收获期和部分年份生长期的根系生物量观测数据，采样方法主要为用挖坑法进行测定，样方面积为 25 cm×25 cm，综合观测场设 4～6 个样方。本次重新对数据进行了整理、核对。

6.4.3　数据

拉萨站作物耕作层根生物量数据见表 6-8。

表 6-8　作物耕作层根生物量

年	月	样地代码	作物名称	作物品种	作物生育期	样方面积/(cm×cm)	耕作层深度/cm	根干重/(g/m²)	约占总根干重比例/%
2004	9	LSAZH01ABC_01	冬小麦	BUSSDY	收获期	Ø3.5×5	20	126.7	58.2
2004	9	LSAZH01ABC_01	冬小麦	BUSSDY	收获期	Ø3.5×5	20	191.9	83.2
2004	9	LSAZH01ABC_01	冬小麦	BUSSDY	收获期	Ø3.5×5	20	239.6	80.3
2004	9	LSAZH01ABC_01	冬小麦	BUSSDY	收获期	Ø3.5×5	20	169.9	65.7
2004	9	LSAZH01ABC_01	冬小麦	BUSSDY	收获期	Ø3.5×5	20	104.2	67.3
2005	9	LSAZH01ABC_01	冬小麦	BUSSDY	收获期	25×25	20	296.00	91.5
2005	9	LSAZH01ABC_01	冬小麦	BUSSDY	收获期	25×25	20	212.00	90.7
2005	9	LSAZH01ABC_01	冬小麦	BUSSDY	收获期	25×25	20	313.60	88.8
2005	9	LSAZH01ABC_01	冬小麦	BUSSDY	收获期	25×25	20	267.20	75.9
2005	9	LSAZH01ABC_01	冬小麦	BUSSDY	收获期	25×25	20	284.00	89.9
2005	6	LSAZH01ABC_01	冬小麦	BUSSDY	抽穗期	25×25	20	292.00	91.5
2005	6	LSAZH01ABC_01	冬小麦	BUSSDY	抽穗期	25×25	20	374.40	90.7
2005	6	LSAZH01ABC_01	冬小麦	BUSSDY	抽穗期	25×25	20	341.60	88.8
2005	6	LSAZH01ABC_01	冬小麦	BUSSDY	抽穗期	25×25	20	232.00	75.9

（续）

年	月	样地代码	作物名称	作物品种	作物生育期	样方面积/(cm×cm)	耕作层深度/cm	根干重/(g/m²)	约占总根干重比例/%
2005	6	LSAZH01ABC_01	冬小麦	BUSSDY	抽穗期	25×25	20	384.80	89.9
2006	7	LSAZH01ABC_01	春青稞	3086	抽穗期	25×25	20	186.60	81.1
2006	7	LSAZH01ABC_01	春青稞	3086	抽穗期	25×25	20	188.80	90.1
2006	7	LSAZH01ABC_01	春青稞	3086	抽穗期	25×25	20	262.40	83.2
2006	7	LSAZH01ABC_01	春青稞	3086	抽穗期	25×25	20	227.20	88.2
2006	8	LSAZH01ABC_01	春青稞	3086	收获期	25×25	20	172.32	67.4
2006	8	LSAZH01ABC_01	春青稞	3086	收获期	25×25	20	135.04	69.0
2006	8	LSAZH01ABC_01	春青稞	3086	收获期	25×25	20	140.96	66.8
2006	8	LSAZH01ABC_01	春青稞	3086	收获期	25×25	20	128.16	71.0
2006	8	LSAZH01ABC_01	春青稞	3086	收获期	25×25	20	161.76	56.9
2006	8	LSAZH01ABC_01	春青稞	3086	收获期	25×25	20	271.04	79.6
2007	7	LSAZH01ABC_01	春青稞	3086	抽穗期	25×25	20	177.6	
2007	7	LSAZH01ABC_01	春青稞	3086	抽穗期	25×25	20	185.6	
2007	7	LSAZH01ABC_01	春青稞	3086	抽穗期	25×25	20	185.6	
2007	7	LSAZH01ABC_01	春青稞	3086	抽穗期	25×25	20	161.6	
2007	8	LSAZH01ABC_01	春青稞	3086	收获期	25×25	20	62.4	62.9
2007	8	LSAZH01ABC_01	春青稞	3086	收获期	25×25	20	48.0	61.2
2007	8	LSAZH01ABC_01	春青稞	3086	收获期	25×25	20	83.2	72.2
2007	8	LSAZH01ABC_01	春青稞	3086	收获期	25×25	20	52.8	73.3
2007	8	LSAZH01ABC_01	春青稞	3086	收获期	25×25	20	72.0	81.8
2007	8	LSAZH01ABC_01	春青稞	3086	收获期	25×25	20	76.8	75.0
2008	7	LSAZH01ABC_01	油菜	中试品系	花期	25×25	20	126.88	85.8
2008	7	LSAZH01ABC_01	油菜	中试品系	花期	25×25	20	216.48	97.1
2008	7	LSAZH01ABC_01	油菜	中试品系	花期	25×25	20	272.80	96.5
2008	7	LSAZH01ABC_01	油菜	中试品系	花期	25×25	20	121.44	96.2
2008	7	LSAZH01ABC_01	油菜	中试品系	花期	25×25	20	138.72	93.3
2008	7	LSAZH01ABC_01	油菜	中试品系	花期	25×25	20	135.04	93.1
2008	9	LSAZH01ABC_01	油菜	中试品系	收获期	25×25	20	99.68	82.2
2008	9	LSAZH01ABC_01	油菜	中试品系	收获期	25×25	20	240.80	92.1
2008	9	LSAZH01ABC_01	油菜	中试品系	收获期	25×25	20	91.52	78.8
2008	9	LSAZH01ABC_01	油菜	中试品系	收获期	25×25	20	161.12	93.3
2008	9	LSAZH01ABC_01	油菜	中试品系	收获期	25×25	20	94.56	90.9

（续）

年	月	样地代码	作物名称	作物品种	作物生育期	样方面积/(cm×cm)	耕作层深度/cm	根干重/(g/m²)	约占总根干重比例/%
2008	9	LSAZH01ABC_01	油菜	中试品系	收获期	25×25	20	66.88	87.6
2009	6	LSAZH01ABC_01	冬小麦	BUSSDY	抽穗期	25×25	20	123.2	92.8
2009	6	LSAZH01ABC_01	冬小麦	BUSSDY	抽穗期	25×25	20	105.6	82.5
2009	6	LSAZH01ABC_01	冬小麦	BUSSDY	抽穗期	25×25	20	124.8	81.3
2009	6	LSAZH01ABC_01	冬小麦	BUSSDY	抽穗期	25×25	20	94.4	79.7
2009	6	LSAZH01ABC_01	冬小麦	BUSSDY	抽穗期	25×25	20	148.8	89.4
2009	6	LSAZH01ABC_01	冬小麦	BUSSDY	抽穗期	25×25	20	116.8	84.9
2009	8	LSAZH01ABC_01	冬小麦	BUSSDY	收获期	25×25	20	185.6	95.9
2009	8	LSAZH01ABC_01	冬小麦	BUSSDY	收获期	25×25	20	76.8	90.6
2009	8	LSAZH01ABC_01	冬小麦	BUSSDY	收获期	25×25	20	168.0	97.2
2009	8	LSAZH01ABC_01	冬小麦	BUSSDY	收获期	25×25	20	104.0	89.0
2009	8	LSAZH01ABC_01	冬小麦	BUSSDY	收获期	25×25	20	126.4	95.2
2009	8	LSAZH01ABC_01	冬小麦	BUSSDY	收获期	25×25	20	121.6	85.4
2010	6	LSAZH01ABC_01	冬小麦	BUSSDY	抽穗期	25×25	20	148.8	93.0
2010	6	LSAZH01ABC_01	冬小麦	BUSSDY	抽穗期	25×25	20	185.6	94.3
2010	6	LSAZH01ABC_01	冬小麦	BUSSDY	抽穗期	25×25	20	137.6	66.7
2010	6	LSAZH01ABC_01	冬小麦	BUSSDY	抽穗期	25×25	20	131.2	76.6
2010	6	LSAZH01ABC_01	冬小麦	BUSSDY	抽穗期	25×25	20	128.0	80.8
2010	6	LSAZH01ABC_01	冬小麦	BUSSDY	抽穗期	25×25	20	148.8	86.9
2010	9	LSAZH01ABC_01	冬小麦	BUSSDY	收获期	25×25	20	219.2	80.6
2010	9	LSAZH01ABC_01	冬小麦	BUSSDY	收获期	25×25	20	216.0	79.9
2010	9	LSAZH01ABC_01	冬小麦	BUSSDY	收获期	25×25	20	214.4	80.7
2010	9	LSAZH01ABC_01	冬小麦	BUSSDY	收获期	25×25	20	233.6	76.8
2010	9	LSAZH01ABC_01	冬小麦	BUSSDY	收获期	25×25	20	329.6	92.4
2010	9	LSAZH01ABC_01	冬小麦	BUSSDY	收获期	25×25	20	496.0	88.8
2011	9	LSAZH01ABC_01	冬小麦	BUSSDY	收获期	25×25	20	191.02	56.5
2011	9	LSAZH01ABC_01	冬小麦	BUSSDY	收获期	25×25	20	211.29	62.5
2011	9	LSAZH01ABC_01	冬小麦	BUSSDY	收获期	25×25	20	226.40	67.0
2011	9	LSAZH01ABC_01	冬小麦	BUSSDY	收获期	25×25	20	239.01	70.7
2011	9	LSAZH01ABC_01	冬小麦	BUSSDY	收获期	25×25	20	166.45	49.3
2011	9	LSAZH01ABC_01	冬小麦	BUSSDY	收获期	25×25	20	235.38	69.7
2012	8	LSAZH01ABC_01	冬小麦	BUSSDY	收获期	25×25	20	106.4	31.5

（续）

年	月	样地代码	作物名称	作物品种	作物生育期	样方面积/（cm×cm）	耕作层深度/cm	根干重/（g/m²）	约占总根干重比例/%
2012	8	LSAZH01ABC_01	冬小麦	BUSSDY	收获期	25×25	20	135.68	30.6
2012	8	LSAZH01ABC_01	冬小麦	BUSSDY	收获期	25×25	20	137.12	40.6
2012	8	LSAZH01ABC_01	冬小麦	BUSSDY	收获期	25×25	20	98.72	29.2
2012	8	LSAZH01ABC_01	冬小麦	BUSSDY	收获期	25×25	20	103.84	30.7
2013	6	LSAZH01ABC_01	冬小麦	BUSSDY	抽穗期	25×25	20	217.76	
2013	6	LSAZH01ABC_01	冬小麦	BUSSDY	抽穗期	25×25	20	355.68	
2013	6	LSAZH01ABC_01	冬小麦	BUSSDY	抽穗期	25×25	20	317.76	
2013	6	LSAZH01ABC_01	冬小麦	BUSSDY	抽穗期	25×25	20	236.96	
2013	6	LSAZH01ABC_01	冬小麦	BUSSDY	抽穗期	25×25	20	278.72	
2013	6	LSAZH01ABC_01	冬小麦	BUSSDY	抽穗期	25×25	20	566.88	
2013	8	LSAZH01ABC_01	冬小麦	BUSSDY	收获期	25×25	20	299.36	
2013	8	LSAZH01ABC_01	冬小麦	BUSSDY	收获期	25×25	20	325.12	
2013	8	LSAZH01ABC_01	冬小麦	BUSSDY	收获期	25×25	20	369.92	
2013	8	LSAZH01ABC_01	冬小麦	BUSSDY	收获期	25×25	20	308.16	
2013	8	LSAZH01ABC_01	冬小麦	BUSSDY	收获期	25×25	20	342.08	
2013	8	LSAZH01ABC_01	冬小麦	BUSSDY	收获期	25×25	20	401.28	
2015	06	LSAZH01ABC_01	冬小麦	肥麦	抽穗期	25×25	20	162.24	64.0
2015	06	LSAZH01ABC_01	冬小麦	肥麦	抽穗期	25×25	20	122.08	60.9
2015	06	LSAZH01ABC_01	冬小麦	肥麦	抽穗期	25×25	20	130.40	70.9
2015	06	LSAZH01ABC_01	冬小麦	肥麦	抽穗期	25×25	20	142.40	60.9
2015	06	LSAZH01ABC_01	冬小麦	肥麦	抽穗期	25×25	20	123.52	68.3
2015	06	LSAZH01ABC_01	冬小麦	肥麦	抽穗期	25×25	20	127.36	66.2
2015	09	LSAZH01ABC_01	冬小麦	肥麦	收获期	25×25	20	187.55	88.4
2015	09	LSAZH01ABC_01	冬小麦	肥麦	收获期	25×25	20	168.29	83.4
2015	09	LSAZH01ABC_01	冬小麦	肥麦	收获期	25×25	20	222.43	90.2
2015	09	LSAZH01ABC_01	冬小麦	肥麦	收获期	25×25	20	177.34	92.5
2015	09	LSAZH01ABC_01	冬小麦	肥麦	收获期	25×25	20	220.58	81.0
2015	09	LSAZH01ABC_01	冬小麦	肥麦	收获期	25×25	20	191.42	79.6

注：ϕ表示取样的土钻直径

6.5 作物收获期植株性状

6.5.1 概述

本数据集为拉萨站作物收获期植株性状观测数据，指标主要包括株高、单株总茎数、单株总穗数、每穗小穗数、每穗结实小穗数、每穗粒数、千粒重、地上部总干重、籽粒干重。观测时间为 2006—2015 年，观测作物主要包括青稞和冬小麦。在作物收获期进行观测，观测场地主要为 1 处综合观测场，2 个辅助观测场和 3 个站区调查点，其中辅助观测场 LSAFZ01 包括 4 个不同施肥处理，分别是空白对照、羊粪、化肥、羊粪＋化肥，具体见表 6－9。

表 6－9　拉萨站作物收获期植株性状采样地一览表

观测场名称	观测场代码	采样地名称	采样地代码	备注
拉萨站综合观测场	LSAZH01	拉萨站综合观测场水土生联合长期观测采样地	LSAZH01ABC_01	
拉萨站施肥试验辅助观测场	LSAFZ01	拉萨站农田土壤要素辅助长期观测采样地（CK、羊粪、化肥、羊粪＋化肥）	LSAFZ01ABC_01（CK） LSAFZ01ABC_02（羊粪） LSAFZ01ABC_03（化肥） LSAFZ01ABC_04（羊粪＋化肥）	
拉萨站轮作模式长期试验观测场	LSASY01	拉萨站轮作模式土壤生物长期观测采样地	LSASY01ABC_01 LSASY01ABC_02 LSASY01ABC_03	
拉萨站站区调查点（达孜区德庆镇）	LSAZQ01	拉萨站站区调查点（达孜区德庆镇土壤生物长期采样地）	LSAZQ01AB0_01	2005—2015 年，因修路占用被废弃
拉萨站站区调查点（达孜区邦堆乡）	LSAZQ02	拉萨站站区调查点（达孜区邦堆乡土壤生物长期采样地）	LSAZQ02AB0_01	2005—2011 年，因修建蔬菜大棚被废弃
拉萨站站区调查点（达孜区德庆镇）	LSAZQ04	拉萨站站区调查点（达孜区德庆镇新仓村土壤生物长期采样地）	LSAZQ04AB0_01	2014—2017 年，因修路占用被废弃

6.5.2　数据处理方法

本次整理的数据为拉萨站作物收获期植株性状观测数据，采样方法综合观测场和站区调查点 6 个重复样方，施肥试验辅助观测样地为 3 个重复，每个样方拷种株数为 20。本次重新对数据进行了整理、核对。

6.5.3　数据

拉萨站作物收获期植株性状数据见表 6－10。

表 6－10　作物收获期植株性状

年	月	样地代码	作物品种	调查株数	株高/cm	单株总茎数	单株总穗数	每穗小穗数	每穗结实小穗数	每穗粒数	千粒重/g	每株地上部总干重/g	每株籽粒干重/g
2006	8	LSAZH01ABC_01	春青稞 3086	20	90.2	1.0	1.0	13.7	12.1	33.7	40.58	2.49	1.34
2006	8	LSAZH01ABC_01	春青稞 3086	20	99.7	1.0	1.0	14.5	11.5	31.6	36.58	2.64	1.26
2006	8	LSAZH01ABC_01	春青稞 3086	20	86.7	1.0	1.0	15.1	13.3	28.6	41.78	2.27	1.14
2006	8	LSAZH01ABC_01	春青稞 3086	20	99.3	1.0	1.0	14.1	12.1	29.0	41.71	2.41	1.19
2006	8	LSAZH01ABC_01	春青稞 3086	20	108.9	1.0	1.0	17.8	14.9	39.2	40.38	3.36	1.64
2006	8	LSAZH01ABC_01	春青稞 3086	20	107.8	1.0	1.0	19.2	16.7	42.0	41.80	3.74	1.94

（续）

年	月	样地代码	作物品种	调查株数	株高/cm	单株总茎数	单株总穗数	每穗小穗数	每穗结实小穗数	每穗粒数	千粒重/g	每株地上部总干重/g	每株籽粒干重/g
2006	8	LSAFZ01ABC_01	春青稞 3086	20	77.7	1.0	1.0	15.8	13.8	32.3	40.38	2.38	1.31
2006	8	LSAFZ01ABC_01	春青稞 3086	20	80.5	1.0	1.0	15.4	13.0	27.6	41.64	1.94	1.02
2006	8	LSAFZ01ABC_01	春青稞 3086	20	92.1	1.0	1.0	15.6	13.7	31.2	39.78	2.37	1.21
2006	8	LSAFZ01ABC_02	春青稞 3086	20	64.7	1.0	1.0	10.5	7.9	18.0	40.14	1.33	0.69
2006	8	LSAFZ01ABC_02	春青稞 3086	20	85.5	1.0	1.0	13.4	10.8	24.0	42.45	1.91	1.01
2006	8	LSAFZ01ABC_01	春青稞 3086	20	80.6	1.0	1.0	15.3	12.9	30.2	40.56	2.21	1.28
2006	8	LSAZQ01AB0_01	冬小麦 肥麦	20	97.2	1.0	1.0	19.7	15.8	33.2	38.94	2.64	1.32
2006	8	LSAZQ01AB0_01	冬小麦 肥麦	20	92.1	1.0	1.0	18.4	14.3	30.7	41.00	2.46	1.26
2006	8	LSAZQ01AB0_01	冬小麦 肥麦	20	87.8	1.0	1.0	19.4	15.6	32.9	38.11	2.40	1.24
2006	8	LSAZQ01AB0_01	冬小麦 肥麦	20	87.8	1.0	1.0	21.9	18.9	31.5	41.69	2.74	1.30
2006	8	LSAZQ01AB0_01	冬小麦 肥麦	20	91.9	1.0	1.0	22.7	18.7	39.5	43.49	3.32	1.76
2006	8	LSAZQ01AB0_01	冬小麦 肥麦	20	88.0	1.0	1.0	22.1	17.3	32.5	39.89	2.77	1.34
2006	8	LSAZQ02AB0_01	冬小麦 肥麦	20	94.6	1.0	1.0	20.4	16.6	28.3	33.98	2.20	1.00
2006	8	LSAZQ02AB0_01	冬小麦 肥麦	20	68.8	1.0	1.0	19.3	16.3	23.9	26.80	1.49	0.52
2006	8	LSAZQ02AB0_01	冬小麦 肥麦	20	77.3	1.0	1.0	18.2	14.3	26.7	28.83	1.83	0.76
2006	8	LSAZQ02AB0_01	冬小麦 肥麦	20	92.6	1.0	1.0	21.8	17.2	26.4	28.82	2.07	0.70
2006	8	LSAZQ02AB0_01	冬小麦 肥麦	20	73.5	1.0	1.0	18.2	11.7	23.4	28.77	1.89	0.93
2006	8	LSAZQ02AB0_01	冬小麦 肥麦	20	87.1	1.0	1.0	19.6	15.1	30.3	33.99	1.94	0.99
2007	8	LSAZH01ABC_01	春青稞 3086	20	72.5	1.0	1.0	9.4	7.1	21.3	38.91	2.17	1.18
2007	8	LSAZH01ABC_01	春青稞 3086	20	82.5	1.0	1.0	7.4	6.1	18.3	38.67	2.59	1.41
2007	8	LSAZH01ABC_01	春青稞 3086	20	84.2	1.0	1.0	8.6	7.2	21.6	39.07	2.89	1.67
2007	8	LSAZH01ABC_01	春青稞 3086	20	89.3	1.0	1.0	10.7	9.4	28.2	34.25	3.37	2.00
2007	8	LSAZH01ABC_01	春青稞 3086	20	62.1	1.0	1.0	6.7	4.6	13.8	40.65	1.84	1.10
2007	8	LSAZH01ABC_01	春青稞 3086	20	73.9	1.0	1.0	8.0	5.7	17.1	41.95	2.35	1.32
2007	9	LSAFZ01ABC_01	春青稞 3086	20	21.8	1.0	1.0	2.6	1.8	5.4	24.54	0.45	0.25
2007	9	LSAFZ01ABC_01	春青稞 3086	20	31.4	1.0	1.0	3.2	2.4	7.2	31.32	0.60	0.34
2007	9	LSAFZ01ABC_01	春青稞 3086	20	20.0	1.0	1.0	2.4	1.9	5.7	31.72	0.35	0.16
2007	9	LSAFZ01ABC_02	春青稞 3086	20	46.8	1.0	1.0	6.4	5.2	15.6	37.55	1.48	0.87
2007	9	LSAFZ01ABC_02	春青稞 3086	20	39.7	1.0	1.0	5.0	4.0	12.0	35.03	1.03	0.61
2007	9	LSAFZ01ABC_02	春青稞 3086	20	27.8	1.0	1.0	3.3	2.5	7.5	29.25	0.48	0.25
2007	9	LSAFZ01ABC_03	春青稞 3086	20	70.4	1.0	1.0	8.6	7.6	22.8	41.36	2.96	1.85
2007	9	LSAFZ01ABC_03	春青稞 3086	20	67.1	1.0	1.0	7.2	6.0	18.0	41.96	2.39	1.36

（续）

年	月	样地代码	作物品种	调查株数	株高/cm	单株总茎数	单株总穗数	每穗小穗数	每穗结实小穗数	每穗粒数	千粒重/g	每株地上部总干重/g	每株籽粒干重/g
2007	9	LSAFZ01ABC_03	春青稞 3086	20	68.0	1.0	1.0	6.6	5.6	16.8	40.95	2.11	1.20
2007	8	LSAZQ01AB0_01	冬小麦 肥麦	20	67.2	1.0	1.0	16.3	13.0	39.3	39.88	2.15	1.16
2007	8	LSAZQ01AB0_01	冬小麦 肥麦	20	69.3	1.0	1.0	9.8	7.3	21.9	38.74	2.73	1.51
2007	8	LSAZQ01AB0_01	冬小麦 肥麦	20	58.2	1.0	1.0	16.5	12.7	38.2	29.82	1.67	0.82
2007	8	LSAZQ01AB0_01	冬小麦 肥麦	20	68.0	1.0	1.0	17.8	14.3	40.3	38.32	2.59	1.37
2007	8	LSAZQ01AB0_01	冬小麦 肥麦	20	76.5	1.0	1.0	18.3	14.0	42.0	35.65	2.39	1.18
2007	8	LSAZQ01AB0_01	冬小麦 肥麦	20	69.2	1.0	1.0	17.2	13.2	39.6	39.57	2.42	1.28
2007	8	LSAZQ02AB0_01	冬小麦 肥麦	20	70.8	1.0	1.0	13.7	11.1	33.2	37.24	2.09	1.14
2007	8	LSAZQ02AB0_01	冬小麦 肥麦	20	74.0	1.0	1.0	9.7	6.0	17.7	33.75	1.07	0.43
2007	8	LSAZQ02AB0_01	冬小麦 肥麦	20	80.6	1.0	1.0	16.2	14.0	41.3	39.43	2.37	1.18
2007	8	LSAZQ02AB0_01	冬小麦 肥麦	20	63.1	1.0	1.0	14.1	11.1	35.1	37.94	2.06	1.13
2007	8	LSAZQ02AB0_01	冬小麦 肥麦	20	92.3	1.0	1.0	16.1	14.0	44.0	40.53	3.28	1.45
2007	8	LSAZQ02AB0_01	冬小麦 肥麦	20	76.0	1.0	1.0	10.1	7.5	22.6	38.67	1.45	0.58
2008	8	LSAZQ01AB0_01	冬小麦 肥麦	20	71.8	1.0	1.0	18.4	16.6	42.1	41.4	3.4	1.61
2008	8	LSAZQ01AB0_01	冬小麦 肥麦	20	72.4	1.0	1.0	17.0	15.3	40.5	35.3	3.0	1.44
2008	8	LSAZQ01AB0_01	冬小麦 肥麦	20	65.0	1.0	1.0	23.8	19.5	55.8	34.2	4.6	2.32
2008	8	LSAZQ01AB0_01	冬小麦 肥麦	20	81.1	1.0	1.0	18.3	16.3	41.0	37.4	3.0	1.45
2008	8	LSAZQ01AB0_01	冬小麦 肥麦	20	70.7	1.0	1.0	17.3	15.3	38.4	36.0	2.7	1.33
2008	8	LSAZQ01AB0_01	冬小麦 肥麦	20	84.0	1.0	1.0	20.9	19.3	59.5	37.0	4.8	2.28
2008	8	LSASY01ABC_03	春青稞 3086	20	82.9	1.0	1.0	18.5	16.8	37.9	47.2	3.4	1.71
2008	8	LSASY01ABC_03	春青稞 3086	20	88.1	1.0	1.0	17.9	16.6	31.0	47.9	2.8	1.35
2008	8	LSASY01ABC_03	春青稞 3086	20	84.8	1.0	1.0	18.5	16.9	35.8	42.4	3.2	1.60
2008	8	LSASY01ABC_03	春青稞 3086	20	89.5	1.0	1.0	17.3	15.7	33.6	39.6	3.3	1.59
2008	8	LSASY01ABC_03	春青稞 3086	20	89.1	1.0	1.0	17.1	15.4	36.6	38.8	3.4	1.70
2008	8	LSASY01ABC_03	春青稞 3086	20	104.3	1.0	1.0	20.3	19.1	34.7	44.6	3.5	1.39
2009	8	LSAZH01ABC_01	冬小麦 BUSSDY	20	97.2	1.0	1.0	20.8	18.8	27.7	30.1	3.4	1.49
2009	8	LSAZH01ABC_01	冬小麦 BUSSDY	20	103.2	1.0	1.0	21.1	18.0	43.2	34.1	3.5	1.59
2009	8	LSAZH01ABC_01	冬小麦 BUSSDY	20	100.9	1.0	1.0	21.4	18.6	39.0	32.1	3.5	1.50
2009	8	LSAZH01ABC_01	冬小麦 BUSSDY	20	95.7	1.0	1.0	25.7	18.8	46.2	38.4	3.6	1.58
2009	8	LSAZH01ABC_01	冬小麦 BUSSDY	20	98.0	1.0	1.0	19.7	15.6	26.8	32.5	2.4	0.98
2009	8	LSAZH01ABC_01	冬小麦 BUSSDY	20	93.1	1.0	1.0	22.4	19.7	48.6	35.5	3.4	1.55
2009	8	LSAFZ01ABC_01	冬小麦 BUSSDY	20	53.0	1.0	1.0	16.0	11.3	20.7	31.3	1.5	0.74

（续）

年	月	样地代码	作物品种	调查株数	株高/cm	单株总茎数	单株总穗数	每穗小穗数	每穗结实小穗数	每穗粒数	千粒重/g	每株地上部总干重/g	每株籽粒干重/g
2009	8	LSAFZ01ABC_01	冬小麦 BUSSDY	20	55.5	1.0	1.0	15.6	11.4	22.1	32.8	1.6	0.82
2009	8	LSAFZ01ABC_01	冬小麦 BUSSDY	20	47.3	1.0	1.0	13.7	10.8	16.7	32.8	1.3	0.68
2009	8	LSAFZ01ABC_02	冬小麦 BUSSDY	20	66.1	1.0	1.0	16.1	14.2	25.3	33.4	1.8	0.89
2009	8	LSAFZ01ABC_02	冬小麦 BUSSDY	20	56.6	1.0	1.0	15.7	15.2	26.9	33.1	2.0	0.97
2009	8	LSAFZ01ABC_02	冬小麦 BUSSDY	20	67.0	1.0	1.0	14.2	13.8	31.2	33.6	2.2	1.10
2009	8	LSAFZ01ABC_03	冬小麦 BUSSDY	20	57.7	1.0	1.0	17.1	12.8	33.0	26.2	2.0	0.91
2009	8	LSAFZ01ABC_03	冬小麦 BUSSDY	20	64.1	1.0	1.0	15.9	12.7	23.0	16.2	1.3	0.35
2009	8	LSAFZ01ABC_03	冬小麦 BUSSDY	20	65.1	1.0	1.0	17.4	14.3	22.2	16.8	1.5	0.55
2009	8	LSAFZ01ABC_04	冬小麦 BUSSDY	20	69.4	1.0	1.0	17.4	17.3	38.4	24.8	2.3	1.05
2009	8	LSAFZ01ABC_04	冬小麦 BUSSDY	20	77.3	1.0	1.0	16.8	15.0	32.9	25.7	2.2	0.92
2009	8	LSAFZ01ABC_04	冬小麦 BUSSDY	20	58.8	1.0	1.0	14.2	12.8	36.9	16.3	1.7	0.75
2009	7	LSAZQ01AB0_01	冬小麦 肥麦	20	53.5	1.0	1.0	21.2	18.6		30.4	2.4	1.09
2009	7	LSAZQ01AB0_01	冬小麦 肥麦	20	50.7	1.0	1.0	17.2	13.9		32.3	1.6	0.75
2009	7	LSAZQ01AB0_01	冬小麦 肥麦	20	56.1	1.0	1.0	19.1	16.8	32.4	27.9	2.3	1.11
2009	7	LSAZQ01AB0_01	冬小麦 肥麦	20	55.7	1.0	1.0	18.0	17.1	36.6	27.6	2.1	1.15
2009	7	LSAZQ01AB0_01	冬小麦 肥麦	20	46.6	1.0	1.0	17.0	14.5	28.5	25.5	1.6	0.83
2009	7	LSAZQ01AB0_01	冬小麦 肥麦	20	52.1	1.0	1.0	17.5	15.6	30.3	28.1	1.9	0.96
2009	8	LSAZQ02AB0_01	冬小麦 肥麦	20	75.7	1	1.0	18.1	15.6	40.6	35.7	2.8	1.17
2009	8	LSAZQ02AB0_01	冬小麦 肥麦	20	97.4	1	1.0	17.4	15.5	43.6	36.7	3.6	1.65
2009	8	LSAZQ02AB0_01	冬小麦 肥麦	20	88.0	1	1.0	17.8	16.3	49.8	36.8	3.6	1.77
2009	8	LSAZQ02AB0_01	冬小麦 肥麦	20	85.2	1	1.0	18.3	16.2	33.7	36.8	3.0	1.37
2009	8	LSAZQ02AB0_01	冬小麦 肥麦	20	78.9	1	1.0	18.4	16.0	43.7	36.3	3.3	1.77
2009	8	LSAZQ02AB0_01	冬小麦 肥麦	20	98.5	1	1.0	18.4	16.1	41.5	35.5	3.4	1.55
2009	8	LSASY01ABC_02	春青稞 3086	20	75.1	1	1.0	18.7	15.9	26.5	29.0	2.4	1.04
2009	8	LSASY01ABC_02	春青稞 3086	20	83.8	1	1.0	17.9	15.6	29.3	30.7	2.5	0.89
2009	8	LSASY01ABC_02	春青稞 3086	20	84.9	1	1.0	17.9	15.5	28.4	41.7	2.8	1.47
2009	8	LSASY01ABC_02	春青稞 3086	20	79.8	1	1.0	21.3	19.1	48.0	30.7	3.3	1.66
2009	8	LSASY01ABC_02	春青稞 3086	20	77.9	1	1.0	16.1	13.8	27.7	35.6	2.2	1.12
2009	8	LSASY01ABC_02	春青稞 3086	20	70.1	1	1.0	16.5	13.0	26.4	40.6	2.0	0.93
2010	8	LSAZH01ABC_01	冬小麦 BUSSDY	20.0	116.1	1.0	1.0	18.4	17.4	34.95	38.60	3.06	1.21
2010	8	LSAZH01ABC_01	冬小麦 BUSSDY	20.0	103.2	1.0	1.0	18.3	17.2	39.10	36.10	2.63	1.37
2010	8	LSAZH01ABC_01	冬小麦 BUSSDY	20.0	113.0	1.0	1.0	17.8	15.3	32.45	40.50	2.69	1.15

（续）

年	月	样地代码	作物品种	调查株数	株高/cm	单株总茎数	单株总穗数	每穗小穗数	每穗结实小穗数	每穗粒数	千粒重/g	每株地上部总干重/g	每株籽粒干重/g
2010	8	LSAZH01ABC_01	冬小麦 BUSSDY	20.0	93.5	1.0	1.0	15.3	13.7	28.15	40.10	1.91	0.94
2010	8	LSAZH01ABC_01	冬小麦 BUSSDY	20.0	109.6	1.0	1.0	17.8	17.0	36.90	40.70	2.32	0.81
2010	8	LSAZH01ABC_01	冬小麦 BUSSDY	20.0	111.9	1.0	1.0	18.8	17.6	26.45	42.00	2.13	0.99
2010	8	LSAFZ01ABC_01	冬小麦 BUSSDY	20.0	67.4	1.0	1.0	12.0	10.9	18.95	34.00	1.34	0.72
2010	8	LSAFZ01ABC_01	冬小麦 BUSSDY	20.0	67.2	1.0	1.0	11.4	9.3	15.70	34.50	1.29	0.56
2010	8	LSAFZ01ABC_01	冬小麦 BUSSDY	20.0	62.2	1.0	1.0	12.0	9.7	14.15	33.90	0.99	0.50
2010	8	LSAFZ01ABC_02	冬小麦 BUSSDY	20.0	84.5	1.0	1.0	16.1	14.9	17.90	33.60	1.72	0.72
2010	8	LSAFZ01ABC_02	冬小麦 BUSSDY	20.0	84.3	1.0	1.0	13.6	11.5	17.80	31.40	1.23	0.67
2010	8	LSAFZ01ABC_02	冬小麦 BUSSDY	20.0	85.2	1.0	1.0	12.2	10.8	22.60	28.80	1.85	0.84
2010	8	LSAFZ01ABC_03	冬小麦 BUSSDY	20.0	98.9	1.0	1.0	16.4	15.3	33.50	37.60	2.51	1.18
2010	8	LSAFZ01ABC_03	冬小麦 BUSSDY	20.0	99.4	1.0	1.0	14.4	13.4	22.40	39.10	1.65	0.71
2010	8	LSAFZ01ABC_03	冬小麦 BUSSDY	20.0	101.8	1.0	1.0	13.7	12.5	25.45	34.90	2.26	0.91
2010	8	LSAFZ01ABC_04	冬小麦 BUSSDY	20.0	103.6	1.0	1.0	17.5	15.9	34.10	35.80	3.03	1.33
2010	8	LSAFZ01ABC_04	冬小麦 BUSSDY	20.0	103.6	1.0	1.0	14.6	13.6	43.70	37.20	2.21	1.47
2010	8	LSAFZ01ABC_04	冬小麦 BUSSDY	20.0	96.7	1.0	1.0	16.5	14.9	37.10	35.10	2.35	1.24
2010	7	LSAZQ01AB0_01	冬小麦 肥麦	20.0	65.8	1.0	1.0	18.8	17.9	25.05	29.80	2.21	0.87
2010	7	LSAZQ01AB0_01	冬小麦 肥麦	20.0	67.9	1.0	1.0	20.5	18.1	26.60	23.80	1.71	0.64
2010	7	LSAZQ01AB0_01	冬小麦 肥麦	20.0	57.2	1.0	1.0	18.3	17.0	23.90	18.90	1.46	0.57
2010	7	LSAZQ01AB0_01	冬小麦 肥麦	20.0	65.4	1.0	1.0	18.1	17.4	34.00	24.00	1.74	0.80
2010	7	LSAZQ01AB0_01	冬小麦 肥麦	20.0	66.6	1.0	1.0	17.1	15.6	30.25	19.80	1.69	0.92
2010	7	LSAZQ01AB0_01	冬小麦 肥麦	20.0	70.5	1.0	1.0	17.8	17.2	26.50	18.60	1.61	0.09
2010	7	LSAZQ02AB0_01	冬小麦 肥麦	20.0	105.8	1.0	1.0	15.0	14.2	30.30	34.90	2.19	1.10
2010	7	LSAZQ02AB0_01	冬小麦 肥麦	20.0	103.8	1.0	1.0	13.7	13.3	30.35	28.90	2.59	1.09
2010	7	LSAZQ02AB0_01	冬小麦 肥麦	20.0	107.3	1.0	1.0	14.8	13.6	19.30	34.40	1.80	0.62
2010	7	LSAZQ02AB0_01	冬小麦 肥麦	20.0	87.4	1.0	1.0	17.9	17.4	4.36	32.80	3.28	1.56
2010	7	LSAZQ02AB0_01	冬小麦 肥麦	20.0	107.5	1.0	1.0	15.8	15.2	36.15	41.70	3.81	1.49
2010	7	LSAZQ02AB0_01	冬小麦 肥麦	20.0	97.3	1.0	1.0	15.3	14.2	33.80	34.90	2.48	1.10
2010	8	LSASY01ABC_02	春青稞 3086	20.0	95.5	1.0	1.0	15.7	15.4	33.75	31.80	2.55	1.29
2010	8	LSASY01ABC_02	春青稞 3086	20.0	107.3	1.0	1.0	16.4	15.9	45.10	43.70	3.65	1.70
2010	8	LSASY01ABC_02	春青稞 3086	20.0	101.8	1.0	1.0	15.3	15.0	35.00	39.80	3.21	1.52
2010	8	LSASY01ABC_02	春青稞 3086	20.0	105.4	1.0	1.0	15.8	15.7	50.30	42.10	3.84	1.91
2010	8	LSASY01ABC_02	春青稞 3086	20.0	108.8	1.0	1.0	15.3	14.8	44.35	43.80	3.81	1.91

（续）

年	月	样地代码	作物品种	调查株数	株高/cm	单株总茎数	单株总穗数	每穗小穗数	每穗结实小穗数	每穗粒数	千粒重/g	每株地上部总干重/g	每株籽粒干重/g
2010	8	LSASY01ABC_02	春青稞 3086	20.0	111.6	1.0	1.0	16.2	15.8	44.30	39.10	3.55	2.04
2011	8	LSAZH01ABC_01	冬小麦 BUSSDY	20.00	113.5	1.0	1.0	19.1	18.8	37.7	33.9	2.1	0.74
2011	8	LSAZH01ABC_01	冬小麦 BUSSDY	20.00	114.6	1.0	1.0	18.7	18.0	35.9	32.4	2.9	1.05
2011	8	LSAZH01ABC_01	冬小麦 BUSSDY	20.00	96.9	1.0	0.9	20.0	17.5	34.9	33.5	2.3	0.72
2011	8	LSAZH01ABC_01	冬小麦 BUSSDY	20.00	113.1	1.0	1.0	19.3	17.7	35.4	33.9	2.6	0.81
2011	8	LSAZH01ABC_01	冬小麦 BUSSDY	20.00	115.0	1.0	1.0	24.1	23.6	47.1	33.9	2.6	0.93
2011	8	LSAZH01ABC_01	冬小麦 BUSSDY	20.00	108.7	1.0	1.0	15.0	13.6	27.2	38.9	2.8	1.17
2011	8	LSAFZ01ABC_01	冬小麦 BUSSDY	20.00	67.5	1.0	1.0	11.1	9.8	19.5	33.0	1.6	0.61
2011	8	LSAFZ01ABC_01	冬小麦 BUSSDY	20.00	80.1	1.0	0.7	14.2	13.1	26.2	29.9	1.2	0.48
2011	8	LSAFZ01ABC_01	冬小麦 BUSSDY	20.00	80.1	1.0	1.0	13.5	19.0	37.9	30.1	1.4	0.49
2011	8	LSAFZ01ABC_02	冬小麦 BUSSDY	20.00	81.2	1.0	1.0	17.9	16.0	32.1	35.2	2.6	1.01
2011	8	LSAFZ01ABC_02	冬小麦 BUSSDY	20.00	81.9	1.0	1.0	18.0	16.6	33.2	35.4	2.7	1.06
2011	8	LSAFZ01ABC_02	冬小麦 BUSSDY	20.00	90.6	1.0	0.9	13.7	12.7	25.3	31.7	1.7	0.64
2011	8	LSAFZ01ABC_03	冬小麦 BUSSDY	20.00	90.8	1.0	1.0	19.9	18.7	37.3	34.5	1.8	0.67
2011	8	LSAFZ01ABC_03	冬小麦 BUSSDY	20.00	85.3	1.0	0.8	15.4	14.6	29.2	35.4	1.7	0.72
2011	8	LSAFZ01ABC_03	冬小麦 BUSSDY	20.00	92.9	1.0	1.0	20.4	19.6	39.1	33.5	2.1	0.80
2011	8	LSAFZ01ABC_04	冬小麦 BUSSDY	20.00	106.0	1.0	0.9	17.9	16.9	33.7	35.5	2.7	0.93
2011	8	LSAFZ01ABC_04	冬小麦 BUSSDY	20.00	103.8	1.0	1.0	20.3	19.7	39.3	30.0	2.5	0.96
2011	8	LSAFZ01ABC_04	冬小麦 BUSSDY	20.00	90.6	1.0	1.0	20.8	19.9	39.9	32.2	2.2	0.93
2011	9	LSASY01ABC_01	春青稞 藏青 320	20.00	84.2	1.0	0.9	17.4	16.7	33.3	44.5	2.4	1.08
2011	9	LSASY01ABC_01	春青稞 藏青 320	20.00	89.9	1.0	0.9	21.2	20.3	40.7	44.3	3.3	1.32
2011	9	LSASY01ABC_01	春青稞 藏青 320	20.00	87.5	1.0	1.0	15.7	15.5	30.9	42.1	2.4	0.97
2011	9	LSASY01ABC_01	春青稞 藏青 320	20.00	98.0	1.0	1.0	19.8	18.5	36.9	43.7	3.7	1.55
2011	9	LSASY01ABC_01	春青稞 藏青 320	20.00	92.3	1.0	0.9	23.8	23.5	47.1	39.6	3.3	1.09
2011	9	LSASY01ABC_01	春青稞 藏青 320	20.00	92.8	1.0	0.9	21.6	20.5	41.0	35.8	3.4	0.87
2012	9	LSAZH01ABC_01	冬小麦 BUSSDY	20.00	86.80	1.0	1.0	16.9	14.5	29.0	31.8	2.2	0.96
2012	9	LSAZH01ABC_01	冬小麦 BUSSDY	20.00	92.10	1.0	1.0	22.0	19.5	43.0	38.0	3.6	1.62
2012	9	LSAZH01ABC_01	冬小麦 BUSSDY	20.00	99.60	1.0	1.0	20.3	16.8	37.6	34.1	2.6	1.19
2012	9	LSAZH01ABC_01	冬小麦 BUSSDY	20.00	103.70	1.0	1.0	18.5	15.5	31.5	25.2	2.1	0.76
2012	9	LSAZH01ABC_01	冬小麦 BUSSDY	20.00	97.40	1.0	1.0	20.3	17.5	37.3	37.5	3.3	1.35
2012	9	LSAZH01ABC_01	冬小麦 BUSSDY	20.00	100.80	1.0	1.0	17.6	13.3	27.0	34.2	1.9	0.89
2012	9	LSAFZ01ABC_01	冬小麦 BUSSDY	20.00	70.20	1.0	1.0	16.7	13.2	22.5	36.8	1.7	0.95

（续）

年	月	样地代码	作物品种	调查株数	株高/cm	单株总茎数	单株总穗数	每穗小穗数	每穗结实小穗数	每穗粒数	千粒重/g	每株地上部总干重/g	每株籽粒干重/g
2012	9	LSAFZ01ABC_01	冬小麦 BUSSDY	20.00	66.80	1.0	1.0	15.8	12.1	23.9	38.5	1.7	1.08
2012	9	LSAFZ01ABC_01	冬小麦 BUSSDY	20.00	64.00	1.0	1.0	13.3	9.9	21.0	34.9	1.3	0.59
2012	9	LSAFZ01ABC_02	冬小麦 BUSSDY	20.00	75.00	1.0	1.0	14.4	10.7	18.0	34.5	1.3	0.65
2012	9	LSAFZ01ABC_02	冬小麦 BUSSDY	20.00	81.10	1.0	1.0	17.5	15.8	35.4	39.1	2.8	1.40
2012	9	LSAFZ01ABC_02	冬小麦 BUSSDY	20.00	88.30	1.0	1.0	17.3	13.9	27.3	34.6	2.1	1.18
2012	9	LSAFZ01ABC_03	冬小麦 BUSSDY	20.00	84.40	1.0	1.0	19.0	16.0	32.2	38.5	2.6	1.24
2012	9	LSAFZ01ABC_03	冬小麦 BUSSDY	20.00	104.70	1.0	1.0	18.6	15.2	25.0	32.9	2.4	1.01
2012	9	LSAFZ01ABC_03	冬小麦 BUSSDY	20.00	93.10	1.0	1.0	20.0	16.3	32.5	41.1	2.9	1.43
2012	9	LSAFZ01ABC_04	冬小麦 BUSSDY	20.00	90.80	1.0	1.0	18.4	15.8	35.0	42.1	2.5	1.29
2012	9	LSAFZ01ABC_04	冬小麦 BUSSDY	20.00	101.00	1.0	1.0	19.1	16.8	39.7	40.8	3.1	1.48
2012	9	LSAFZ01ABC_04	冬小麦 BUSSDY	20.00	88.40	1.0	1.0	20.2	17.9	37.2	43.4	3.3	1.68
2012	9	LSASY01ABC_03	春青稞 3086	20.00	78.30	1.0	1.0	16.3	14.4	36.7	40.5	2.5	1.25
2012	9	LSASY01ABC_03	春青稞 3086	20.00	75.40	1.0	1.0	17.5	15.5	27.2	41.9	2.5	1.13
2012	9	LSASY01ABC_03	春青稞 3086	20.00	78.90	1.0	1.0	15.6	13.0	23.8	41.6	2.0	1.07
2012	9	LSAZQ01AB0_01	冬小麦 肥麦	20.00	89.00	1.0	1.0	18.9	16.8	33.8	43.7	2.7	1.60
2012	9	LSAZQ01AB0_01	冬小麦 肥麦	20.00	79.50	1.0	1.0	15.1	12.5	30.1	39.1	1.8	1.01
2012	9	LSAZQ01AB0_01	冬小麦 肥麦	20.00	79.80	1.0	1.0	16.5	13.7	29.5	41.9	2.1	1.09
2012	9	LSAZQ01AB0_01	冬小麦 肥麦	20.00	84.20	1.0	1.0	15.1	12.1	25.1	40.7	1.9	1.07
2012	9	LSAZQ01AB0_01	冬小麦 肥麦	20.00	88.10	1.0	1.0	14.8	12.6	25.6	38.3	2.1	1.18
2012	9	LSAZQ01AB0_01	冬小麦 肥麦	20.00	90.20	1.0	1.0	19.6	17.2	41.0	38.3	3.0	1.62
2013	8	LSAZH01ABC_01	冬小麦 BUSSDY	20.00	90.60	1.0	1.0	17.2	14.1	27.3	34.4	2.0	0.95
2013	8	LSAZH01ABC_01	冬小麦 BUSSDY	20.00	97.80	1.0	1.0	18.4	17.0	40.7	37.1	3.4	1.54
2013	8	LSAZH01ABC_01	冬小麦 BUSSDY	20.00	99.50	1.0	1.0	16.8	14.0	25.7	34.6	2.1	0.92
2013	8	LSAZH01ABC_01	冬小麦 BUSSDY	20.00	101.80	1.0	1.0	16.7	14.1	27.4	40.5	2.5	1.15
2013	8	LSAZH01ABC_01	冬小麦 BUSSDY	20.00	103.10	1.0	1.0	16.8	13.5	22.8	37.0	2.3	0.89
2013	8	LSAZH01ABC_01	冬小麦 BUSSDY	20.00	92.40	1.0	1.0	15.1	12.8	29.9	37.0	2.5	1.23
2013	8	LSAFZ01ABC_01	冬小麦 BUSSDY	20.00	70.90	1.0	1.0	12.5	8.3	13.0	33.3	0.9	0.40
2013	8	LSAFZ01ABC_01	冬小麦 BUSSDY	20.00	62.40	1.0	1.0	14.2	10.7	20.6	39.4	1.3	0.87
2013	8	LSAFZ01ABC_01	冬小麦 BUSSDY	20.00	64.20	1.0	1.0	12.7	8.9	15.9	37.5	1.4	0.64
2013	8	LSAFZ01ABC_02	冬小麦 BUSSDY	20.00	85.30	1.0	1.0	13.2	9.1	14.2	34.5	1.1	0.49
2013	8	LSAFZ01ABC_02	冬小麦 BUSSDY	20.00	80.90	1.0	1.0	16.9	13.3	22.5	39.8	2.1	0.91
2013	8	LSAFZ01ABC_02	冬小麦 BUSSDY	20.00	81.90	1.0	1.0	16.7	13.0	20.5	41.9	2.0	0.92

（续）

年	月	样地代码	作物品种	调查株数	株高/cm	单株总茎数	单株总穗数	每穗小穗数	每穗结实小穗数	每穗粒数	千粒重/g	每株地上部总干重/g	每株籽粒干重/g
2013	8	LSAFZ01ABC_03	冬小麦 BUSSDY	20.00	83.40	1.0	1.0	14.8	11.0	19.0	37.1	1.7	0.75
2013	8	LSAFZ01ABC_03	冬小麦 BUSSDY	20.00	87.90	1.0	1.0	14.9	11.2	16.3	39.3	2.0	0.63
2013	8	LSAFZ01ABC_03	冬小麦 BUSSDY	20.00	86.30	1.0	1.0	17.0	13.7	20.3	40.3	2.1	0.97
2013	8	LSAFZ01ABC_04	冬小麦 BUSSDY	20.00	98.70	1.0	1.0	18.1	15.4	32.8	39.6	3.0	1.32
2013	8	LSAFZ01ABC_04	冬小麦 BUSSDY	20.00	100.30	1.0	1.0	16.9	12.9	25.0	41.0	2.2	1.05
2013	8	LSAFZ01ABC_04	冬小麦 BUSSDY	20.00	95.00	1.0	1.0	17.5	14.0	26.0	39.4	2.3	1.13
2013	8	LSASY01ABC_01	春青稞 3086	20.00	87.40	1.0	1.0	12.9	11.0	27.3	49.9	3.0	1.44
2013	8	LSASY01ABC_01	春青稞 3086	20.00	86.80	1.0	1.0	13.3	11.3	22.9	57.8	2.7	1.35
2013	8	LSASY01ABC_01	春青稞 3086	20.00	92.60	1.0	1.0	13.6	12.0	28.0	52.1	3.5	1.56
2013	8	LSASY01ABC_01	春青稞 3086	20.00	89.40	1.0	1.0	13.7	12.3	28.7	50.2	3.0	1.51
2013	8	LSASY01ABC_01	春青稞 3086	20.00	90.10	1.0	1.0	12.3	11.3	35.0	45.8	3.3	1.56
2013	8	LSASY01ABC_01	春青稞 3086	20.00	82.60	1.0	1.0	11.3	10.4	24.2	49.2	2.5	1.24
2013	8	LSAZQ01AB0_01	冬小麦 肥麦	20.00	97.30	1.0	1.0	18.5	14.8	24.8	32.6	2.1	0.87
2013	8	LSAZQ01AB0_01	冬小麦 肥麦	20.00	100.90	1.0	1.0	18.3	14.9	26.6	35.3	2.4	0.96
2013	8	LSAZQ01AB0_01	冬小麦 肥麦	20.00	101.60	1.0	1.0	17.7	14.4	27.8	34.9	2.3	0.98
2013	8	LSAZQ01AB0_01	冬小麦 肥麦	20.00	100.10	1.0	1.0	18.5	17.7	43.8	35.0	3.3	1.58
2013	8	LSAZQ01AB0_01	冬小麦 肥麦	20.00	93.40	1.0	1.0	15.7	13.1	22.7	33.1	1.5	0.63
2013	8	LSAZQ01AB0_01	冬小麦 肥麦	20.00	103.50	1.0	1.0	17.7	15.1	31.0	37.6	2.8	1.28
2014	8	LSASY01ABC_02	春青稞 3086	20.00	73.60	1.0	1.0	17.1	15.8	21.3	44.1	2.0	1.02
2014	8	LSASY01ABC_02	春青稞 3086	20.00	76.20	1.0	1.0	9.3	8.3	14.9	44.3	1.2	0.68
2014	8	LSASY01ABC_02	春青稞 3086	20.00	66.40	1.0	1.0	12.5	11.3	15.7	39.9	1.3	0.63
2014	8	LSASY01ABC_02	春青稞 3086	20.00	63.00	1.0	1.0	15.2	14.2	17.5	50.7	1.5	0.81
2014	8	LSASY01ABC_02	春青稞 3086	20.00	72.50	1.0	1.0	11.6	10.0	15.9	42.6	1.4	0.71
2014	8	LSASY01ABC_02	春青稞 3086	20.00	67.00	1.0	1.0	11.8	10.7	18.3	38.3	1.4	0.71
2014	8	LSAFZ01ABC_01	春青稞 3086	20.00	51.30	1.0	1.0	9.0	7.4	15.3	38.9	1.2	0.64
2014	8	LSAFZ01ABC_01	春青稞 3086	20.00	59.40	1.0	1.0	4.8	3.5	5.8	37.5	0.5	0.22
2014	8	LSAFZ01ABC_01	春青稞 3086	20.00	65.10	1.0	1.0	6.7	5.4	11.0	38.1	0.8	0.41
2014	8	LSAFZ01ABC_02	春青稞 3086	20.00	87.30	1.0	1.0	7.0	6.0	12.9	38.9	1.0	0.54
2014	8	LSAFZ01ABC_02	春青稞 3086	20.00	88.30	1.0	1.0	13.0	11.6	21.2	44.2	1.8	0.97
2014	8	LSAFZ01ABC_02	春青稞 3086	20.00	90.50	1.0	1.0	9.4	8.0	18.1	39.2	1.5	0.77
2014	8	LSAFZ01ABC_03	春青稞 3086	20.00	77.60	1.0	1.0	10.8	9.2	17.1	29.2	1.0	0.51
2014	8	LSAFZ01ABC_03	春青稞 3086	20.00	76.60	1.0	1.0	9.4	8.3	14.1	38.2	1.0	0.52

（续）

年	月	样地代码	作物品种	调查株数	株高/cm	单株总茎数	单株总穗数	每穗小穗数	每穗结实小穗数	每穗粒数	千粒重/g	每株地上部总干重/g	每株籽粒干重/g
2014	8	LSAFZ01ABC_03	春青稞 3086	20.00	74.30	1.0	1.0	11.5	10.3	21.3	36.1	1.5	0.73
2014	8	LSAFZ01ABC_04	春青稞 3086	20.00	78.10	1.0	1.0	10.2	8.9	14.5	36.0	1.1	0.61
2014	8	LSAFZ01ABC_04	春青稞 3086	20.00	68.80	1.0	1.0	16.8	15.5	26.3	42.2	2.2	1.14
2014	8	LSAFZ01ABC_04	春青稞 3086	20.00	71.50	1.0	1.0	11.9	10.7	26.9	41.9	2.0	1.07
2014	8	LSAZQ04AB0_01	冬小麦 肥麦	20.00	110.80	1.0	1.0	17.8	16.0	29.9	37.1	2.6	1.10
2014	8	LSAZQ04AB0_01	冬小麦 肥麦	20.00	113.60	1.0	1.0	16.7	14.8	25.5	35.5	2.9	0.91
2014	8	LSAZQ04AB0_01	冬小麦 肥麦	20.00	113.10	1.0	1.0	17.4	15.5	29.9	35.6	2.6	1.03
2014	8	LSAZQ04AB0_01	冬小麦 肥麦	20.00	108.00	1.0	1.0	17.0	14.7	27.5	35.2	2.2	0.99
2014	8	LSAZQ04AB0_01	冬小麦 肥麦	20.00	109.70	1.0	1.0	17.2	14.8	30.2	30.7	2.6	0.85
2014	8	LSAZQ04AB0_01	冬小麦 肥麦	20.00	102.20	1.0	1.0	15.4	13.2	24.3	37.3	2.1	0.90
2015	08	LSAZH01ABC_01	冬小麦 肥麦	20	104.2	1.0	1.0	31.5	28.4	28.6	35.33	2.75	1.03
2015	08	LSAZH01ABC_01	冬小麦 肥麦	20	108.3	1.0	1.0	32.6	30.4	35.1	40.16	3.13	1.47
2015	08	LSAZH01ABC_01	冬小麦 肥麦	20	104.6	1.0	1.0	36.3	33.8	29.9	49.24	2.86	1.45
2015	08	LSAZH01ABC_01	冬小麦 肥麦	20	123.0	1.0	1.0	37.3	35.2	41.5	41.25	3.61	1.72
2015	08	LSAZH01ABC_01	冬小麦 肥麦	20	118.3	1.0	1.0	37.8	34.8	35.7	39.51	3.22	1.28
2015	08	LSAZH01ABC_01	冬小麦 肥麦	20	101.8	1.0	1.0	32.8	30.4	31.5	42.07	2.76	1.86
2015	07	LSAFZ01ABC_01	春青稞 3086	20	72.8	1.0	1.0	13.2	11.6	13.4	31.22	0.71	0.41
2015	07	LSAFZ01ABC_01	春青稞 3086	20	58.1	1.0	1.0	11.5	9.5	12.5	33.53	0.83	0.49
2015	07	LSAFZ01ABC_01	春青稞 3086	20	58.4	1.0	1.0	11.6	9.7	16.0	37.13	1.11	0.63
2015	07	LSAFZ01ABC_02	春青稞 3086	20	74.7	1.0	1.0	15.0	13.4	18.6	38.85	1.23	0.69
2015	07	LSAFZ01ABC_02	春青稞 3086	20	82.8	1.0	1.0	20.7	18.9	24.0	43.71	2.03	1.01
2015	07	LSAFZ01ABC_02	春青稞 3086	20	70.5	1.0	1.0	18.4	16.3	18.7	38.89	1.58	0.74
2015	07	LSAFZ01ABC_03	春青稞 3086	20	70.7	1.0	1.0	23.1	20.2	24.7	37.69	1.87	0.96
2015	07	LSAFZ01ABC_03	春青稞 3086	20	71.0	1.0	1.0	16.4	15.3	19.3	44.37	1.46	0.82
2015	07	LSAFZ01ABC_03	春青稞 3086	20	79.1	1.0	1.0	21.5	19.4	27.1	40.82	1.95	1.07
2015	07	LSAFZ01ABC_04	春青稞 3086	20	76.4	1.0	1.0	15.3	13.5	19.5	42.91	1.45	0.81
2015	07	LSAFZ01ABC_04	春青稞 3086	20	72.9	1.0	1.0	23.4	21.7	22.6	41.74	2.11	1.23
2015	07	LSAFZ01ABC_04	春青稞 3086	20	63.3	1.0	1.0	20.6	18.6	23.6	33.41	1.79	0.98
2015	08	LSAZQ01AB0_01	冬小麦 肥麦	20	124.4	1.0	1.0	37.9	35.7	36.0	31.75	3.39	1.16
2015	08	LSAZQ01AB0_01	冬小麦 肥麦	20	116.5	1.0	1.0	35.8	33.5	34.3	26.86	2.70	0.81
2015	08	LSAZQ01AB0_01	冬小麦 肥麦	20	118.8	1.0	1.0	34.6	31.8	34.3	29.98	2.70	0.99
2015	08	LSAZQ01AB0_01	冬小麦 肥麦	20	117.5	1.0	1.0	36.7	34.3	38.0	22.79	2.83	1.20

（续）

年	月	样地代码	作物品种	调查株数	株高/cm	单株总茎数	单株总穗数	每穗小穗数	每穗结实小穗数	每穗粒数	千粒重/g	每株地上部总干重/g	每株籽粒干重/g
2015	08	LSAZQ01AB0_01	冬小麦 肥麦	20	114.2	1.0	1.0	36.9	35.1	33.0	33.67	2.87	1.19
2015	08	LSAZQ01AB0_01	冬小麦 肥麦	20	117.1	1.0	1.0	38.9	36.5	38.3	30.22	2.83	1.17
2015	08	LSAZQ04AB0_01	冬小麦 肥麦	20	105.5	1.0	1.0	29.7	27.3	35.0	35.76	2.65	1.24
2015	08	LSAZQ04AB0_01	冬小麦 肥麦	20	105.2	1.0	1.0	37.2	35.4	45.0	37.78	3.25	1.65
2015	08	LSAZQ04AB0_01	冬小麦 肥麦	20	107.0	1.0	1.0	29.6	27.2	29.6	34.46	2.25	1.02
2015	08	LSAZQ04AB0_01	冬小麦 肥麦	20	110.0	1.0	1.0	33.7	31.2	34.0	38.65	2.42	1.34
2015	08	LSAZQ04AB0_01	冬小麦 肥麦	20	110.1	1.0	1.0	32.5	31.1	36.3	37.19	2.44	1.27
2015	08	LSAZQ04AB0_01	冬小麦 肥麦	20	111.5	1.0	1.0	30.2	26.8	33.4	35.97	2.46	1.19
2015	08	LSASY01ABC_02	春青稞 3086	20	80.3	1.0	1.0	24.7	22.1	26.9	39.88	2.06	1.10
2015	08	LSASY01ABC_02	春青稞 3086	20	68.5	1.0	1.0	22.7	20.8	21.3	41.74	1.58	0.87
2015	08	LSASY01ABC_02	春青稞 3086	20	70.0	1.0	1.0	32.2	30.0	35.0	44.41	3.34	1.74
2015	08	LSASY01ABC_02	春青稞 3086	20	83.7	1.0	1.0	22.4	20.2	23.2	40.95	1.80	0.95
2015	08	LSASY01ABC_02	春青稞 3086	20	87.2	1.0	1.0	22.5	20.3	23.6	42.05	2.06	1.03
2015	08	LSASY01ABC_02	春青稞 3086	20	79.2	1.0	1.0	22.0	19.8	31.3	32.18	2.37	1.24

6.6 作物收获期测产

6.6.1 概述

本数据集为拉萨站主要作物收获期测产数据，指标主要包括群体高度、密度、穗数、地上部总干重、产量，监测频次为每年1次，在收获期与植株性状同时观测。观测时间为2006—2015年，观测作物主要包括青稞、冬小麦和油菜，在作物收获期进行观测。观测场地主要为1处综合观测场，2个辅助观测场和3个站区调查点，其中辅助观测场LSAFZ01包括4个不同施肥处理，分别是空白对照、羊粪、化肥、羊粪+化肥，具体见表6-11。

表6-11 拉萨站作物收获期测产采样地一览表

观测场名称	观测场代码	采样地名称	采样地代码	备注
拉萨站综合观测场	LSAZH01	拉萨站综合观测场水土生联合长期观测采样地	LSAZH01ABC_01	
拉萨站施肥试验辅助观测场	LSAFZ01	拉萨站农田土壤要素辅助长期观测采样地（CK、羊粪、化肥、羊粪+化肥）	LSAFZ01ABC_01（CK） LSAFZ01ABC_02（羊粪） LSAFZ01ABC_03（化肥） LSAFZ01ABC_04（羊粪+化肥）	
拉萨站轮作模式长期试验观测场	LSASY01	拉萨站轮作模式土壤生物长期观测采样地	LSASY01ABC_01 LSASY01ABC_02 LSASY01ABC_03	

（续）

观测场名称	观测场代码	采样地名称	采样地代码	备注
拉萨站站区调查点（达孜区德庆镇）	LSAZQ01	拉萨站站区调查点（达孜区德庆镇土壤生物长期采样地）	LSAZQ01AB0 _ 01	2005—2015 年，因修路占用被废弃
拉萨站站区调查点（达孜区邦堆乡）	LSAZQ02	拉萨站站区调查点（达孜区邦堆乡土壤生物长期采样地）	LSAZQ02AB0 _ 01	2005—2011 年，因修建蔬菜大棚被废弃
拉萨站站区调查点（达孜区德庆镇）	LSAZQ04	拉萨站站区调查点（达孜区德庆镇新仓村土壤生物长期采样地）	LSAZQ04AB0 _ 01	2014—2017 年，因修路占用被废弃

6.6.2 数据处理方法

本次整理的数据为拉萨站作物收获期测产数据，采样方法综合观测场和站区调查点 6 个重复样方，施肥试验辅助观测样地为 3 个重复，样方面积为 1 m×1 m。本次重新对数据进行了整理、核对。

6.6.3 数据

拉萨站作物收获期测产数据见表 6 - 12。

表 6 - 12 作物收获期测产

年	月	样地代码	作物名称	作物品种	样方面积/ m^2	群体株高/ cm	密度/ (株或穴/m^2)	穗数/ (穗/m^2)	地上部总干重/ (g/m^2)	产量/ (g/m^2)
2006	8	LSAZH01ABC _ 01	春青稞	3086	1×1	90.2	298	293	610.9	295
2006	8	LSAZH01ABC _ 01	春青稞	3086	1×1	99.7	284	231	594.0	223
2006	8	LSAZH01ABC _ 01	春青稞	3086	1×1	86.7	289	279	664.4	308
2006	8	LSAZH01ABC _ 01	春青稞	3086	1×1	99.3	417	327	736.4	330
2006	8	LSAZH01ABC _ 01	春青稞	3086	1×1	108.9	280	239	621.1	245
2006	8	LSAZH01ABC _ 01	春青稞	3086	1×1	107.8	300	256	788.3	310
2006	8	LSAFZ01ABC _ 01	春青稞	3086	1×1	77.7	251	200	536.5	233
2006	8	LSAFZ01ABC _ 01	春青稞	3086	1×1	80.5	273	256	551.7	265
2006	8	LSAFZ01ABC _ 01	春青稞	3086	1×1	92.1	251	237	506.7	224
2006	8	LSAFZ02AB0 _ 01	春青稞	3086	1×1	64.7	266	260	391.6	194
2006	8	LSAFZ02AB0 _ 01	春青稞	3086	1×1	85.5	307	269	747.6	354
2006	8	LSAFZ02AB0 _ 01	春青稞	3086	1×1	80.6	304	266	463.3	239
2006	8	LSAZQ01AB0 _ 01	冬小麦	肥麦	1×1	97.2	403	374		375
2006	8	LSAZQ01AB0 _ 01	冬小麦	肥麦	1×1	92.1	595	553		468
2006	8	LSAZQ01AB0 _ 01	冬小麦	肥麦	1×1	87.8	345	331		357
2006	8	LSAZQ01AB0 _ 01	冬小麦	肥麦	1×1	87.8	475	449		431
2006	8	LSAZQ01AB0 _ 01	冬小麦	肥麦	1×1	91.9	474	438		476
2006	8	LSAZQ01AB0 _ 01	冬小麦	肥麦	1×1	88.0	471	435		398

（续）

年	月	样地代码	作物名称	作物品种	样方面积/m²	群体株高/cm	密度/（株或穴/m²）	穗数/（穗/m²）	地上部总干重/（g/m²）	产量/（g/m²）
2 006	8	LSAZQ02AB0 _ 01	冬小麦	肥麦	1×1	94.6	481	455		440
2 006	8	LSAZQ02AB0 _ 01	冬小麦	肥麦	1×1	68.8	573	558		270
2006	8	LSAZQ02AB0 _ 01	冬小麦	肥麦	1×1	77.3	473	448		225
2006	8	LSAZQ02AB0 _ 01	冬小麦	肥麦	1×1	92.6	466	431		358
2006	8	LSAZQ02AB0 _ 01	冬小麦	肥麦	1×1	73.5	578	542		369
2006	8	LSAZQ02AB0 _ 01	冬小麦	肥麦	1×1	87.1	470	447		283
2007	8	LSAZH01ABC _ 01	春青稞	3086	1×1	72.5	451	431	929.8	407.8
2007	8	LSAZH01ABC _ 01	春青稞	3086	1×1	82.5	375	361	903.2	465.2
2007	8	LSAZH01ABC _ 01	春青稞	3086	1×1	84.2	157	150	392.2	187.2
2007	8	LSAZH01ABC _ 01	春青稞	3086	1×1	89.3	246	232	636.5	258.5
2007	8	LSAZH01ABC _ 01	春青稞	3086	1×1	62.1	290	279	549.6	250.6
2007	8	LSAZH01ABC _ 01	春青稞	3086	1×1	73.9	508	497	1 013.6	473.6
2007	9	LSAFZ01ABC _ 01	春青稞	3086	1×1	21.8	255	247	238.5	26.7
2007	9	LSAFZ01ABC _ 01	春青稞	3086	1×1	31.4	199	184	153.8	62.2
2007	9	LSAFZ01ABC _ 01	春青稞	3086	1×1	20.0	101	98	29.7	6.7
2007	9	LSAFZ01ABC _ 02	春青稞	3086	1×1	46.8	294	283	245.5	136.5
2007	9	LSAFZ01ABC _ 02	春青稞	3086	1×1	39.7	206	199	107.8	55.8
2007	9	LSAFZ01ABC _ 02	春青稞	3086	1×1	27.8	197	190	96.7	38.7
2007	9	LSAFZ01ABC _ 03	春青稞	3086	1×1	70.4	232	228	477.8	258.8
2007	9	LSAFZ01ABC _ 03	春青稞	3086	1×1	67.1	264	261	655.9	333.9
2007	9	LSAFZ01ABC _ 03	春青稞	3086	1×1	68.0	311	300	651.2	319.2
2007	8	LSAZQ01AB0 _ 01	冬小麦	肥麦	1×1	67.2	401	380	1 064.0	342.5
2007	8	LSAZQ01AB0 _ 01	冬小麦	肥麦	1×1	69.3	329	312	1 097.7	357.3
2007	8	LSAZQ01AB0 _ 01	冬小麦	肥麦	1×1	58.2	408	344	740.2	207.1
2007	8	LSAZQ01AB0 _ 01	冬小麦	肥麦	1×1	68.0	314	291	1 040.9	346.5
2007	8	LSAZQ01AB0 _ 01	冬小麦	肥麦	1×1	76.5	491	477	1 056.4	304.7
2007	8	LSAZQ01AB0 _ 01	冬小麦	肥麦	1×1	69.2	416	401	1 353.8	432.4
2007	8	LSAZQ02AB0 _ 01	冬小麦	肥麦	1×1	70.8	550	493	737.0	342.0
2007	8	LSAZQ02AB0 _ 01	冬小麦	肥麦	1×1	74.0	565	527	769.0	337.0
2007	8	LSAZQ02AB0 _ 01	冬小麦	肥麦	1×1	80.6	263	252	456.2	199.2

（续）

年	月	样地代码	作物名称	作物品种	样方面积/ m^2	群体株高/ cm	密度/ (株或穴/m^2)	穗数/ (穗/m^2)	地上部总干重/ (g/m^2)	产量/ (g/m^2)
2007	8	LSAZQ02AB0 _ 01	冬小麦	肥麦	1×1	63.1	403	383	661.2	305.2
2007	8	LSAZQ02AB0 _ 01	冬小麦	肥麦	1×1	92.3	273	253	584.4	237.4
2007	8	LSAZQ02AB0 _ 01	冬小麦	肥麦	1×1	76.0	365	346	543.8	238.8
2008	9	LSAZH01ABC _ 01	油菜	中试品系	1×1	185.0	13		562.5	84.1
2008	9	LSAZH01ABC _ 01	油菜	中试品系	1×1	180.0	12		774.8	254.4
2008	9	LSAZH01ABC _ 01	油菜	中试品系	1×1	160.0	23		647.1	185.5
2008	9	LSAZH01ABC _ 01	油菜	中试品系	1×1	160.0	13		648.4	129.5
2008	9	LSAZH01ABC _ 01	油菜	中试品系	1×1	154.0	10		475.5	139.5
2008	9	LSAZH01ABC _ 01	油菜	中试品系	1×1	152.0	17		663.0	172.1
2008	9	LSAFZ01ABC _ 01	油菜	中试品系	1×1	85.0	22		112.2	25.0
2008	9	LSAFZ01ABC _ 01	油菜	中试品系	1×1	108.0	18		164.1	32.9
2008	9	LSAFZ01ABC _ 01	油菜	中试品系	1×1	100.0	18		87.5	14.5
2008	9	LSAFZ01ABC _ 02	油菜	中试品系	1×1	99.0	16		75.2	10.3
2008	9	LSAFZ01ABC _ 02	油菜	中试品系	1×1	80.0	16		290.6	20.1
2008	9	LSAFZ01ABC _ 02	油菜	中试品系	1×1	102.0	16		90.4	9.3
2008	9	LSAFZ01ABC _ 03	油菜	中试品系	1×1	123.0	10		629.2	173.7
2008	9	LSAFZ01ABC _ 03	油菜	中试品系	1×1	159.0	14		817.0	232.3
2008	9	LSAFZ01ABC _ 03	油菜	中试品系	1×1	154.0	12		513.9	144.3
2008	9	LSAFZ01ABC _ 04	油菜	中试品系	1×1	170.0	21		773.3	229.4
2008	9	LSAFZ01ABC _ 04	油菜	中试品系	1×1	154.0	10		454.1	125.2
2008	9	LSAFZ01ABC _ 04	油菜	中试品系	1×1	169.0	23		1 017.5	293.9
2008	8	LSAZQ01AB0 _ 01	冬小麦	肥麦	1×1	71.80	231	225	746.9	317.8
2008	8	LSAZQ01AB0 _ 01	冬小麦	肥麦	1×1	72.40	436	420	704.3	278.2
2008	8	LSAZQ01AB0 _ 01	冬小麦	肥麦	1×1	65.00	389	377	695.4	261.5
2008	8	LSAZQ01AB0 _ 01	冬小麦	肥麦	1×1	81.10	300	292	611.5	242.5
2008	8	LSAZQ01AB0 _ 01	冬小麦	肥麦	1×1	70.70	515	507	1 042.2	470.0
2008	8	LSAZQ01AB0 _ 01	冬小麦	肥麦	1×1	84.00	488	478	965.6	390.3
2008	9	LSAZQ02AB0 _ 01	马铃薯	新品种	1×1	100.00	3 穴	26 个	230.0	3 242.0
2008	9	LSAZQ02AB0 _ 01	马铃薯	新品种	1×1	90.00	3 穴	43 个	209.0	3 757.0
2008	9	LSAZQ02AB0 _ 01	马铃薯	新品种	1×1	90.00	3 穴	26 个	269.0	3 648.0

（续）

年	月	样地代码	作物名称	作物品种	样方面积/m²	群体株高/cm	密度/（株或穴/m²）	穗数/（穗/m²）	地上部总干重/（g/m²）	产量/（g/m²）
2008	9	LSAZQ02AB0_01	马铃薯	藏马铃薯	1×1	82.00	3穴	21个	116.0	1 210.0
2008	9	LSAZQ02AB0_01	马铃薯	藏马铃薯	1×1	95.00	3穴	28个	172.0	722.0
2008	9	LSAZQ02AB0_01	马铃薯	藏马铃薯	1×1	73.00	3穴	28个	172.0	2 187.0
2008	9	LSAZQ02AB0_01	马铃薯	艾玛岗马铃薯	1×1	49.00	3穴	22个	20.0	2 228.0
2008	9	LSAZQ02AB0_01	马铃薯	艾玛岗马铃薯	1×1	65.00	3穴	59个	134.0	3 041.0
2008	9	LSAZQ02AB0_01	马铃薯	艾玛岗马铃薯	1×1	60.00	3穴	69个	127.0	2 655.0
2008	9	LSASY01ABC_02	油菜	中试品系	1×1	148.00	10		565.6	120.5
2008	9	LSASY01ABC_02	油菜	中试品系	1×1	158.00	13		449.9	115.0
2008	9	LSASY01ABC_02	油菜	中试品系	1×1	189.00	11		498.1	146.5
2008	9	LSASY01ABC_02	油菜	中试品系	1×1	146.00	19		598.3	180.9
2008	9	LSASY01ABC_02	油菜	中试品系	1×1	164.00	14		948.6	167.3
2008	9	LSASY01ABC_02	油菜	中试品系	1×1	179.00	17		500.4	159.3
2008	8	LSASY01ABC_03	春青稞	3086	1×1	82.90	291	279	729.6	290.4
2008	8	LSASY01ABC_03	春青稞	3086	1×1	88.10	235	229	582.2	220.2
2008	8	LSASY01ABC_03	春青稞	3086	1×1	84.80	269	256	604.4	233.3
2008	8	LSASY01ABC_03	春青稞	3086	1×1	89.50	208	196	479.0	202.7
2008	8	LSASY01ABC_03	春青稞	3086	1×1	89.10	390	371	776.4	295.1
2008	8	LSASY01ABC_03	春青稞	3086	1×1	104.30	323	310	932.4	244.3
2009	8	LSAZH01ABC_01	冬小麦	BUSSDY	1×1	97.2	672	655	1 566.6	539.6
2009	8	LSAZH01ABC_01	冬小麦	BUSSDY	1×1	103.2	735	688	1 824.8	653.8
2009	8	LSAZH01ABC_01	冬小麦	BUSSDY	1×1	100.9	664	637	1 925.2	785.2
2009	8	LSAZH01ABC_01	冬小麦	BUSSDY	1×1	95.7	616	580	1 618.5	640.5
2009	8	LSAZH01ABC_01	冬小麦	BUSSDY	1×1	98.0	650	637	1 544.3	579.3
2009	8	LSAZH01ABC_01	冬小麦	BUSSDY	1×1	93.1	778	702	1 878.4	755.4
2009	8	LSAFZ01ABC_01	冬小麦	BUSSDY	1×1	53.0	421	414	384.2	170.2
2009	8	LSAFZ01ABC_01	冬小麦	BUSSDY	1×1	55.5	351	321	431.0	196.0
2009	8	LSAFZ01ABC_01	冬小麦	BUSSDY	1×1	47.3	306	286	260.2	122.2
2009	8	LSAFZ01ABC_02	冬小麦	BUSSDY	1×1	66.1	516	507	459.8	215.8
2009	8	LSAFZ01ABC_02	冬小麦	BUSSDY	1×1	56.6	375	263	696.9	319.9
2009	8	LSAFZ01ABC_02	冬小麦	BUSSDY	1×1	67.0	610	550	608.5	290.5

（续）

年	月	样地代码	作物名称	作物品种	样方面积/m^2	群体株高/cm	密度/(株或穴/m^2)	穗数/(穗/m^2)	地上部总干重/(g/m^2)	产量/(g/m^2)
2009	8	LSAFZ01ABC_03	冬小麦	BUSSDY	1×1	57.7	328	308	769.1	318.1
2009	8	LSAFZ01ABC_03	冬小麦	BUSSDY	1×1	64.1	501	498	584.0	318.0
2009	8	LSAFZ01ABC_03	冬小麦	BUSSDY	1×1	65.1	380	376	755.9	199.9
2009	8	LSAFZ01ABC_04	冬小麦	BUSSDY	1×1	69.4	572	538	871.1	349.1
2009	8	LSAFZ01ABC_04	冬小麦	BUSSDY	1×1	77.3	538	526	1 025.3	379.3
2009	8	LSAFZ01ABC_04	冬小麦	BUSSDY	1×1	58.8	654	523	510.3	105.3
2009	7	LSAZQ01AB0_01	冬小麦	肥麦	1×1	53.5	377	352	559.4	221.4
2009	7	LSAZQ01AB0_01	冬小麦	肥麦	1×1	50.7	331	325	530.3	243.3
2009	7	LSAZQ01AB0_01	冬小麦	肥麦	1×1	56.1	424	416	670.0	308.0
2009	7	LSAZQ01AB0_01	冬小麦	肥麦	1×1	55.7	360	350	448.8	215.8
2009	7	LSAZQ01AB0_01	冬小麦	肥麦	1×1	46.6	345	306	307.1	141.1
2009	7	LSAZQ01AB0_01	冬小麦	肥麦	1×1	52.1	263	260	309.3	148.3
2009	8	LSAZQ02AB0_01	冬小麦	肥麦	1×1	75.7	588	576	888.7	411.7
2009	8	LSAZQ02AB0_01	冬小麦	肥麦	1×1	97.4	555	528	1 292.8	547.8
2009	8	LSAZQ02AB0_01	冬小麦	肥麦	1×1	88.0	544	537	1 190.2	526.2
2009	8	LSAZQ02AB0_01	冬小麦	肥麦	1×1	85.2	609	569	1 261.6	546.6
2009	8	LSAZQ02AB0_01	冬小麦	肥麦	1×1	78.9	592	557	1 161.6	524.6
2009	8	LSAZQ02AB0_01	冬小麦	肥麦	1×1	98.5	592	506	1 250.8	494.8
2009	8	LSASY01ABC_02	春青稞	3086	1×1	75.1	293	259	486.9	187.9
2009	8	LSASY01ABC_02	春青稞	3086	1×1	83.8	287	274	542.2	213.2
2009	8	LSASY01ABC_02	春青稞	3086	1×1	84.9	448	387	492.1	209.1
2009	8	LSASY01ABC_02	春青稞	3086	1×1	79.8	256	222	407.3	150.3
2009	8	LSASY01ABC_02	春青稞	3086	1×1	77.9	360	354	637.4	291.4
2009	8	LSASY01ABC_02	春青稞	3086	1×1	70.1	378	329	652.1	270.1
2010	8	LSAZH01ABC_01	冬小麦	BUSSDY	1×1	116.1	594.0	562.00	1 451.0	525.0
2010	8	LSAZH01ABC_01	冬小麦	BUSSDY	1×1	103.2	503.0	476.00	1 396.0	490.2
2010	8	LSAZH01ABC_01	冬小麦	BUSSDY	1×1	113.0	628.0	618.00	1 789.0	701.0
2010	8	LSAZH01ABC_01	冬小麦	BUSSDY	1×1	93.5	936.0	760.00	1 546.0	568.8
2010	8	LSAZH01ABC_01	冬小麦	BUSSDY	1×1	109.6	840.0	833.00	1 792.0	592.6
2010	8	LSAZH01ABC_01	冬小麦	BUSSDY	1×1	111.9	776.0	755.00	1 936.0	665.7

（续）

年	月	样地代码	作物名称	作物品种	样方面积/m²	群体株高/cm	密度/(株或穴/m²)	穗数/(穗/m²)	地上部总干重/(g/m²)	产量/(g/m²)
2010	8	LSAFZ01ABC_01	冬小麦	BUSSDY	1×1	67.4	627.0	544.00	512.0	228.5
2010	8	LSAFZ01ABC_01	冬小麦	BUSSDY	1×1	67.2	500.0	451.00	564.0	379.6
2010	8	LSAFZ01ABC_01	冬小麦	BUSSDY	1×1	62.2	501.0	442.00	385.0	154.2
2010	8	LSAFZ01ABC_02	冬小麦	BUSSDY	1×1	84.5	508.0	476.00	849.0	644.5
2010	8	LSAFZ01ABC_02	冬小麦	BUSSDY	1×1	84.3	826.0	814.00	927.0	409.4
2010	8	LSAFZ01ABC_02	冬小麦	BUSSDY	1×1	85.2	452.0	421.00	737.0	279.6
2010	8	LSAFZ01ABC_03	冬小麦	BUSSDY	1×1	98.9	801.0	757.00	1 586.0	362.1
2010	8	LSAFZ01ABC_03	冬小麦	BUSSDY	1×1	99.4	554.0	534.00	746.0	315.7
2010	8	LSAFZ01ABC_03	冬小麦	BUSSDY	1×1	101.8	854.0	814.00	1 507.0	491.4
2010	8	LSAFZ01ABC_04	冬小麦	BUSSDY	1×1	103.6	627.0	590.00	1 518.0	627.9
2010	8	LSAFZ01ABC_04	冬小麦	BUSSDY	1×1	103.6	742.0	694.00	1 644.0	678.4
2010	8	LSAFZ01ABC_04	冬小麦	BUSSDY	1×1	96.7	563.0	546.00	1 330.0	521.1
2010	7	LSAZQ01AB0_01	冬小麦	肥麦	1×1	65.8	434.0	378.00	638.0	311.4
2010	7	LSAZQ01AB0_01	冬小麦	肥麦	1×1	67.9	294.0	249.00	452.0	118.3
2010	7	LSAZQ01AB0_01	冬小麦	肥麦	1×1	57.2	362.0	304.00	363.0	129.4
2010	7	LSAZQ01AB0_01	冬小麦	肥麦	1×1	65.4	290.0	270.00	384.0	135.4
2010	7	LSAZQ01AB0_01	冬小麦	肥麦	1×1	66.6	303.0	284.00	431.0	163.2
2010	7	LSAZQ01AB0_01	冬小麦	肥麦	1×1	70.5	321.0	314.00	337.0	113.8
2010	7	LSAZQ02AB0_01	冬小麦	肥麦	1×1	105.8	661.0	639.00	1 077.0	424.5
2010	7	LSAZQ02AB0_01	冬小麦	肥麦	1×1	103.8	430.0	416.00	790.0	292.7
2010	7	LSAZQ02AB0_01	冬小麦	肥麦	1×1	107.3	524.0	502.00	1 036.0	423.6
2010	7	LSAZQ02AB0_01	冬小麦	肥麦	1×1	87.4	462.0	444.00	1 108.0	496.2
2010	7	LSAZQ02AB0_01	冬小麦	肥麦	1×1	107.5	506.0	483.00	1 461.0	555.3
2010	7	LSAZQ02AB0_01	冬小麦	肥麦	1×1	97.3	572.0	540.00	1 131.0	423.5
2010	8	LSASY01ABC_02	春青稞	3086	1×1	95.5	399.0	358.00	741.0	245.1
2010	8	LSASY01ABC_02	春青稞	3086	1×1	107.3	497.0	494.00	1 459.0	539.9
2010	8	LSASY01ABC_02	春青稞	3086	1×1	101.8	388.0	390.00	1 096.0	430.8
2010	8	LSASY01ABC_02	春青稞	3086	1×1	105.4	405.0	461.00	1 324.0	457.0
2010	8	LSASY01ABC_02	春青稞	3086	1×1	108.8	523.0	421.00	1 386.0	485.4
2010	8	LSASY01ABC_02	春青稞	3086	1×1	111.6	407.0	354.00	1 094.0	415.3

（续）

年	月	样地代码	作物名称	作物品种	样方面积/m²	群体株高/cm	密度/（株或穴/m²）	穗数/（穗/m²）	地上部总干重/（g/m²）	产量/（g/m²）
2010	8	LSASY01ABC_01	油菜	中试品系	1×1	152.0	38.0		1 329.0	282.3
2010	8	LSASY01ABC_01	油菜	中试品系	1×1	168.6	21.0		942.0	214.5
2010	8	LSASY01ABC_01	油菜	中试品系	1×1	186.6	28.0		942.0	219.8
2010	8	LSASY01ABC_01	油菜	中试品系	1×1	170.4	21.0		638.0	83.1
2010	8	LSASY01ABC_01	油菜	中试品系	1×1	182.6	38.0		660.0	163.9
2010	8	LSASY01ABC_01	油菜	中试品系	1×1	137.4	25.0		1 181.0	323.1
2011	8	LSAZH01ABC_01	冬小麦	BUSSDY	1×1	113.5	339.8	408.0	708.0	251.2
2011	8	LSAZH01ABC_01	冬小麦	BUSSDY	1×1	114.6	211.8	260.8	616.8	223.2
2011	8	LSAZH01ABC_01	冬小麦	BUSSDY	1×1	96.9	251.5	294.4	582.4	180.8
2011	8	LSAZH01ABC_01	冬小麦	BUSSDY	1×1	113.1	499.2	617.6	1 287.2	402.4
2011	8	LSAZH01ABC_01	冬小麦	BUSSDY	1×1	115.0	442.9	544.8	1 158.4	411.2
2011	8	LSAZH01ABC_01	冬小麦	BUSSDY	1×1	108.7	435.2	528.8	1 204.0	509.6
2011	8	LSAFZ01ABC_01	冬小麦	BUSSDY	1×1	67.5	451.2	552.8	724.0	276.8
2011	8	LSAFZ01ABC_01	冬小麦	BUSSDY	1×1	80.1	429.4	388.0	501.6	207.2
2011	8	LSAFZ01ABC_01	冬小麦	BUSSDY	1×1	80.1	345.0	428.8	471.2	168.0
2011	8	LSAFZ01ABC_02	冬小麦	BUSSDY	1×1	81.2	316.8	384.0	808.8	320.8
2011	8	LSAFZ01ABC_02	冬小麦	BUSSDY	1×1	81.9	320.6	393.6	854.4	338.4
2011	8	LSAFZ01ABC_02	冬小麦	BUSSDY	1×1	90.6	535.0	589.6	883.2	344.8
2011	8	LSAFZ01ABC_03	冬小麦	BUSSDY	1×1	90.8	576.0	704.0	1 041.6	386.4
2011	8	LSAFZ01ABC_03	冬小麦	BUSSDY	1×1	85.3	501.8	522.4	874.4	361.6
2011	8	LSAFZ01ABC_03	冬小麦	BUSSDY	1×1	92.9	653.4	796.8	1 393.6	522.4
2011	8	LSAFZ01ABC_04	冬小麦	BUSSDY	1×1	106.0	521.6	610.4	1 388.0	483.2
2011	8	LSAFZ01ABC_04	冬小麦	BUSSDY	1×1	103.8	396.2	479.2	997.6	380.0
2011	8	LSAFZ01ABC_04	冬小麦	BUSSDY	1×1	90.6	452.5	553.6	997.6	420.0
2011	9	LSASY01ABC_01	春青稞	藏青 320	1×1	84.2	188.8	221.6	460.8	203.2
2011	9	LSASY01ABC_01	春青稞	藏青 320	1×1	89.9	185.6	201.6	610.4	245.6
2011	9	LSASY01ABC_01	春青稞	藏青 320	1×1	87.5	216.3	278.4	515.2	210.4
2011	9	LSASY01ABC_01	春青稞	藏青 320	1×1	98.0	218.9	262.4	807.2	339.2
2011	9	LSASY01ABC_01	春青稞	藏青 320	1×1	92.3	248.3	286.4	824.0	270.4
2011	9	LSASY01ABC_01	春青稞	藏青 320	1×1	92.8	176.6	208.0	600.8	154.4

（续）

年	月	样地代码	作物名称	作物品种	样方面积/m²	群体株高/cm	密度/（株或穴/m²）	穗数/（穗/m²）	地上部总干重/（g/m²）	产量/（g/m²）
2011	9	LSASY01ABC_03	油菜	中试品系	1×1	146.2	37.0		2 102.0	593.0
2011	9	LSASY01ABC_03	油菜	中试品系	1×1	149.5	38.0		943.0	195.0
2011	9	LSASY01ABC_03	油菜	中试品系	1×1	157.4	37.0		659.0	116.0
2011	8	LSAZQ01AB0_01	油菜	当地品种	1×1	150.0	172.0		885.0	227.0
2011	8	LSAZQ01AB0_01	油菜	当地品种	1×1	150.7	156.0		1 018.0	264.0
2011	8	LSAZQ01AB0_01	油菜	当地品种	1×1	148.0	132.0		830.0	250.0
2011	8	LSAZQ01AB0_01	油菜	当地品种	1×1	143.2	134.0		711.0	169.0
2011	8	LSAZQ01AB0_01	油菜	当地品种	1×1	143.4	125.0		788.0	171.0
2011	8	LSAZQ01AB0_01	油菜	当地品种	1×1	139.1	106.0		595.0	110.0
2011	8	LSAZQ02AB0_01	马铃薯	当地品种	1×1				4 245.5	3 664.0
2011	8	LSAZQ02AB0_01	马铃薯	当地品种	1×1				2 637.0	2 174.0
2011	8	LSAZQ02AB0_01	马铃薯	当地品种	1×1				3 753.0	3 146.0
2012	9	LSAZH01ABC_01	冬小麦	BUSSDY	1×1	86.8	632	519	951.4	317.7
2012	9	LSAZH01ABC_01	冬小麦	BUSSDY	1×1	92.1	385	335	865.8	255.8
2012	9	LSAZH01ABC_01	冬小麦	BUSSDY	1×1	99.6	600	532	1 322.1	451.0
2012	9	LSAZH01ABC_01	冬小麦	BUSSDY	1×1	103.7	633	482	1 002.6	290.1
2012	9	LSAZH01ABC_01	冬小麦	BUSSDY	1×1	97.4	625	595	1 087.8	470.0
2012	9	LSAZH01ABC_01	冬小麦	BUSSDY	1×1	100.8	441	391	764.4	323.5
2012	9	LSAFZ01ABC_01	冬小麦	BUSSDY	1×1	70.2	413	408	459.1	245.3
2012	9	LSAFZ01ABC_01	冬小麦	BUSSDY	1×1	66.8	312	302	393.1	223.8
2012	9	LSAFZ01ABC_01	冬小麦	BUSSDY	1×1	64.0	319	303	286.6	153.1
2012	9	LSAFZ01ABC_02	冬小麦	BUSSDY	1×1	75.0	431	392	744.2	388.8
2012	9	LSAFZ01ABC_02	冬小麦	BUSSDY	1×1	81.1	460	450	768.7	402.2
2012	9	LSAFZ01ABC_02	冬小麦	BUSSDY	1×1	88.3	390	370	652.1	291.9
2012	9	LSAFZ01ABC_03	冬小麦	BUSSDY	1×1	84.4	428	404	697.6	344.4
2012	9	LSAFZ01ABC_03	冬小麦	BUSSDY	1×1	104.7	791	714	1 817.1	670.3
2012	9	LSAFZ01ABC_03	冬小麦	BUSSDY	1×1	93.1	460	426	806.3	385.8
2012	9	LSAFZ01ABC_04	冬小麦	BUSSDY	1×1	90.8	495	472	864.3	461.6
2012	9	LSAFZ01ABC_04	冬小麦	BUSSDY	1×1	101.0	504	488	1 567.6	594.4
2012	9	LSAFZ01ABC_04	冬小麦	BUSSDY	1×1	88.4	397	351	1 037.3	440.4

（续）

年	月	样地代码	作物名称	作物品种	样方面积/ m²	群体株高/ cm	密度/ (株或穴/m²)	穗数/ (穗/m²)	地上部总干重/ (g/m²)	产量/ (g/m²)
2012	9	LSASY01ABC_03	春青稞	3086	1×1	78.3	246	239	423.0	232.1
2012	9	LSASY01ABC_03	春青稞	3086	1×1	75.4	284	270	560.6	289.0
2012	9	LSASY01ABC_03	春青稞	3086	1×1	78.9	225	217	421.5	201.8
2012	9	LSASY01ABC_02	油菜	中试品系	1×1	140.7	20		266.5	55.6
2012	9	LSASY01ABC_02	油菜	中试品系	1×1	151.2	20		260.1	56.7
2012	9	LSASY01ABC_02	油菜	中试品系	1×1	151.6	26		238.0	69.5
2012	9	LSAZQ01AB0_01	冬小麦	肥麦	1×1	89.0	474	359	668.6	337.6
2012	9	LSAZQ01AB0_01	冬小麦	肥麦	1×1	79.5	424	332	597.0	292.9
2012	9	LSAZQ01AB0_01	冬小麦	肥麦	1×1	79.8	274	256	440.4	269.8
2012	9	LSAZQ01AB0_01	冬小麦	肥麦	1×1	84.2	531	453	572.3	269.8
2012	9	LSAZQ01AB0_01	冬小麦	肥麦	1×1	88.1	456	410	673.7	253.2
2012	9	LSAZQ01AB0_01	冬小麦	肥麦	1×1	90.2	407	384	701.5	276.5
2013	8	LSAZH01ABC_01	冬小麦	BUSSDY	1×1	90.6	886	874	981.31	388.16
2013	8	LSAZH01ABC_01	冬小麦	BUSSDY	1×1	97.8	405	400	763.18	300.91
2013	8	LSAZH01ABC_01	冬小麦	BUSSDY	1×1	99.5	846	835	1 667.79	282.94
2013	8	LSAZH01ABC_01	冬小麦	BUSSDY	1×1	101.8	613	582	1 266.52	450.59
2013	8	LSAZH01ABC_01	冬小麦	BUSSDY	1×1	103.1	864	823	1 783.8	652.95
2013	8	LSAZH01ABC_01	冬小麦	BUSSDY	1×1	92.4	608	538	1 185.26	425.49
2013	8	LSAFZ01ABC_01	冬小麦	BUSSDY	1×1	70.9	611	598	495.06	194.31
2013	8	LSAFZ01ABC_01	冬小麦	BUSSDY	1×1	62.4	699	692	698.46	255.19
2013	8	LSAFZ01ABC_01	冬小麦	BUSSDY	1×1	64.2	516	514	483.25	209.88
2013	8	LSAFZ01ABC_02	冬小麦	BUSSDY	1×1	85.3	586	574	600.28	199.46
2013	8	LSAFZ01ABC_02	冬小麦	BUSSDY	1×1	80.9	714	699	1 416.59	626.38
2013	8	LSAFZ01ABC_02	冬小麦	BUSSDY	1×1	81.9	334	304	1 105.94	272.17
2013	8	LSAFZ01ABC_03	冬小麦	BUSSDY	1×1	83.4	858	829	1 402.46	551.01
2013	8	LSAFZ01ABC_03	冬小麦	BUSSDY	1×1	87.9	768	758	1 281.18	444.43
2013	8	LSAFZ01ABC_03	冬小麦	BUSSDY	1×1	86.3	590	580	919.33	365.92
2013	8	LSAFZ01ABC_04	冬小麦	BUSSDY	1×1	98.7	778	771	1 760.73	671.84
2013	8	LSAFZ01ABC_04	冬小麦	BUSSDY	1×1	100.3	738	716	1 543.3	569.88
2013	8	LSAFZ01ABC_04	冬小麦	BUSSDY	1×1	95	1 067	1 055	2 091.55	511.4

（续）

年	月	样地代码	作物名称	作物品种	样方面积/m²	群体株高/cm	密度/（株或穴/m²）	穗数/（穗/m²）	地上部总干重/（g/m²）	产量/（g/m²）
2013	8	LSASY01ABC_01	春青稞	3086	1×1	87.4	430	410	1 245.2	443.01
2013	8	LSASY01ABC_01	春青稞	3086	1×1	86.8	386	371	670.52	296.21
2013	8	LSASY01ABC_01	春青稞	3086	1×1	92.6	245	225	693.84	294.46
2013	8	LSASY01ABC_01	春青稞	3086	1×1	89.4	401	398	953.45	402.94
2013	8	LSASY01ABC_01	春青稞	3086	1×1	90.1	293	282	829.94	269.01
2013	8	LSASY01ABC_01	春青稞	3086	1×1	82.6	410	399	846.41	367.96
2013	8	LSAZQ01AB0_01	冬小麦	肥麦	1×1	97.3	808	790	1 163.46	435.48
2013	8	LSAZQ01AB0_01	冬小麦	肥麦	1×1	100.9	565	555	1 267.1	419.37
2013	8	LSAZQ01AB0_01	冬小麦	肥麦	1×1	101.6	565	522	1 255.61	420.56
2013	8	LSAZQ01AB0_01	冬小麦	肥麦	1×1	100.1	460	405	742.86	282.08
2013	8	LSAZQ01AB0_01	冬小麦	肥麦	1×1	93.4	607	576	986.74	795.18
2013	8	LSAZQ01AB0_01	冬小麦	肥麦	1×1	103.5	688	466	1 364.59	351.49
2013	8	LSASY01ABC_03	油菜	中试品系	1×1	157.1	21		670.83	311.77
2013	8	LSASY01ABC_03	油菜	中试品系	1×1	155.2	19		679.16	266.95
2013	8	LSASY01ABC_03	油菜	中试品系	1×1	163.9	13		358.79	119.46
2013	8	LSASY01ABC_03	油菜	中试品系	1×1	148.8	15		406.79	170.29
2013	8	LSASY01ABC_03	油菜	中试品系	1×1	149.5	32		370.62	116.28
2013	8	LSASY01ABC_03	油菜	中试品系	1×1	143.8	30		400.66	111.66
2014	9	LSAZH01ABC_01	油菜	中试品系	1×1	129.3	7		346.61	100.43
2014	9	LSAZH01ABC_01	油菜	中试品系	1×1	136.1	8		309.87	118.45
2014	9	LSAZH01ABC_01	油菜	中试品系	1×1	128.2	7		356.69	68.15
2014	9	LSAZH01ABC_01	油菜	中试品系	1×1	134.5	5		236.32	41.28
2014	9	LSAZH01ABC_01	油菜	中试品系	1×1	110.0	6		264.60	75.55
2014	9	LSAZH01ABC_01	油菜	中试品系	1×1	115.3	5		264.31	56.22
2014	9	LSASY01ABC_01	油菜	中试品系	1×1	97.5	6		248.24	63.01
2014	9	LSASY01ABC_01	油菜	中试品系	1×1	104.8	6		318.31	88.68
2014	9	LSASY01ABC_01	油菜	中试品系	1×1	93.5	8		330.95	90.04
2014	9	LSASY01ABC_01	油菜	中试品系	1×1	99.1	5		316.12	120.18
2014	9	LSASY01ABC_01	油菜	中试品系	1×1	114.6	6		309.28	78.19
2014	9	LSASY01ABC_01	油菜	中试品系	1×1	109.0	4		394.63	127.43

（续）

年	月	样地代码	作物名称	作物品种	样方面积/ m^2	群体株高/ cm	密度/ (株或穴/m^2)	穗数/ (穗/m^2)	地上部总干重/ (g/m^2)	产量/ (g/m^2)
2014	8	LSASY01ABC_02	春青稞	3086	1×1	73.6	659	597	1 044.74	329.41
2014	8	LSASY01ABC_02	春青稞	3086	1×1	76.2	567	500	611.96	214.38
2014	8	LSASY01ABC_02	春青稞	3086	1×1	66.4	229	173	243.73	72.41
2014	8	LSASY01ABC_02	春青稞	3086	1×1	63.0	369	320	454.76	194.30
2014	8	LSASY01ABC_02	春青稞	3086	1×1	72.5	423	395	434.61	98.25
2014	8	LSASY01ABC_02	春青稞	3086	1×1	67.0	256	200	228.28	93.43
2014	8	LSAFZ01ABC_01	春青稞	3086	1×1	51.3	307	274	145.38	34.93
2014	8	LSAFZ01ABC_01	春青稞	3086	1×1	59.4	327	290	155.64	35.41
2014	8	LSAFZ01ABC_01	春青稞	3086	1×1	65.1	343	306	154.02	36.61
2014	8	LSAFZ01ABC_02	春青稞	3086	1×1	87.3	289	285	208.30	87.86
2014	8	LSAFZ01ABC_02	春青稞	3086	1×1	88.3	239	227	296.73	120.93
2014	8	LSAFZ01ABC_02	春青稞	3086	1×1	90.5	399	370	332.19	177.76
2014	8	LSAFZ01ABC_03	春青稞	3086	1×1	77.6	243	192	100.57	40.84
2014	8	LSAFZ01ABC_03	春青稞	3086	1×1	76.6	340	324	226.77	103.51
2014	8	LSAFZ01ABC_03	春青稞	3086	1×1	74.3	382	378	442.43	156.61
2014	8	LSAFZ01ABC_04	春青稞	3086	1×1	78.1	271	242	227.46	106.82
2014	8	LSAFZ01ABC_04	春青稞	3086	1×1	68.8	313	303	452.65	136.38
2014	8	LSAFZ01ABC_04	春青稞	3086	1×1	71.5	239	225	293.33	201.32
2014	8	LSAZQ01AB0_01	油菜	藏油菜	1×1	90.2	169		279.44	79.02
2014	8	LSAZQ01AB0_01	油菜	藏油菜	1×1	74.2	158		144.18	46.01
2014	8	LSAZQ01AB0_01	油菜	藏油菜	1×1	74.4	137		223.19	97.98
2014	8	LSAZQ01AB0_01	马铃薯	藏马铃薯	1×1	72.8	3			3 766.67
2014	8	LSAZQ01AB0_01	马铃薯	藏马铃薯	1×1	44.0	3			2 683.33
2014	8	LSAZQ01AB0_01	马铃薯	藏马铃薯	1×1	56.0	3			3 508.33
2014	8	LSAZQ04AB0_01	冬小麦	肥麦	1×1	110.8	517	454	1 104.97	365.79
2014	8	LSAZQ04AB0_01	冬小麦	肥麦	1×1	113.6	686	631	1 389.05	681.33
2014	8	LSAZQ04AB0_01	冬小麦	肥麦	1×1	113.1	781	743	1 691.23	256.83
2014	8	LSAZQ04AB0_01	冬小麦	肥麦	1×1	108.0	703	686	1 341.99	400.77
2014	8	LSAZQ04AB0_01	冬小麦	肥麦	1×1	109.7	520	497	1 007.35	332.80
2014	8	LSAZQ04AB0_01	冬小麦	肥麦	1×1	102.2	573	554	943.73	168.31

（续）

年	月	样地代码	作物名称	作物品种	样方面积/ m^2	群体株高/ cm	密度/（株或穴/m^2）	穗数/（穗/m^2）	地上部总干重/（g/m^2）	产量/（g/m^2）
2015	08	LSAZH01ABC_01	冬小麦	肥麦	1×1	104.2	573.0	524.0	953.37	315.72
2015	08	LSAZH01ABC_01	冬小麦	肥麦	1×1	108.3	452.0	445.0	911.01	416.67
2015	08	LSAZH01ABC_01	冬小麦	肥麦	1×1	104.6	376.0	352.0	908.63	417.23
2015	08	LSAZH01ABC_01	冬小麦	肥麦	1×1	123.0	679.0	667.0	2 311.28	790.56
2015	08	LSAZH01ABC_01	冬小麦	肥麦	1×1	118.3	710.0	692.0	1 827.55	704.08
2015	08	LSAZH01ABC_01	冬小麦	肥麦	1×1	101.8	374.0	362.0	742.65	310.68
2015	07	LSAFZ01ABC_01	春青稞	3086	1×1	72.8	336.0	327.0	197.25	92.71
2015	07	LSAFZ01ABC_01	春青稞	3086	1×1	58.1	203.0	193.0	87.85	48.17
2015	07	LSAFZ01ABC_01	春青稞	3086	1×1	58.4	181.0	175.0	79.39	44.72
2015	07	LSAFZ01ABC_02	春青稞	3086	1×1	74.7	253.0	246.0	205.56	90.08
2015	07	LSAFZ01ABC_02	春青稞	3086	1×1	82.8	275.0	267.0	372.95	170.52
2015	07	LSAFZ01ABC_02	春青稞	3086	1×1	70.5	211.0	205.0	181.46	84.48
2015	07	LSAFZ01ABC_03	春青稞	3086	1×1	70.7	231.0	223.0	316.57	111.08
2015	07	LSAFZ01ABC_03	春青稞	3086	1×1	71.0	214.0	207.0	261.85	130.65
2015	07	LSAFZ01ABC_03	春青稞	3086	1×1	79.1	341.0	332.0	422.16	181.27
2015	07	LSAFZ01ABC_04	春青稞	3086	1×1	76.4	230.0	224.0	235.87	93.54
2015	07	LSAFZ01ABC_04	春青稞	3086	1×1	72.9	190.0	187.0	191.14	99.42
2015	07	LSAFZ01ABC_04	春青稞	3086	1×1	63.3	276.0	268.0	403.68	199.63
2015	08	LSAZQ01AB0_01	冬小麦	肥麦	1×1	124.4	278.0	258.0	644.27	216.32
2015	08	LSAZQ01AB0_01	冬小麦	肥麦	1×1	116.5	267.0	258.0	603.67	155.81
2015	08	LSAZQ01AB0_01	冬小麦	肥麦	1×1	118.8	379.0	364.0	889.37	307.34
2015	08	LSAZQ01AB0_01	冬小麦	肥麦	1×1	117.5	286.0	273.0	671.29	278.56
2015	08	LSAZQ01AB0_01	冬小麦	肥麦	1×1	114.2	230.0	224.0	567.65	208.15
2015	08	LSAZQ01AB0_01	冬小麦	肥麦	1×1	117.1	351.0	341.0	786.32	276.52
2015	08	LSAZQ04AB0_01	冬小麦	肥麦	1×1	105.5	1 250.0	1 240.0	2 208.94	901.41
2015	08	LSAZQ04AB0_01	冬小麦	肥麦	1×1	105.2	931.0	924.0	1 819.54	805.41
2015	08	LSAZQ04AB0_01	冬小麦	肥麦	1×1	107.0	846.0	835.0	1 909.63	865.65
2015	08	LSAZQ04AB0_01	冬小麦	肥麦	1×1	110.0	796.0	776.0	1 683.21	804.72
2015	08	LSAZQ04AB0_01	冬小麦	肥麦	1×1	110.1	520.0	501.0	1 013.88	542.67
2015	08	LSAZQ04AB0_01	冬小麦	肥麦	1×1	111.5	865.0	850.0	1 500.59	690.49

（续）

年	月	样地代码	作物名称	作物品种	样方面积/m²	群体株高/cm	密度/(株或穴/m²)	穗数/(穗/m²)	地上部总干重/(g/m²)	产量/(g/m²)
2015	08	LSASY01ABC _ 02	春青稞	3086	1×1	80.3	223.0	216.0	368.26	100.29
2015	08	LSASY01ABC _ 02	春青稞	3086	1×1	68.5	378.0	370.0	511.58	188.37
2015	08	LSASY01ABC _ 02	春青稞	3086	1×1	70.0	241.0	232.0	487.53	211.93
2015	08	LSASY01ABC _ 02	春青稞	3086	1×1	83.7	203.0	197.0	283.28	107.09
2015	08	LSASY01ABC _ 02	春青稞	3086	1×1	87.2	250.0	240.0	351.67	156.40
2015	08	LSASY01ABC _ 02	春青稞	3086	1×1	79.2	351.0	344.0	545.35	199.93
2015	08	LSASY01ABC _ 03	油菜	中试品系	1×1	147.5	17.0		163.61	61.69
2015	08	LSASY01ABC _ 03	油菜	中试品系	1×1	137.5	19.0		145.74	58.27
2015	08	LSASY01ABC _ 03	油菜	中试品系	1×1	140.8	10.0		330.35	122.71
2015	08	LSASY01ABC _ 03	油菜	中试品系	1×1	156.2	14.0		422.40	152.21
2015	08	LSASY01ABC _ 03	油菜	中试品系	1×1	153.0	11.0		254.51	92.42
2015	08	LSASY01ABC _ 03	油菜	中试品系	1×1	160.1	15.0		208.43	54.43

6.7　作物元素含量与能值

6.7.1　概述

本数据集为拉萨站作物元素含量与能值观测数据，指标主要包括全碳、全氮、全磷、全钾、全硫、全钙、全镁、全铁、全锰、全铜、全锌、全钼、全硼、全硅、热值及灰分。其中全碳、全氮、全磷、全钾观测频次为 1 次/2 年，其他指标为 10 年 1 次，观测时间为 2005 年和 2015 年，观测作物主要包括青稞、冬小麦和油菜，观测场地主要为 1 处综合观测场，2 个辅助观测场和 3 个站区调查点，其中辅助观测场 LSAFZ01 包括 4 个不同施肥处理，分别是空白对照、羊粪、化肥、羊粪＋化肥，具体见表 6－13。

表 6－13　拉萨站作物元素含量与能值采样地一览表

观测场名称	观测场代码	采样地名称	采样地代码	备注
拉萨站综合观测场	LSAZH01	拉萨站综合观测场水土生联合长期观测采样地	LSAZH01ABC _ 01	
拉萨站施肥试验辅助观测场	LSAFZ01	拉萨站农田土壤要素辅助长期观测采样地（CK、羊粪、化肥、羊粪＋化肥）	LSAFZ01ABC _ 01（CK） LSAFZ01ABC _ 02（羊粪） LSAFZ01ABC _ 03（化肥） LSAFZ01ABC _ 04（羊粪＋化肥）	
拉萨站轮作模式长期试验观测场	LSASY01	拉萨站轮作模式土壤生物长期观测采样地	LSASY01ABC _ 01 LSASY01ABC _ 02 LSASY01ABC _ 03	
拉萨站站区调查点（达孜区德庆镇）	LSAZQ01	拉萨站站区调查点（达孜区德庆镇土壤生物长期采样地）	LSAZQ01AB0 _ 01	2005—2015 年，因修路占用被废弃

（续）

观测场名称	观测场代码	采样地名称	采样地代码	备注
拉萨站站区调查点（达孜区邦堆乡）	LSAZQ02	拉萨站站区调查点（达孜区邦堆乡土壤生物长期采样地）	LSAZQ02AB0_01	2005—2011年，因修建蔬菜大棚被废弃
拉萨站站区调查点（达孜区德庆镇）	LSAZQ04	拉萨站站区调查点（达孜区德庆镇新仓村土壤生物长期采样地）	LSAZQ04AB0_01	2014—2017年，因修路占用被废弃

6.7.2 数据处理方法

本次整理的数据为拉萨站作物元素含量与能值数据，采样方法综合观测场和站区调查点6个重复样方，施肥试验辅助观测样地为3个重复，收获期采样，对秸秆、籽粒和根分别进行分析，各指标的分析方法具体如表6-14。本次重新对数据进行了整理、核对。

表6-14 拉萨站作物元素含量与能值分析测试方法

分析项目名称	分析方法名称	备注
全碳	元素分析仪法	元素分析仪（vario EL cube CHNOS Elemental Analyzer，Elementar Analysensysteme GmbH，Hanau，Germany）
全氮	元素分析仪法	元素分析仪（vario EL cube CHNOS Elemental Analyzer，Elementar Analysensysteme GmbH，Hanau，Germany）
全磷	HNO3消解-ICP-OES法	电感耦合等离子体发射光谱仪（iCAP 6300 ICP-OES Spectrometer，Thermo Fisher，USA）
全钾	HNO3消解-ICP-OES法	电感耦合等离子体发射光谱仪（iCAP 6300 ICP-OES Spectrometer，Thermo Fisher，USA）
全硫	HNO3消解-ICP-OES法	电感耦合等离子体发射光谱仪（iCAP 6300 ICP-OES Spectrometer，Thermo Fisher，USA）
全钙	HNO3消解-ICP-OES法	电感耦合等离子体发射光谱仪（iCAP 6300 ICP-OES Spectrometer，Thermo Fisher，USA）
全镁	HNO3消解-ICP-OES法	电感耦合等离子体发射光谱仪（iCAP 6300 ICP-OES Spectrometer，Thermo Fisher，USA）
全铁	HNO3消解-ICP-OES法	电感耦合等离子体发射光谱仪（iCAP 6300 ICP-OES Spectrometer，Thermo Fisher，USA）
全锰	HNO3消解-ICP-OES法	电感耦合等离子体发射光谱仪（iCAP 6300 ICP-OES Spectrometer，Thermo Fisher，USA）
全铜	HNO3消解-ICP-OES法	电感耦合等离子体发射光谱仪（iCAP 6300 ICP-OES Spectrometer，Thermo Fisher，USA）
全锌	HNO3消解-ICP-OES法	电感耦合等离子体发射光谱仪（iCAP 6301 ICP-OES Spectrometer，Thermo Fisher，USA）

（续）

分析项目名称	分析方法名称	备注
全钼	干灰化-姜黄素比色法	董鸣主编，陆地生物群落调查观测与分析，中国标准出版社，1997.5，P160
全硼	硝酸-高氯酸消煮-HPLC-ICP-MS 法	董鸣主编，陆地生物群落调查观测与分析，中国标准出版社，1997.5，P258
全硅	硝酸-高氯酸消煮-重量法董	鸣主编，陆地生物群落调查观测与分析，中国标准出版社，1997.5，P240
干重热值	热值分析仪测定	热值分析仪（IKA C5000，IKA-德国）
灰分	干灰化法	马弗炉（SX2-5-12NP，一恒，中国） 中华人民共和国行业标准：LY/T 1268—1999

6.7.3 数据

拉萨站作物元素含量与能值数据见表 6-15。

表 6-15 作物元素含量与能值（1）

年	月	样地代码	作物名称	作物品种	采样部位	全碳/(g/kg)	全氮/(g/kg)	全磷/(g/kg)	全钾/(g/kg)	干重热值/(MJ/kg)	灰分/%
2005	8	LSAZH01ABC_01	冬小麦	BUSSDY	秸秆	454.40	3.00	0.92	7.62	18.56	4.3
2005	8	LSAZH01ABC_01	冬小麦	BUSSDY	秸秆	434.30	2.50	0.82	8.67	18.30	5.3
2005	8	LSAZH01ABC_01	冬小麦	BUSSDY	秸秆	438.90	3.20	0.83	6.21	18.19	6.1
2005	8	LSAZH01ABC_01	冬小麦	BUSSDY	秸秆	442.20	3.00	0.90	8.67	18.46	5.5
2005	8	LSAZH01ABC_01	冬小麦	BUSSDY	秸秆	434.30	4.10	1.24	11.00	18.59	4.9
2005	8	LSAZH01ABC_01	冬小麦	BUSSDY	秸秆	431.10	0.50	1.31	12.80	18.41	5.5
2005	8	LSAFZ01ABC_01	冬小麦	BUSSDY	秸秆	442.70	0.70	0.70	6.70	17.85	6.5
2005	8	LSAFZ01ABC_01	冬小麦	BUSSDY	秸秆	428.00	0.80	0.70	8.60	18.11	4.6
2005	8	LSAFZ01ABC_01	冬小麦	BUSSDY	秸秆	435.90	0.90	0.90	7.90	18.01	6.7
2005	8	LSAFZ01ABC_02	冬小麦	BUSSDY	秸秆	426.60	0.80	1.00	11.00	17.95	7.4
2005	8	LSAFZ01AB00_02	冬小麦	BUSSDY	秸秆	427.40	1.10	1.40	11.40	18.90	7.3
2005	8	LSAFZ01ABC_02	冬小麦	BUSSDY	秸秆	437.40	0.80	1.10	9.30	18.29	7.3
2005	8	LSAZQ01AB0_01	冬小麦	肥麦	秸秆	422.10	1.30	3.48	3.65	18.32	5.1
2005	8	LSAZQ01AB0_01	冬小麦	肥麦	秸秆	429.60	1.70	3.40	5.67	18.27	5.6
2005	8	LSAZQ01AB0_01	冬小麦	肥麦	秸秆	429.10	1.20	3.39	6.09	17.68	7.1
2005	8	LSAZH01ABC_01	冬小麦	BUSSDY	根	371.60	0.30	1.09	6.50	17.09	12.2
2005	8	LSAZH01ABC_01	冬小麦	BUSSDY	根	292.00	5.20	1.05	5.95	16.71	24.6
2005	8	LSAZH01ABC_01	冬小麦	BUSSDY	根	322.00	4.80	1.45	7.41	16.42	21.0
2005	8	LSAZH01ABC_01	冬小麦	BUSSDY	根	365.50	4.50	1.19	7.20	16.63	10.8
2005	8	LSAZH01ABC_01	冬小麦	BUSSDY	根	395.50	0.70	1.14	6.51	18.41	6.0
2005	8	LSAZH01ABC_01	冬小麦	BUSSDY	根	358.90	0.50	1.38	7.75	17.23	14.0

（续）

年	月	样地代码	作物名称	作物品种	采样部位	全碳/(g/kg)	全氮/(g/kg)	全磷/(g/kg)	全钾/(g/kg)	干重热值/(MJ/kg)	灰分/%
2005	8	LSAFZ01ABC_01	冬小麦	BUSSDY	根	316.30	4.20	1.20	7.90	17.16	16.8
2005	8	LSAFZ01ABC_01	冬小麦	BUSSDY	根	386.20	3.80	1.40	8.00	17.91	10.4
2005	8	LSAFZ01ABC_01	冬小麦	BUSSDY	根	349.30	3.90	1.30	7.70	17.22	12.0
2005	8	LSAFZ01ABC_02	冬小麦	BUSSDY	根	337.80	2.90	1.50	9.50	18.26	9.8
2005	8	LSAFZ01AB00_02	冬小麦	BUSSDY	根	410.50	3.20	1.30	7.00	18.27	6.9
2005	8	LSAFZ01ABC_02	冬小麦	BUSSDY	根	369.30	3.00	1.40	7.70	18.12	8.1
2005	8	LSAZQ01AB0_01	冬小麦	肥麦	根	383.40	3.10	0.46	3.88	16.08	19.0
2005	8	LSAZQ01AB0_01	冬小麦	肥麦	根	382.80	4.30	0.54	4.48	14.69	26.7
2005	8	LSAZQ01AB0_01	冬小麦	肥麦	根	202.30	2.70	0.59	4.14	12.00	36.0
2005	8	LSAZH01ABC_01	冬小麦	BUSSDY	种子	451.00	17.00	3.15	3.53	17.96	1.5
2005	8	LSAZH01ABC_01	冬小麦	BUSSDY	种子	437.20	15.00	3.27	3.57	17.76	1.4
2005	8	LSAZH01ABC_01	冬小麦	BUSSDY	种子	430.70	15.50	2.92	3.33	17.83	1.5
2005	8	LSAZH01ABC_01	冬小麦	BUSSDY	种子	422.70	15.60	3.06	3.45	17.85	1.6
2005	8	LSAZH01ABC_01	冬小麦	BUSSDY	种子	427.30	15.70	2.85	4.92	17.92	1.6
2005	8	LSAZH01ABC_01	冬小麦	BUSSDY	种子	421.80	19.10	3.21	3.16	18.08	2.0
2005	8	LSAFZ01ABC_01	冬小麦	BUSSDY	种子	436.30	12.60	3.30	2.70	17.61	1.4
2005	8	LSAFZ01ABC_01	冬小麦	BUSSDY	种子	425.60	11.80	3.00	2.60	17.67	1.4
2005	8	LSAFZ01ABC_01	冬小麦	BUSSDY	种子	422.90	13.40	3.40	3.00	17.76	1.5
2005	8	LSAFZ01ABC_02	冬小麦	BUSSDY	种子	424.00	13.60	3.40	2.90	17.97	1.4
2005	8	LSAFZ01AB00_02	冬小麦	BUSSDY	种子	417.80	14.50	3.60	3.00	18.05	1.4
2005	8	LSAFZ01ABC_02	冬小麦	BUSSDY	种子	410.00	14.50	3.30	2.90	17.98	1.5
2005	8	LSAZQ01AB0_01	冬小麦	肥麦	种子	415.40	12.30	2.72	3.88	17.81	1.4
2005	8	LSAZQ01AB0_01	冬小麦	肥麦	种子	409.70	13.50	3.08	4.03	17.93	1.4
2005	8	LSAZQ01AB0_01	冬小麦	肥麦	种子	424.60	13.00	2.89	4.09	17.75	1.6
2007	8	LSAZH01ABC_01	春青稞	3086	茎秆	410.00	1.80	1.10	7.40		
2007	8	LSAZH01ABC_01	春青稞	3086	茎秆	450.00	2.70	1.40	9.80		
2007	8	LSAZH01ABC_01	春青稞	3086	茎秆	430.00	0.60	1.20	9.50		
2007	8	LSAZH01ABC_01	春青稞	3086	茎秆	370.00	3.90	2.20	10.50		
2007	8	LSAZH01ABC_01	春青稞	3086	茎秆	420.00	2.10	1.40	11.90		
2007	8	LSAZH01ABC_01	春青稞	3086	茎秆	430.00	0.20	1.80	13.50		
2007	8	LSAZH01ABC_01	春青稞	3086	根	200.00	8.90	1.90	5.20		
2007	8	LSAZH01ABC_01	春青稞	3086	根	380.00	7.60	1.80	7.60		

（续）

年	月	样地代码	作物名称	作物品种	采样部位	全碳/(g/kg)	全氮/(g/kg)	全磷/(g/kg)	全钾/(g/kg)	干重热值/(MJ/kg)	灰分/%
2007	8	LSAZH01ABC_01	春青稞	3086	根	380.00	7.40	2.00	6.80		
2007	8	LSAZH01ABC_01	春青稞	3086	根	410.00	10.30	1.70	6.90		
2007	8	LSAZH01ABC_01	春青稞	3086	根	400.00	8.80	1.90	6.80		
2007	8	LSAZH01ABC_01	春青稞	3086	根	380.00	9.70	2.50	9.60		
2007	8	LSAZH01ABC_01	春青稞	3086	籽粒	460.00	15.20	3.50	4.60		
2007	8	LSAZH01ABC_01	春青稞	3086	籽粒	430.00	13.80	3.70	5.00		
2007	8	LSAZH01ABC_01	春青稞	3086	籽粒	420.00	12.90	3.70	5.00		
2007	8	LSAZH01ABC_01	春青稞	3086	籽粒	420.00	15.10	3.70	5.70		
2007	8	LSAZH01ABC_01	春青稞	3086	籽粒	390.00	15.10	4.90	5.00		
2007	8	LSAZH01ABC_01	春青稞	3086	籽粒	410.00	16.00	3.70	5.20		
2007	8	LSAZQ01AB0_01	冬小麦	肥麦	茎秆	420.00	5.40	1.20	5.90		
2007	8	LSAZQ01AB0_01	冬小麦	肥麦	茎秆	400.00	3.80	1.10	6.20		
2007	8	LSAZQ01AB0_01	冬小麦	肥麦	茎秆	420.00	6.10	0.70	5.50		
2007	8	LSAZQ01AB0_01	冬小麦	肥麦	茎秆	410.00	4.80	0.60	7.20		
2007	8	LSAZQ01AB0_01	冬小麦	肥麦	茎秆	400.00	3.40	0.90	4.90		
2007	8	LSAZQ01AB0_01	冬小麦	肥麦	茎秆	590.00	4.90	0.60	7.70		
2007	8	LSAZQ01AB0_01	冬小麦	肥麦	根	340.00	5.70	1.10	5.10		
2007	8	LSAZQ01AB0_01	冬小麦	肥麦	根	320.00	5.70	1.10	5.70		
2007	8	LSAZQ01AB0_01	冬小麦	肥麦	根	320.00	8.30	1.10	4.80		
2007	8	LSAZQ01AB0_01	冬小麦	肥麦	根	390.00	5.00	1.00	4.80		
2007	8	LSAZQ01AB0_01	冬小麦	肥麦	根	370.00	5.00	1.20	5.70		
2007	8	LSAZQ01AB0_01	冬小麦	肥麦	根	290.00	6.00	1.30	7.20		
2007	8	LSAZQ01AB0_01	冬小麦	肥麦	籽粒	420.00	21.30	2.40	3.00		
2007	8	LSAZQ01AB0_01	冬小麦	肥麦	籽粒	470.00	20.90	2.80	3.50		
2007	8	LSAZQ01AB0_01	冬小麦	肥麦	籽粒	480.00	27.80	4.10	3.60		
2007	8	LSAZQ01AB0_01	冬小麦	肥麦	籽粒	450.00	20.30	2.80	3.20		
2007	8	LSAZQ01AB0_01	冬小麦	肥麦	籽粒	450.00	19.50	4.00	3.50		
2007	8	LSAZQ01AB0_01	冬小麦	肥麦	籽粒	450.00	22.90	3.70	3.50		
2007	8	LSAZQ02AB0_01	冬小麦	肥麦	茎秆	410.00	3.40	0.67	6.40		
2007	8	LSAZQ02AB0_01	冬小麦	肥麦	茎秆	390.00	2.50	0.58	6.70		
2007	8	LSAZQ02AB0_01	冬小麦	肥麦	茎秆	440.00	2.20	0.33	5.30		
2007	8	LSAZQ02AB0_01	冬小麦	肥麦	茎秆	390.00	5.00	0.59	8.50		

（续）

年	月	样地代码	作物名称	作物品种	采样部位	全碳/(g/kg)	全氮/(g/kg)	全磷/(g/kg)	全钾/(g/kg)	干重热值/(MJ/kg)	灰分/%
2007	8	LSAZQ02AB0_01	冬小麦	肥麦	茎秆	410.00	2.80	0.86	9.20		
2007	8	LSAZQ02AB0_01	冬小麦	肥麦	茎秆	430.00	2.30	0.67	9.80		
2007	8	LSAZQ02AB0_01	冬小麦	肥麦	根	290.00	4.60	1.00	8.20		
2007	8	LSAZQ02AB0_01	冬小麦	肥麦	根	260.00	4.00	0.92	9.90		
2007	8	LSAZQ02AB0_01	冬小麦	肥麦	根	310.00	3.10	0.85	8.90		
2007	8	LSAZQ02AB0_01	冬小麦	肥麦	根	210.00	4.10	1.10	10.80		
2007	8	LSAZQ02AB0_01	冬小麦	肥麦	根	220.00	3.60	1.20	11.80		
2007	8	LSAZQ02AB0_01	冬小麦	肥麦	根	280.00	3.60	1.10	9.40		
2007	8	LSAZQ02AB0_01	冬小麦	肥麦	籽粒	400.00	15.70	3.20	3.60		
2007	8	LSAZQ02AB0_01	冬小麦	肥麦	籽粒	400.00	15.10	3.60	3.80		
2007	8	LSAZQ02AB0_01	冬小麦	肥麦	籽粒	380.00	16.40	3.70	4.10		
2007	8	LSAZQ02AB0_01	冬小麦	肥麦	籽粒	400.00	16.80	4.00	4.10		
2007	8	LSAZQ02AB0_01	冬小麦	肥麦	籽粒	400.00	13.80	3.70	4.00		
2007	8	LSAZQ02AB0_01	冬小麦	肥麦	籽粒	450.00	13.10	3.80	3.80		
2007	9	LSASY03ABO_01	油菜	中试品系	茎秆	430.00	3.50	1.40	3.00		
2007	9	LSASY03ABO_01	油菜	中试品系	茎秆	400.00	3.20	1.10	2.50		
2007	9	LSASY03ABO_01	油菜	中试品系	茎秆	430.00	2.70	1.10	2.00		
2007	9	LSASY03ABO_01	油菜	中试品系	茎秆	430.00	3.20	0.91	3.10		
2007	9	LSASY03ABO_01	油菜	中试品系	茎秆	420.00	3.50	0.96	4.60		
2007	9	LSASY03ABO_01	油菜	中试品系	茎秆	470.00	3.70	1.30	6.90		
2007	9	LSASY03ABO_01	油菜	中试品系	根	400.00	4.70	3.50	11.00		
2007	9	LSASY03ABO_01	油菜	中试品系	根	390.00	4.60	1.90	9.20		
2007	9	LSASY03ABO_01	油菜	中试品系	根	400.00	4.60	1.90	7.90		
2007	9	LSASY03ABO_01	油菜	中试品系	根	390.00	5.60	2.30	5.60		
2007	9	LSASY03ABO_01	油菜	中试品系	根	430.00	4.90	1.50	3.70		
2007	9	LSASY03ABO_01	油菜	中试品系	根	400.00	5.40	1.50	10.40		
2007	9	LSASY03ABO_01	油菜	中试品系	籽粒	580.00	25.90	8.00	7.70		
2007	9	LSASY03ABO_01	油菜	中试品系	籽粒	650.00	25.70	8.40	7.20		
2007	9	LSASY03ABO_01	油菜	中试品系	籽粒	630.00	27.30	8.00	7.50		
2007	9	LSASY03ABO_01	油菜	中试品系	籽粒	600.00	27.60	8.20	7.80		
2007	9	LSASY03ABO_01	油菜	中试品系	籽粒	650.00	26.50	8.10	8.30		
2007	9	LSASY03ABO_01	油菜	中试品系	籽粒	630.00	28.60	8.10	8.10		

（续）

年	月	样地代码	作物名称	作物品种	采样部位	全碳/(g/kg)	全氮/(g/kg)	全磷/(g/kg)	全钾/(g/kg)	干重热值/(MJ/kg)	灰分/%
2007	8	LSAYJ01ABO_01	冬小麦	BUSSDY	茎秆	410.00	2.80	1.00	8.80		
2007	8	LSAYJ01ABO_01	冬小麦	BUSSDY	茎秆	430.00	2.30	1.00	9.00		
2007	8	LSAYJ01ABO_01	冬小麦	BUSSDY	茎秆	400.00	1.80	1.00	9.60		
2007	8	LSAYJ01ABO_01	冬小麦	BUSSDY	茎秆	430.00	2.20	1.20	9.70		
2007	8	LSAYJ01ABO_01	冬小麦	BUSSDY	根	330.00	3.60	1.30	6.70		
2007	8	LSAYJ01ABO_01	冬小麦	BUSSDY	根	220.00	3.70	1.10	6.30		
2007	8	LSAYJ01ABO_01	冬小麦	BUSSDY	根	380.00	3.20	1.70	5.50		
2007	8	LSAYJ01ABO_01	冬小麦	BUSSDY	根	270.00	3.40	1.50	6.40		
2007	8	LSAYJ01ABO_01	冬小麦	BUSSDY	籽粒	440.00	14.50	3.50	4.10		
2007	8	LSAYJ01ABO_01	冬小麦	BUSSDY	籽粒	440.00	13.30	3.60	3.80		
2007	8	LSAYJ01ABO_01	冬小麦	BUSSDY	籽粒	460.00	14.60	3.50	4.10		
2007	8	LSAYJ01ABO_01	冬小麦	BUSSDY	籽粒	410.00	14.20	3.10	4.00		
2007	7	LSAYJ02ABO_01	冬青稞	冬青1号	茎秆	390.00	3.80	2.50	17.50		
2007	7	LSAYJ02ABO_01	冬青稞	冬青1号	茎秆	410.00	4.00	2.80	15.70		
2007	7	LSAYJ02ABO_01	冬青稞	冬青1号	茎秆	400.00	3.30	1.70	15.40		
2007	7	LSAYJ02ABO_01	冬青稞	冬青1号	茎秆	410.00	3.50	2.40	19.30		
2007	7	LSAYJ02ABO_01	冬青稞	冬青1号	茎秆	400.00	3.20	2.00	16.30		
2007	7	LSAYJ02ABO_01	冬青稞	冬青1号	茎秆	410.00	3.50	2.50	16.40		
2007	7	LSAYJ02ABO_01	冬青稞	冬青1号	根	310.00	5.50	3.00	8.60		
2007	7	LSAYJ02ABO_01	冬青稞	冬青1号	根	330.00	4.90	3.20	12.50		
2007	7	LSAYJ02ABO_01	冬青稞	冬青1号	根	390.00	5.30	3.10	12.10		
2007	7	LSAYJ02ABO_01	冬青稞	冬青1号	根	370.00	4.70	2.40	11.60		
2007	7	LSAYJ02ABO_01	冬青稞	冬青1号	根	390.00	5.60	3.00	11.50		
2007	7	LSAYJ02ABO_01	冬青稞	冬青1号	根	390.00	5.40	2.60	11.50		
2007	7	LSAYJ02ABO_01	冬青稞	冬青1号	籽粒	420.00	15.20	4.00	4.70		
2007	7	LSAYJ02ABO_01	冬青稞	冬青1号	籽粒	430.00	16.50	4.00	4.90		
2007	7	LSAYJ02ABO_01	冬青稞	冬青1号	籽粒	430.00	15.30	3.70	4.60		
2007	7	LSAYJ02ABO_01	冬青稞	冬青1号	籽粒	450.00	16.20	3.80	4.80		
2007	7	LSAYJ02ABO_01	冬青稞	冬青1号	籽粒	420.00	15.50	3.70	4.10		
2007	7	LSAYJ02ABO_01	冬青稞	冬青1号	籽粒	430.00	15.90	3.50	4.20		
2012	9	LSAZH01ABC_01	冬小麦	BUSSDY	茎秆	443.91	3.92	1.48	11.20		
2012	9	LSAZH01ABC_01	冬小麦	BUSSDY	茎秆	444.86	3.59	1.81	12.34		

（续）

年	月	样地代码	作物名称	作物品种	采样部位	全碳/(g/kg)	全氮/(g/kg)	全磷/(g/kg)	全钾/(g/kg)	干重热值/(MJ/kg)	灰分/%
2012	9	LSAZH01ABC_01	冬小麦	BUSSDY	茎秆	449.24	3.32	0.81	10.51		
2012	9	LSAZH01ABC_01	冬小麦	BUSSDY	茎秆	446.80	3.98	1.65	12.01		
2012	9	LSAZH01ABC_01	冬小麦	BUSSDY	茎秆	442.03	4.58	1.54	15.08		
2012	9	LSAZH01ABC_01	冬小麦	BUSSDY	茎秆	455.75	3.84	1.55	9.64		
2012	9	LSAZH01ABC_01	冬小麦	BUSSDY	种子	438.31	19.60	3.86	3.95		
2012	9	LSAZH01ABC_01	冬小麦	BUSSDY	种子	435.14	14.96	3.05	3.69		
2012	9	LSAZH01ABC_01	冬小麦	BUSSDY	种子	434.35	16.25	3.37	3.34		
2012	9	LSAZH01ABC_01	冬小麦	BUSSDY	种子	436.02	17.68	3.61	3.52		
2012	9	LSAZH01ABC_01	冬小麦	BUSSDY	种子	439.03	21.70	3.85	3.70		
2012	9	LSAZH01ABC_01	冬小麦	BUSSDY	种子	434.34	15.64	3.55	3.88		
2012	9	LSAZH01ABC_01	冬小麦	BUSSDY	根	427.91	21.79	3.37	5.20		
2012	9	LSAZH01ABC_01	冬小麦	BUSSDY	根	311.40	21.83	3.17	3.21		
2012	9	LSAZH01ABC_01	冬小麦	BUSSDY	根	387.89	19.31	2.99	3.59		
2012	9	LSAZH01ABC_01	冬小麦	BUSSDY	根	347.59	20.02	2.99	3.79		
2012	9	LSAZH01ABC_01	冬小麦	BUSSDY	根	326.86	20.44	2.74	3.18		
2012	9	LSAZH01ABC_01	冬小麦	BUSSDY	根	355.46	20.96	3.39	3.58		
2012	9	LSAFZ01ABC_01	冬小麦	BUSSDY	种子	434.18	13.60	2.95	3.10		
2012	9	LSAFZ01ABC_01	冬小麦	BUSSDY	种子	435.50	13.63	2.98	3.14		
2012	9	LSAFZ01ABC_01	冬小麦	BUSSDY	种子	434.15	13.22	2.84	2.98		
2012	9	LSAFZ01ABC_02	冬小麦	BUSSDY	种子	433.48	14.70	3.43	3.76		
2012	9	LSAFZ01ABC_02	冬小麦	BUSSDY	种子	432.65	13.71	3.09	3.27		
2012	9	LSAFZ01ABC_02	冬小麦	BUSSDY	种子	428.52	15.25	3.32	3.24		
2012	9	LSAFZ01ABC_03	冬小麦	BUSSDY	种子	436.03	15.61	3.53	3.39		
2012	9	LSAFZ01ABC_03	冬小麦	BUSSDY	种子	433.63	15.81	3.52	3.55		
2012	9	LSAFZ01ABC_03	冬小麦	BUSSDY	种子	434.22	15.25	3.32	3.19		
2012	9	LSAFZ01ABC_04	冬小麦	BUSSDY	种子	436.10	15.16	3.28	3.23		
2012	9	LSAFZ01ABC_04	冬小麦	BUSSDY	种子	432.61	17.68	3.27	3.15		
2012	9	LSAFZ01ABC_04	冬小麦	BUSSDY	种子	434.82	14.17	2.90	3.26		
2012	9	LSAFZ01ABC_01	冬小麦	BUSSDY	茎秆	440.59	2.81	1.58	13.14		
2012	9	LSAFZ01ABC_01	冬小麦	BUSSDY	茎秆	437.86	2.59	1.89	13.97		
2012	9	LSAFZ01ABC_01	冬小麦	BUSSDY	茎秆	430.15	3.73	1.73	11.68		
2012	9	LSAFZ01ABC_02	冬小麦	BUSSDY	茎秆	435.92	3.79	1.59	11.79		

(续)

年	月	样地代码	作物名称	作物品种	采样部位	全碳/(g/kg)	全氮/(g/kg)	全磷/(g/kg)	全钾/(g/kg)	干重热值/(MJ/kg)	灰分/%
2012	9	LSAFZ01ABC_02	冬小麦	BUSSDY	茎秆	428.47	3.04	2.02	15.18		
2012	9	LSAFZ01ABC_02	冬小麦	BUSSDY	茎秆	434.66	3.32	2.48	14.32		
2012	9	LSAFZ01ABC_03	冬小麦	BUSSDY	茎秆	454.86	3.20	1.36	8.89		
2012	9	LSAFZ01ABC_03	冬小麦	BUSSDY	茎秆	458.23	3.03	1.12	9.15		
2012	9	LSAFZ01ABC_03	冬小麦	BUSSDY	茎秆	449.33	2.88	1.47	11.26		
2012	9	LSAFZ01ABC_04	冬小麦	BUSSDY	茎秆	445.17	2.60	1.86	12.94		
2012	9	LSAFZ01ABC_04	冬小麦	BUSSDY	茎秆	447.53	3.23	1.73	14.39		
2012	9	LSAFZ01ABC_04	冬小麦	BUSSDY	茎秆	446.75	2.63	1.54	13.42		
2012	9	LSASY01ABC_02	油菜	中试品系	种子	586.46	28.39	9.62	8.41		
2012	9	LSASY01ABC_02	油菜	中试品系	种子	586.37	30.40	9.91	8.56		
2012	9	LSASY01ABC_02	油菜	中试品系	种子	592.65	28.26	9.65	7.82		
2012	9	LSASY01ABC_01	青稞	藏青 320	种子	432.26	17.53	2.85	3.38		
2012	9	LSASY01ABC_01	青稞	藏青 320	种子	433.42	16.68	4.68	5.76		
2012	9	LSASY01ABC_01	青稞	藏青 320	种子	433.27	14.81	4.49	5.84		
2012	9	LSASY01ABC_01	青稞	藏青 320	茎秆	440.98	4.40	3.98	11.07		
2012	9	LSASY01ABC_01	青稞	藏青 320	茎秆	445.81	5.04	2.35	11.68		
2012	9	LSASY01ABC_01	青稞	藏青 320	茎秆	437.69	3.73	3.47	15.32		
2012	9	LSAZQ01AB0_01	冬小麦	肥麦	茎秆	436.00	3.66	0.46	11.64		
2012	9	LSAZQ01AB0_01	冬小麦	肥麦	茎秆	417.54	12.78	2.08	6.22		
2012	9	LSAZQ01AB0_01	冬小麦	肥麦	茎秆	434.11	2.88	0.48	10.66		
2012	9	LSAZQ01AB0_01	冬小麦	肥麦	茎秆	433.73	2.72	0.44	11.10		
2012	9	LSAZQ01AB0_01	冬小麦	肥麦	茎秆	427.35	2.72	0.59	12.38		
2012	9	LSAZQ01AB0_01	冬小麦	肥麦	茎秆	446.68	2.85	0.34	8.17		
2012	9	LSAZQ01AB0_01	冬小麦	肥麦	种子	432.94	16.88	2.58	2.99		
2012	9	LSAZQ01AB0_01	冬小麦	肥麦	种子	430.01	14.96	3.21	3.38		
2012	9	LSAZQ01AB0_01	冬小麦	肥麦	种子	433.85	15.98	3.48	3.75		
2012	9	LSAZQ01AB0_01	冬小麦	肥麦	种子	431.47	14.89	3.06	3.36		
2012	9	LSAZQ01AB0_01	冬小麦	肥麦	种子	433.59	14.52	3.89	4.17		
2012	9	LSAZQ01AB0_01	冬小麦	肥麦	种子	429.90	14.24	2.89	3.43		
2012	9	LSAZQ03ABC_01	冬小麦	肥麦	种子	433.11	14.15	2.21	3.39		
2012	9	LSAZQ03ABC_01	冬小麦	肥麦	种子	435.40	14.99	2.90	3.60		
2012	9	LSAZQ03ABC_01	冬小麦	肥麦	种子	435.28	14.61	2.94	4.07		

（续）

年	月	样地代码	作物名称	作物品种	采样部位	全碳/(g/kg)	全氮/(g/kg)	全磷/(g/kg)	全钾/(g/kg)	干重热值/(MJ/kg)	灰分/%
2012	9	LSAZQ03ABC_01	冬小麦	肥麦	种子	427.60	16.32	3.03	3.81		
2012	9	LSAZQ03ABC_01	冬小麦	肥麦	种子	432.13	14.24	2.85	3.60		
2012	9	LSAZQ03ABC_01	冬小麦	肥麦	种子	433.49	13.48	2.72	3.45		
2012	9	LSAZQ03ABC_01	冬小麦	肥麦	茎秆	438.73	3.21	0.34	9.32		
2012	9	LSAZQ03ABC_01	冬小麦	肥麦	茎秆	442.12	2.74	0.33	8.98		
2012	9	LSAZQ03ABC_01	冬小麦	肥麦	茎秆	445.77	3.47	0.63	8.05		
2012	9	LSAZQ03ABC_01	冬小麦	肥麦	茎秆	438.94	3.48	0.69	11.42		
2012	9	LSAZQ03ABC_01	冬小麦	肥麦	茎秆	442.08	2.77	0.36	9.00		
2012	9	LSAZQ03ABC_01	冬小麦	肥麦	茎秆	437.57	3.15	0.46	8.88		
2015	8	LSAZH01ABC_01	冬小麦	肥麦	籽粒	431.44	12.89	3.03	3.37		1.6
2015	8	LSAZH01ABC_01	冬小麦	肥麦	籽粒	432.25	13.26	2.94	3.33		1.5
2015	8	LSAZH01ABC_01	冬小麦	肥麦	籽粒	434.50	14.79	3.02	3.33		1.7
2015	8	LSAZH01ABC_01	冬小麦	肥麦	籽粒	435.64	16.89	3.05	3.59		1.6
2015	8	LSAZH01ABC_01	冬小麦	肥麦	籽粒	436.87	14.34	2.81	3.32		1.3
2015	8	LSAZH01ABC_01	冬小麦	肥麦	籽粒	429.62	13.79	2.98	3.21		1.4
2015	8	LSAZH01ABC_01	冬小麦	肥麦	茎秆	475.26	2.09	0.74	8.15		5.2
2015	8	LSAZH01ABC_01	冬小麦	肥麦	茎秆	471.21	2.15	0.90	8.49		6.0
2015	8	LSAZH01ABC_01	冬小麦	肥麦	茎秆	466.20	1.92	1.23	11.02		6.7
2015	8	LSAZH01ABC_01	冬小麦	肥麦	茎秆	472.97	2.33	1.01	9.75		4.8
2015	8	LSAZH01ABC_01	冬小麦	肥麦	茎秆	474.51	2.05	0.83	7.47		5.0
2015	8	LSAZH01ABC_01	冬小麦	肥麦	茎秆	476.19	1.84	0.78	7.85		5.4
2015	9	LSAZH01ABC_01	冬小麦	肥麦	根	272.36	5.31	0.95	5.40		43.5
2015	9	LSAZH01ABC_01	冬小麦	肥麦	根	357.49	6.88	1.11	4.62		29.5
2015	9	LSAZH01ABC_01	冬小麦	肥麦	根	291.75	4.91	0.82	5.57		44.6
2015	9	LSAZH01ABC_01	冬小麦	肥麦	根	361.50	5.43	0.89	4.30		30.1
2015	9	LSAZH01ABC_01	冬小麦	肥麦	根	393.57	7.41	1.13	4.78		23.7
2015	9	LSAZH01ABC_01	冬小麦	肥麦	根	365.93	6.30	1.15	5.49		28.2
2015	8	LSAZQ01AB0_01	冬小麦	肥麦	籽粒	437.81	14.81	2.84	3.27		1.4
2015	8	LSAZQ01AB0_01	冬小麦	肥麦	籽粒	432.49	14.67	2.48	3.04		1.3
2015	8	LSAZQ01AB0_01	冬小麦	肥麦	籽粒	427.67	15.36	2.58	2.98		2.9
2015	8	LSAZQ01AB0_01	冬小麦	肥麦	籽粒	435.77	15.14	2.59	3.08		1.1
2015	8	LSAZQ01AB0_01	冬小麦	肥麦	籽粒	436.49	17.35	2.32	2.97		1.1

（续）

年	月	样地代码	作物名称	作物品种	采样部位	全碳/(g/kg)	全氮/(g/kg)	全磷/(g/kg)	全钾/(g/kg)	干重热值/(MJ/kg)	灰分/%
2015	8	LSAZQ01AB0_01	冬小麦	肥麦	籽粒	425.78	15.06	2.20	2.85		0.8
2015	8	LSAZQ01AB0_01	冬小麦	肥麦	茎秆	464.69	1.92	0.32	7.75		5.9
2015	8	LSAZQ01AB0_01	冬小麦	肥麦	茎秆	434.63	2.48	0.34	8.31		5.8
2015	8	LSAZQ01AB0_01	冬小麦	肥麦	茎秆	428.94	2.34	0.41	8.67		6.6
2015	8	LSAZQ01AB0_01	冬小麦	肥麦	茎秆	438.49	1.87	0.22	8.25		5.3
2015	8	LSAZQ01AB0_01	冬小麦	肥麦	茎秆	436.96	2.44	0.20	7.47		5.9
2015	8	LSAZQ01AB0_01	冬小麦	肥麦	茎秆	439.54	2.29	0.24	7.32		5.4
2015	9	LSAZQ01AB0_01	冬小麦	肥麦	根	305.53	5.28	0.78	6.11		40.7
2015	9	LSAZQ01AB0_01	冬小麦	肥麦	根	308.12	5.25	0.67	6.03		39.0
2015	9	LSAZQ01AB0_01	冬小麦	肥麦	根	341.80	5.81	0.60	4.81		32.8
2015	9	LSAZQ01AB0_01	冬小麦	肥麦	根	330.18	5.81	0.63	4.90		35.9
2015	9	LSAZQ01AB0_01	冬小麦	肥麦	根	316.21	5.43	0.68	5.88		39.5
2015	9	LSAZQ01AB0_01	冬小麦	肥麦	根	357.54	5.03	0.46	4.41		29.9
2015	8	LSAZQ04AB0_01	冬小麦	肥麦	籽粒	436.34	15.16	2.47	4.03		1.3
2015	8	LSAZQ04AB0_01	冬小麦	肥麦	籽粒	450.76	18.09	2.82	4.72		1.4
2015	8	LSAZQ04AB0_01	冬小麦	肥麦	籽粒	441.28	17.14	2.95	4.23		1.4
2015	8	LSAZQ04AB0_01	冬小麦	肥麦	籽粒	441.76	15.50	2.53	3.76		1.1
2015	8	LSAZQ04AB0_01	冬小麦	肥麦	籽粒	445.06	16.39	2.44	3.84		1.2
2015	8	LSAZQ04AB0_01	冬小麦	肥麦	籽粒	442.66	17.18	2.30	3.92		1.2
2015	8	LSAZQ04AB0_01	冬小麦	肥麦	茎秆	447.46	3.18	0.52	10.16		5.1
2015	8	LSAZQ04AB0_01	冬小麦	肥麦	茎秆	434.35	5.53	0.81	11.34		5.7
2015	8	LSAZQ04AB0_01	冬小麦	肥麦	茎秆	438.01	3.76	0.72	12.96		7.3
2015	8	LSAZQ04AB0_01	冬小麦	肥麦	茎秆	437.87	3.41	0.47	9.62		5.8
2015	8	LSAZQ04AB0_01	冬小麦	肥麦	茎秆	438.47	4.02	0.81	10.12		5.7
2015	8	LSAZQ04AB0_01	冬小麦	肥麦	茎秆	434.82	4.28	0.49	10.78		5.6
2015	9	LSAZQ04AB0_01	冬小麦	肥麦	根	421.68	12.28	0.90	4.37		19.1
2015	9	LSAZQ04AB0_01	冬小麦	肥麦	根	264.37	6.03	0.55	6.38		45.2
2015	9	LSAZQ04AB0_01	冬小麦	肥麦	根	380.05	8.92	0.81	4.44		25.8
2015	9	LSAZQ04AB0_01	冬小麦	肥麦	根	403.30	9.04	0.80	4.47		21.9
2015	9	LSAZQ04AB0_01	冬小麦	肥麦	根	399.83	6.51	0.69	4.00		22.2
2015	9	LSAZQ04AB0_01	冬小麦	肥麦	根	396.19	8.82	0.81	3.54		23.6
2015	7	LSAFZ01ABC_01	春青稞	3086	籽粒	429.02	13.10	4.39	5.83		

（续）

年	月	样地代码	作物名称	作物品种	采样部位	全碳/(g/kg)	全氮/(g/kg)	全磷/(g/kg)	全钾/(g/kg)	干重热值/(MJ/kg)	灰分/%
2015	7	LSAFZ01ABC_01	春青稞	3086	籽粒	439.10	16.90	5.88	7.10		
2015	7	LSAFZ01ABC_01	春青稞	3086	籽粒	440.65	13.03	3.94	5.25		
2015	7	LSAFZ01ABC_02	春青稞	3086	籽粒	437.79	14.12	4.30	6.21		
2015	7	LSAFZ01ABC_02	春青稞	3086	籽粒	439.21	16.63	4.72	6.31		
2015	7	LSAFZ01ABC_02	春青稞	3086	籽粒	438.97	17.43	4.88	6.37		
2015	7	LSAFZ01ABC_03	春青稞	3086	籽粒	443.95	17.07	4.59	5.75		
2015	7	LSAFZ01ABC_03	春青稞	3086	籽粒	441.42	18.47	4.51	5.07		
2015	7	LSAFZ01ABC_03	春青稞	3086	籽粒	441.32	17.42	3.96	4.44		
2015	7	LSAFZ01ABC_04	春青稞	3086	籽粒	438.36	15.42	4.38	5.51		
2015	7	LSAFZ01ABC_04	春青稞	3086	籽粒	437.03	18.26	4.17	5.38		
2015	7	LSAFZ01ABC_04	春青稞	3086	籽粒	439.45	17.73	4.18	5.59		
2015	7	LSAFZ01ABC_01	春青稞	3086	茎秆	429.80	2.98	2.41	16.33		
2015	7	LSAFZ01ABC_01	春青稞	3086	茎秆	433.68	4.63	4.15	17.46		
2015	7	LSAFZ01ABC_01	春青稞	3086	茎秆	421.87	4.00	2.61	11.52		
2015	7	LSAFZ01ABC_02	春青稞	3086	茎秆	439.94	3.34	3.23	18.32		
2015	7	LSAFZ01ABC_02	春青稞	3086	茎秆	436.38	3.59	3.68	23.60		
2015	7	LSAFZ01ABC_02	春青稞	3086	茎秆	440.67	4.12	4.15	19.59		
2015	7	LSAFZ01ABC_03	春青稞	3086	茎秆	441.81	7.53	3.48	9.92		
2015	7	LSAFZ01ABC_03	春青稞	3086	茎秆	444.68	4.39	3.60	10.34		
2015	7	LSAFZ01ABC_03	春青稞	3086	茎秆	447.46	3.91	3.12	7.44		
2015	7	LSAFZ01ABC_04	春青稞	3086	茎秆	446.19	3.07	3.07	11.14		
2015	7	LSAFZ01ABC_04	春青稞	3086	茎秆	450.10	5.20	2.39	10.83		
2015	7	LSAFZ01ABC_04	春青稞	3086	茎秆	449.77	4.79	3.25	14.04		
2015	9	LSAFZ01ABC_01	春青稞	3086	根	333.51	19.90	2.27	6.89		
2015	9	LSAFZ01ABC_01	春青稞	3086	根	268.23	16.74	2.42	8.44		
2015	9	LSAFZ01ABC_01	春青稞	3086	根	355.48	15.45	2.26	7.76		
2015	9	LSAFZ01ABC_02	春青稞	3086	根	398.68	14.81	2.64	7.93		
2015	9	LSAFZ01ABC_02	春青稞	3086	根	393.24	18.33	2.85	7.88		
2015	9	LSAFZ01ABC_02	春青稞	3086	根	371.73	21.79	2.63	6.46		
2015	9	LSAFZ01ABC_03	春青稞	3086	根	330.95	19.82	2.72	5.97		
2015	9	LSAFZ01ABC_03	春青稞	3086	根	387.88	12.42	2.64	6.56		
2015	9	LSAFZ01ABC_03	春青稞	3086	根	293.16	18.04	2.21	6.44		

（续）

年	月	样地代码	作物名称	作物品种	采样部位	全碳/(g/kg)	全氮/(g/kg)	全磷/(g/kg)	全钾/(g/kg)	干重热值/(MJ/kg)	灰分/%
2015	9	LSAFZ01ABC_04	春青稞	3086	根	370.27	17.99	2.56	6.16		
2015	9	LSAFZ01ABC_04	春青稞	3086	根	360.07	17.13	2.36	4.70		
2015	9	LSAFZ01ABC_04	春青稞	3086	根	382.61	24.68	2.63	4.48		
2015	8	LSASY01ABC_02	春青稞	3086	籽粒	458.40	21.48	4.55	5.33		
2015	8	LSASY01ABC_02	春青稞	3086	籽粒	451.29	19.38	3.77	4.29		
2015	8	LSASY01ABC_02	春青稞	3086	籽粒	456.22	17.06	3.66	4.62		
2015	8	LSASY01ABC_02	春青稞	3086	籽粒	451.92	20.80	4.49	5.44		
2015	8	LSASY01ABC_02	春青稞	3086	籽粒	456.19	17.24	4.17	5.06		
2015	8	LSASY01ABC_02	春青稞	3086	籽粒	454.63	19.79	4.07	5.78		
2015	8	LSASY01ABC_03	油菜	中试品系	籽粒	618.09	26.92	8.04	8.51		
2015	8	LSASY01ABC_03	油菜	中试品系	籽粒	610.89	29.13	8.61	8.60		
2015	8	LSASY01ABC_03	油菜	中试品系	籽粒	601.48	27.68	7.84	7.96		
2015	8	LSASY01ABC_03	油菜	中试品系	籽粒	602.79	29.79	8.46	8.35		
2015	8	LSASY01ABC_03	油菜	中试品系	籽粒	604.46	28.93	8.85	8.43		
2015	8	LSASY01ABC_03	油菜	中试品系	籽粒	584.26	28.91	8.54	8.85		
2015	8	LSASY01ABC_02	春青稞	3086	茎秆	435.70	7.86	3.63	17.64		
2015	8	LSASY01ABC_02	春青稞	3086	茎秆	447.17	4.43	2.20	12.15		
2015	8	LSASY01ABC_02	春青稞	3086	茎秆	445.25	3.54	3.19	17.23		
2015	8	LSASY01ABC_02	春青稞	3086	茎秆	441.69	5.83	3.25	15.36		
2015	8	LSASY01ABC_02	春青稞	3086	茎秆	447.66	4.22	2.98	11.50		
2015	8	LSASY01ABC_02	春青稞	3086	茎秆	445.19	5.59	3.15	12.22		
2015	8	LSASY01ABC_03	油菜	中试品系	茎秆	455.43	2.11	0.86	9.06		
2015	8	LSASY01ABC_03	油菜	中试品系	茎秆	467.97	2.87	1.19	7.74		
2015	8	LSASY01ABC_03	油菜	中试品系	茎秆	468.54	2.60	0.82	8.22		
2015	8	LSASY01ABC_03	油菜	中试品系	茎秆	470.90	2.63	0.86	9.05		
2015	8	LSASY01ABC_03	油菜	中试品系	茎秆	470.70	2.76	0.77	8.80		
2015	8	LSASY01ABC_03	油菜	中试品系	茎秆	467.42	3.25	0.87	6.83		

表 6-15 作物元素含量与能值（2）

年	月	样地代码	作物名称	作物品种	采样部位	全硫/(g/kg)	全钙/(g/kg)	全镁/(g/kg)	全铁/(g/kg)	全锰/(mg/kg)	全铜/(mg/kg)	全锌/(mg/kg)	全钼/(mg/kg)	全硼/(mg/kg)	全硅/(mg/kg)
2005	8	LSAZH01ABC_01	冬小麦	BUSSDY	秸秆	0.71	2.15	0.66	0.09	5.29	1.46	2.19	0.83	2.85	0.10
2005	8	LSAZH01ABC_01	冬小麦	BUSSDY	秸秆	0.57	1.41	0.56	0.05	6.10	0.94	1.53	0.91	2.13	0.26
2005	8	LSAZH01ABC_01	冬小麦	BUSSDY	秸秆	0.48	1.45	0.45	0.05	7.97	0.90	1.54	0.51	5.46	0.19
2005	8	LSAZH01ABC_01	冬小麦	BUSSDY	秸秆	0.54	1.64	0.52	0.07	6.26	1.13	2.30	0.49	1.97	0.15
2005	8	LSAZH01ABC_01	冬小麦	BUSSDY	秸秆	0.65	1.32	0.57	0.13	8.03	1.08	2.04	0.95	2.86	0.28
2005	8	LSAZH01ABC_01	冬小麦	BUSSDY	秸秆	0.89	2.00	0.72	0.08	5.70	1.42	3.00	1.16	2.66	0.46
2005	8	LSAZQ01AB0_01	冬小麦	肥麦	秸秆	11.20	0.56	1.57	0.03	20.30	4.13	20.30	1.01	2.62	0.06
2005	8	LSAZQ01AB0_01	冬小麦	肥麦	秸秆	7.37	1.65	0.93	0.08	11.40	1.51	2.75	0.53	3.07	0.30
2005	8	LSAZQ01AB0_01	冬小麦	肥麦	秸秆	5.89	1.40	0.91	0.36	17.30	2.10	4.58	0.72	2.95	0.37
2005	8	LSAZH01ABC_01	冬小麦	BUSSDY	根	0.74	2.72	1.21	2.93	71.00	64.60	15.20	0.51	2.50	0.50
2005	8	LSAZH01ABC_01	冬小麦	BUSSDY	根	0.71	3.26	1.82	5.38	110.00	122.00	19.80	0.44	3.20	0.50
2005	8	LSAZH01ABC_01	冬小麦	BUSSDY	根	0.72	2.65	1.54	4.24	91.70	78.80	17.90	0.68	3.53	0.50
2005	8	LSAZH01ABC_01	冬小麦	BUSSDY	根	0.73	2.63	1.22	3.09	71.10	60.60	15.00	0.75	2.32	0.34
2005	8	LSAZH01ABC_01	冬小麦	BUSSDY	根	0.84	2.73	1.03	2.39	69.50	44.10	13.50	0.68	3.41	0.17
2005	8	LSAZH01ABC_01	冬小麦	BUSSDY	根	0.94	3.01	1.64	4.07	98.00	8.44	19.70	0.99	2.86	0.57
2005	8	LSAZQ01AB0_01	冬小麦	肥麦	根	0.65	3.08	1.91	5.09	119.00	10.30	18.40	0.38	2.18	0.21
2005	8	LSAZQ01AB0_01	冬小麦	肥麦	根	0.80	2.88	1.64	4.23	101.00	53.90	17.50	0.52	2.99	0.40
2005	8	LSAZQ01AB0_01	冬小麦	肥麦	根	0.60	3.53	3.04	8.83	197.00	17.20	29.00	0.61	5.90	0.78
2005	8	LSAZH01ABC_01	冬小麦	BUSSDY	种子	1.05	0.69	1.38	0.09	0.01	5.41	17.50	0.60	2.02	0.02
2005	8	LSAZH01ABC_01	冬小麦	BUSSDY	种子	1.14	0.50	1.42	0.04	0.02	3.87	16.50	0.79	1.98	0.03
2005	8	LSAZH01ABC_01	冬小麦	BUSSDY	种子	0.98	0.48	1.24	0.03	0.02	3.69	16.10	0.86	1.42	0.01
2005	8	LSAZH01ABC_01	冬小麦	BUSSDY	种子	1.00	0.49	1.26	0.02	0.02	3.41	14.40	0.71	2.75	0.03

（续）

年	月	样地代码	作物名称	作物品种	采样部位	全硫/(g/kg)	全钙/(g/kg)	全镁/(g/kg)	全铁/(g/kg)	全锰/(mg/kg)	全铜/(mg/kg)	全锌/(mg/kg)	全钼/(mg/kg)	全硼/(mg/kg)	全硅/(mg/kg)
2005	8	LSAZH01ABC_01	冬小麦	BUSSDY	种子	0.66	1.51	0.84	0.26	0.01	1.66	3.88	0.76	2.46	0.09
2005	8	LSAZH01ABC_01	冬小麦	BUSSDY	种子	1.16	0.65	1.37	0.03	0.02	4.92	20.80	0.83	2.23	0.00
2005	8	LSAZQ01AB0_01	冬小麦	肥麦	种子	0.99	0.53	1.26	0.16	24.10	6.38	16.50	0.61	2.28	0.01
2005	8	LSAZQ01AB0_01	冬小麦	肥麦	种子	1.06	0.50	1.36	0.05	24.80	6.33	19.90	0.51	2.02	0.02
2005	8	LSAZQ01AB0_01	冬小麦	肥麦	种子	1.10	0.68	1.26	0.10	24.30	6.82	28.70	0.83	2.47	0.01
2015	8	LSAZH01ABC_01	冬小麦	肥麦	籽粒	1.06	0.58	1.10	0.07	16.63	3.65	17.07	0.94	2.06	
2015	8	LSAZH01ABC_01	冬小麦	肥麦	籽粒	1.07	0.50	0.98	0.03	12.76	4.17	17.75	0.70	0.82	
2015	8	LSAZH01ABC_01	冬小麦	肥麦	籽粒	1.16	0.47	0.98	0.02	13.95	4.50	21.55	0.66	1.42	
2015	8	LSAZH01ABC_01	冬小麦	肥麦	籽粒	1.28	0.53	0.98	0.08	12.24	4.07	17.73	0.63	1.70	
2015	8	LSAZH01ABC_01	冬小麦	肥麦	籽粒	1.08	0.50	0.94	0.03	16.01	3.27	15.12	0.61	2.48	
2015	8	LSAZH01ABC_01	冬小麦	肥麦	籽粒	1.14	0.45	1.04	0.01	13.05	3.41	20.20	1.10	2.32	
2015	8	LSAZH01ABC_01	冬小麦	肥麦	茎秆	0.76	1.87	0.65	0.37	9.82	2.25	2.92	0.63	4.69	
2015	8	LSAZH01ABC_01	冬小麦	肥麦	茎秆	0.78	1.97	0.66	0.24	6.82	2.97	3.44	0.78	4.72	
2015	8	LSAZH01ABC_01	冬小麦	肥麦	茎秆	1.03	1.65	0.59	0.19	8.04	2.64	4.89	0.61	4.01	
2015	8	LSAZH01ABC_01	冬小麦	肥麦	茎秆	0.78	1.77	0.56	0.15	4.87	2.56	2.84	0.54	3.64	
2015	8	LSAZH01ABC_01	冬小麦	肥麦	茎秆	0.61	2.38	0.62	0.28	10.38	3.05	3.17	0.49	5.05	
2015	8	LSAZH01ABC_01	冬小麦	肥麦	茎秆	0.70	1.41	0.49	0.20	6.51	3.50	2.69	0.84	4.30	
2015	9	LSAZH01ABC_01	冬小麦	肥麦	根	0.67	4.80	2.89	13.79	243.69	4.52	41.03	2.86	51.10	
2015	9	LSAZH01ABC_01	冬小麦	肥麦	根	0.88	5.32	2.45	11.85	199.86	8.73	32.47	4.44	49.26	
2015	9	LSAZH01ABC_01	冬小麦	肥麦	根	0.64	5.10	2.89	14.25	238.32	13.71	36.10	3.03	52.96	
2015	9	LSAZH01ABC_01	冬小麦	肥麦	根	0.70	4.52	2.05	11.30	173.85	8.22	29.05	3.81	41.35	
2015	9	LSAZH01ABC_01	冬小麦	肥麦	根	0.93	3.94	1.74	9.02	144.49	2.24	24.91	3.18	34.09	

（续）

年	月	样地代码	作物名称	作物品种	采样部位	全硫/(g/kg)	全钙/(g/kg)	全镁/(g/kg)	全铁/(g/kg)	全锰/(mg/kg)	全铜/(mg/kg)	全锌/(mg/kg)	全钼/(mg/kg)	全硼/(mg/kg)	全硅/(mg/kg)
2015	9	LSAZH01ABC_01	冬小麦	肥麦	根	0.89	4.55	1.95	9.96	165.18	9.61	29.98	3.05	38.25	
2015	8	LSAZQ01AB0_01	冬小麦	肥麦	籽粒	1.15	0.43	0.86	0.02	23.30	4.78	20.53	0.98	0.45	
2015	8	LSAZQ01AB0_01	冬小麦	肥麦	籽粒	1.13	0.52	0.74	0.07	23.45	4.08	21.48	0.75	0.29	
2015	8	LSAZQ01AB0_01	冬小麦	肥麦	籽粒	1.21	1.27	0.94	0.84	39.43	4.59	19.61	0.85	1.92	
2015	8	LSAZQ01AB0_01	冬小麦	肥麦	籽粒	1.18	0.47	0.80	0.06	22.51	5.01	20.75	0.64	0.34	
2015	8	LSAZQ01AB0_01	冬小麦	肥麦	籽粒	1.28	0.43	0.79	0.03	25.47	5.60	22.61	0.51	0.32	
2015	8	LSAZQ01AB0_01	冬小麦	肥麦	籽粒	1.20	0.44	0.74	0.03	23.61	8.11	19.88	0.56	0.33	
2015	8	LSAZQ01AB0_01	冬小麦	肥麦	茎秆	0.78	2.03	0.60	0.08	9.09	2.47	2.62	1.33	1.14	
2015	8	LSAZQ01AB0_01	冬小麦	肥麦	茎秆	1.03	2.62	0.86	0.08	14.74	2.34	5.08	1.69	0.67	
2015	8	LSAZQ01AB0_01	冬小麦	肥麦	茎秆	0.95	2.52	0.88	0.10	11.57	3.02	3.32	1.84	0.65	
2015	8	LSAZQ01AB0_01	冬小麦	肥麦	茎秆	0.95	2.35	0.68	0.10	9.62	2.36	3.80	1.07	0.62	
2015	8	LSAZQ01AB0_01	冬小麦	肥麦	茎秆	1.01	3.10	0.92	0.09	16.92	2.70	4.17	0.86	0.79	
2015	8	LSAZQ01AB0_01	冬小麦	肥麦	茎秆	0.86	2.51	0.68	0.09	13.04	3.93	3.49	1.16	1.09	
2015	9	LSAZQ01AB0_01	冬小麦	肥麦	根	0.75	5.90	3.52	16.81	311.01	26.49	43.65	5.12	70.93	
2015	9	LSAZQ01AB0_01	冬小麦	肥麦	根	0.72	5.72	3.56	16.99	308.52	43.42	43.82	5.33	63.77	
2015	9	LSAZQ01AB0_01	冬小麦	肥麦	根	0.73	5.03	2.89	13.81	257.31	47.24	70.75	4.73	54.62	
2015	9	LSAZQ01AB0_01	冬小麦	肥麦	根	0.71	6.86	2.92	14.51	274.57	53.78	37.97	4.76	57.72	
2015	9	LSAZQ01AB0_01	冬小麦	肥麦	根	0.77	6.17	3.50	15.37	309.18	31.07	45.16	2.45	62.07	
2015	9	LSAZQ01AB0_01	冬小麦	肥麦	根	0.70	5.85	2.65	12.57	245.06	53.44	100.58	3.25	50.86	
2015	8	LSAZQ04AB0_01	冬小麦	肥麦	籽粒	1.11	0.45	0.76	0.02	23.98	4.05	17.35	0.25	0.95	
2015	8	LSAZQ04AB0_01	冬小麦	肥麦	籽粒	1.36	0.53	0.87	0.03	28.22	5.35	20.24	0.44	1.37	
2015	8	LSAZQ04AB0_01	冬小麦	肥麦	籽粒	1.25	0.55	0.89	0.04	26.51	4.23	18.47	0.63	2.08	

（续）

年	月	样地代码	作物名称	作物品种	采样部位	全硫/(g/kg)	全钙/(g/kg)	全镁/(g/kg)	全铁/(g/kg)	全锰/(mg/kg)	全铜/(mg/kg)	全锌/(mg/kg)	全钼/(mg/kg)	全硼/(mg/kg)	全硅/(mg/kg)
2015	8	LSAZQ04AB0_01	冬小麦	肥麦	籽粒	1.19	0.45	0.76	0.02	22.67	3.97	17.04	0.45	1.76	
2015	8	LSAZQ04AB0_01	冬小麦	肥麦	籽粒	1.30	0.48	0.76	0.01	27.63	4.13	16.80	0.27	1.32	
2015	8	LSAZQ04AB0_01	冬小麦	肥麦	籽粒	1.30	0.48	0.71	0.02	21.60	4.94	48.85	0.59	0.86	
2015	8	LSAZQ04AB0_01	冬小麦	肥麦	茎秆	0.73	2.05	0.51	0.12	14.92	2.97	3.08	0.54	1.52	
2015	8	LSAZQ04AB0_01	冬小麦	肥麦	茎秆	1.13	2.27	0.78	0.67	26.38	4.59	6.61	0.92	2.27	
2015	8	LSAZQ04AB0_01	冬小麦	肥麦	茎秆	0.94	1.96	0.60	0.14	14.36	2.65	3.56	1.17	0.91	
2015	8	LSAZQ04AB0_01	冬小麦	肥麦	茎秆	0.99	2.19	0.74	0.10	13.52	2.25	3.39	1.03	1.34	
2015	8	LSAZQ04AB0_01	冬小麦	肥麦	茎秆	1.17	2.95	0.73	0.10	24.32	4.33	4.48	0.88	1.67	
2015	8	LSAZQ04AB0_01	冬小麦	肥麦	茎秆	1.05	2.45	0.70	0.10	17.41	3.90	4.00	1.11	1.01	
2015	9	LSAZQ04AB0_01	冬小麦	肥麦	根	1.51	5.73	2.31	8.05	169.37	20.90	24.35	2.58	33.88	
2015	9	LSAZQ04AB0_01	冬小麦	肥麦	根	0.81	5.70	5.01	19.32	351.00	61.41	42.26	2.48	51.15	
2015	9	LSAZQ04AB0_01	冬小麦	肥麦	根	1.09	5.57	3.15	12.92	233.12	47.92	32.49	3.81	52.03	
2015	9	LSAZQ04AB0_01	冬小麦	肥麦	根	1.22	5.31	2.57	10.68	193.00	30.78	26.01	3.32	43.54	
2015	9	LSAZQ04AB0_01	冬小麦	肥麦	根	0.92	4.40	2.54	10.47	192.18	19.80	25.15	2.34	41.73	
2015	9	LSAZQ04AB0_01	冬小麦	肥麦	根	1.04	6.84	2.50	9.79	195.28	21.61	24.18	2.75	38.83	

图书在版编目（CIP）数据

中国生态系统定位观测与研究数据集．农田生态系统卷．西藏拉萨站：2004-2015 / 陈宜瑜总主编；何永涛等主编．—北京：中国农业出版社，2023.9
ISBN 978-7-109-31151-0

Ⅰ.①中… Ⅱ.①陈… ②何… Ⅲ.①生态系—统计数据—中国②农田—生态系—统计数据—拉萨—2004-2015 Ⅳ.①Q147②S181

中国国家版本馆CIP数据核字（2023）第182646号

ZHONGGUO SHENGTAI XITONG DINGWEI GUANCE YU YANJIU SHUJUJI

中国农业出版社出版
地址：北京市朝阳区麦子店街18号楼
邮编：100125
责任编辑：李昕昱　文字编辑：常　静
版式设计：李　文　责任校对：吴丽婷
印刷：北京印刷一厂
版次：2023年9月第1版
印次：2023年9月北京第1次印刷
发行：新华书店北京发行所
开本：889mm×1194mm　1/16
印张：20.25
字数：600千字
定价：158.00元